普通高等教育“十一五”规划教材
普通高等院校化学精品教材

基础化学实验
（上）

主　　编　曹　忠　张　玲
副 主 编　颜文斌　龙立平
　　　　　阎建辉　赵晨曦
参编人员　（按姓氏笔画排序）
　　　　　龙立平　李　丹　陈　平
　　　　　张　玲　吴道新　杨道武
　　　　　赵晨曦　曹　忠　阎建辉
　　　　　曾巨澜　颜文斌

华中科技大学出版社
中国·武汉

内 容 提 要

本书是作者总结近几年来基础化学实验教学改革成果，并配合新的实验教学体系和模式编写而成的。

全书分上、下两册，共分八章四大部分，分别是基础知识、基本实验、创新研究性实验和附录，其中基本实验又分为基础性实验、综合性实验与设计性实验。创新研究性实验是根据作者多年从事的科研工作总结出来的，共有 16 个实验。全书共收录 140 个实验，其中“三性”实验达 117 个，占 84%。

本书可作为各类大专院校化学、应用化学、化工、环工、轻化、材料、农业、食品、生物、制药和医学等专业的教材，也适用于高等职业院校和师范院校的相关专业，还可供相关专业技术人员参考和选用。

前　言

本书是作者总结参编院校多年来，尤其是近几年进行国家级和省级基础课示范实验室建设以来，在基础化学实验教学方面的改革成果，并配合新的实验教学体系和模式编写而成的。与本书相关的已经立项的教研课题有全国高等学校教学研究中心的"化学化工类专业实习基地群的建立及实训指导资料的研制"、教育部基础化学教学分指导委员会的"实验室管理模式与开放实验"、湖南省教育科学"十一五"规划2008年度课题"理工科大学《分析化学》双语示范性课程建设研究"等。

众所周知，化学是一门实验性很强的学科，化学理论和化学规律的发展、演进和应用都来源于化学实验，离开了实验就不能称其为一门科学。高等学校在进行化学类和化学相关类专业的化学教学中，要从基础实验出发，培养学生"化学"思维创新能力，锻炼学生"化学"实践动手能力，从而为国家培养高素质的创新型人才打下坚实的基础。

作者根据教育部相关要求并配合大学本科化学相关课程的学习，对原实验课程和教材进行了重组和改革，这也是进行各级化学类精品课程建设的需要。新的实验体系力图以较低的成本、较多的实践动手机会和较全面的知识来完善这门实验课程。本实验教材在对传统的无机化学实验、分析化学实验、有机化学实验、物理化学实验和化工基础实验内容改进和重组的基础上，将所有实验编排为基本实验与创新研究性实验两大块，其中基本实验又分为基础性实验、综合性实验与设计性实验。本教材大幅度增加了"三性"实验，即综合性、设计性与创新研究性实验，在所有实验中所占的比例达84%，使本教材更加适应新形势下在有限的实验课时内最大限度地增强基础化学实验对学生的综合化学知识、动手与动脑能力以及创新研究基本素质的培训与强化。

《基础化学实验》分上、下两册，共八章四大部分，即基础知识、基本实验、创新研究性实验和附录。上册由曹忠教授（长沙理工大学）和张玲教授（长沙理工大学）担任主编，由颜文斌教授（吉首大学）、龙立平教授（湖南城市学院）、阎建辉教授（湖南理工学院）、赵晨曦教授（长沙学院）等担任副主编；下册由杨道武教授（长沙理工大学）和曾巨澜博士（长沙理工大学）担任主编，由申少华教授（湖南科技大学）、李强国教授（湘南学院）、刘治国教授（湖南工业大学）、周昕副教授（南华大学）等担任副主编。吴道新博士、李丹副教授、陈平副教授、潘彤讲师、张雄飞博士和董君英副教授等（排名不分先后）在基础化学相关领域具有多年教学经验和从事教研教改的中青年骨干教师参与了本书的编写。全书由曹忠教授和杨道武教授负责统编。此外,参编院校相关教研室(组)的一些同志对本书的编写给予了热情的帮助,在此表示衷心的感谢。

限于篇幅,对实验室的安全防护、误差与数据处理、参考文献等内容进行了压缩,对有关实验技术、化学仪器与维护等内容进行了省略。若有需要请参考有关文献。

由于编者水平有限,本教材难免存在不妥之处,敬请有关专家和读者提出宝贵意见。

《基础化学实验》教材编委会

2009 年 7 月于长沙

目 录

第一章 基础知识

第一节 基础化学实验的目的及学习方法

一、基础化学实验的目的

随着科学技术的飞速发展，化学学科的发展越来越倚重于实践的检验与归纳。新的化学实验手段与技术不断地被应用到化学相关领域的研究当中来。基础化学实验技能的培训毫无疑问是掌握新的实验手段与技术的基础。基础化学实验是以实验操作为主的、化学化工及相关专业本科学生必修的一门基础课程。本课程以基本技能培训为基础，以创新实验教育为重点，组成二级实践教学体系。

该课程的目标是：在培养学生掌握实验的原理、基本操作和基本技能的基础上，努力培养学生用所学操作技能与知识进行创新的意识和能力，使学生养成严格的科学精神，具有一定的分析和解决较复杂问题的实践能力，并能够收集和处理各种相关的信息。

二、基础化学实验的学习方法

1. 预习

实验前，必须进行充分的预习和准备，并写出预习报告，这是做好实验的前提。预习报告切忌照抄书本。在预习过程中，要从本质上弄清实验的目的与原理，了解实验过程中所需用到的仪器的结构、使用方法与注意事项，所用药品的等级和物化性质。对实验装置、实验步骤要做到心中有数，而不要出现边做实验边看书的“现炒现卖”的情形。

对于“三性”（基础性、综合性、设计性）实验，首先要明确需要解决的问题，然后根据所学的知识和实验室能提供的条件，必要时要查阅参考文献等资料，选定实验方法，以此作为设计依据，写出预习报告，和指导教师讨论、修改、定稿后方可实施。

2. 实验过程

在实验过程中，要严格遵守实验室的各项规章制度，按拟订的实验操作计划与方案进行，做到“轻”（动作轻、讲话轻）、“细”（细心观察、细致操作）、“准”（试剂用量准、结果及其记录准确）、“洁”（使用的仪器清洁、实验桌面整洁、实验结束要做好实验室清洁)。在实验全过程中,应集中注意力,独立思考和解决问题,遇到自己难以解答的问题时可请教师帮助解答。实验结束后,实验记录应请指导教师签字,作为撰写实验报告的依据。

3. 撰写实验报告

做完实验后,应解释实验现象,并得出结论,或根据实验数据进行计算和处理。

实验报告的内容主要包括以下几项。

(1) 目的。

(2) 原理。

(3) 操作步骤及实验性质、现象与数据记录。

(4) 数据处理(含误差分析)、现象解释、讨论。

(5) 经验与教训。

(6) 思考题回答。

第二节　实验室规则与制度

一、化学实验室规则

(1) 实验前认真预习实验教材和实验指导书。明确实验目的和要求,了解实验的基本原理、实验内容、实验步骤和基本操作要求,写好预习报告。

(2) 实验中严格遵守操作规程,正确使用仪器设备,按照要求进行操作,认真观察、记录实验现象,实事求是地记录所得数据。保持实验室安静,不准大声喧哗,不得擅自离开实验室和窜台,合理安排时间做完实验。不得无故缺席,因故缺席的,应补做实验。

(3) 遵守实验室的各项制度。节约水电、器材,严格药品用量,爱护实验室设备和器材。不得将实验室仪器设备、药品、材料等带出实验室。

(4) 听从教师和实验室工作人员的指导,遵守实验室安全规则。

(5) 使用精密仪器时,必须严格按照操作规程进行操作,细心谨慎,避免因粗心而损坏仪器。如发现仪器故障,应立即停止使用,报告教师,及时排除故障。

(6) 保持实验室整洁,实验室桌面、地面、水槽、仪器应保持干净。实验完毕,清洁器皿,整理并清点仪器,打扫卫生,切断水电,关好门窗,指导教师检查后,方可离去。

(7) 根据要求,认真书写实验报告,并及时交教师批阅。

(8) 讲究精神文明,注意仪表端正,严禁穿背心、拖鞋、裤衩进入实验室。

(9) 发生意外事故应保持镇静,不要惊慌失措;遇有烧伤、烫伤、割伤应立即报告教师,及时急救和治疗。

(10) 对损坏仪器设备、器材者,将按规定赔偿并给予批评教育,引起重大事故者,按规定进行严肃处理。

二、化学实验室制度

(1) 实验室须严格遵守国家环境保护工作的有关规定,不随意排放废气、废水、废渣,不得污染环境。

(2) 实验教师和实验技术人员应加强环保法规学习,向学生宣传《环境保护法》,保证师生身心健康,保护校园环境。

(3) 实验室应有符合通风要求的通风橱,实验过程会产生有害废气的实验应在通风橱中进行,把有毒气体排向高空。

(4) 实验室应设废液桶,实验过程的废液要倒入废液桶,不能直接倒入水池或下水道。实验结束后,经处理再统一倒入废液处理池。

(5) 加强实验室剧毒品、危险品、贵重物品的使用管理,实验教师应详细指导并采用必要的安全防护措施,确保不污染环境。

(6) 危险物品的空容器、变质料、废液渣应予妥善处理,严禁随意抛弃。

(7) 进入实验室的全体人员必须认真学习"实验室安全工作规定"和"实验室安全管理制度"等有关规章制度,掌握基本安全知识和事故救护常识,达到"应知"、"应会"方可操作。

(8) 认真贯彻"安全第一,预防为主"和"谁主管、谁负责"的原则,实验室专职技术人员必须对所管理的实验室的安全负责。

(9) 实验室安全由安全员定期检查,并做好记录。重大问题必须向实验室管理人员汇报,必要时提请实验室管理人员研究处理。

(10) 学生进入实验室,应熟悉实验室的环境,了解灭火器材的使用方法和存放位置,严格遵守实验室的安全守则和每个具体实验操作中的安全注意事项。如有意外事故发生应报请教师处理。

(11) 禁止在实验室使用明火电炉取暖,实验室内严禁吸烟。实验过程中,实验设备发生故障时及时切断电源,查明原因以防事故扩大。

(12) 实验完毕,应及时切断仪器电源,离开实验室之前,切断实验室电源总开关,检查门、窗、水、电是否关闭。

(13) 节假日之前,应对实验室内的电源切断情况、门窗是否关好、贵重物品的保管是否妥善、报警系统是否完好等进行检查。

第三节　实验室的安全与防护

一、化学实验室安全守则

(1) 不要用湿手、物接触电源。水、电、煤气一经使用完毕,就立即关闭水龙头、煤气开关,拉下电闸。点燃的火柴用后立即熄灭。

(2) 严禁在实验室内饮食、吸烟,或把食具带入实验室。实验完毕,必须洗净双手。

(3) 绝对不允许任意混合各种化学药品,以免发生意外事故。

(4) 钾、钠、白磷等暴露在空气中易燃,要注意保存。有机溶剂(如苯、丙酮、乙醚)易燃,使用时远离明火。

(5) 不纯的氢气遇火易爆炸,操作时严禁接近明火。点燃前必须先检查并确保其纯度。银氨溶液不能久存,久置易生成易爆炸的氮化银。某些强氧化剂(如氯酸钾、硝酸钾、高锰酸钾等)和其混合物不能研磨,否则会引起爆炸。

(6) 应配备必要的防护眼镜。

(7) 不要俯向容器去闻试剂的气味。制备有刺激性的、恶臭的、有毒的气体(如H_2S、Cl_2、CO、SO_2等),加热或蒸发盐酸、硝酸、硫酸时,应该在通风橱内进行。

(8) 有毒药品(如氰化物、砷盐、锑盐、可溶性汞盐、铬的化合物、镉的化合物等)不得进入口内或接触伤口。剩余废液也不能随便倒入下水道。

(9) 金属汞易挥发,并通过呼吸道而进入体内,累积会引起慢性中毒。所以当汞洒落在桌上或地上时,必须尽可能收集起来,并用硫粉覆盖,使汞转化为不挥发的硫化汞。

(10) 实验室所有药品不得携带到室外。用剩的有毒药品应交还教师。

二、实验室事故预防和急救常识

化学实验室常使用易燃、易爆、有毒、有腐蚀性的试剂和易碎的玻璃仪器以及电器设备,如不熟悉试剂和仪器设备的性能,麻痹大意,违反操作规程,就会发生着火、爆炸、烧伤、割伤、触电、中毒等事故。因此,实验过程中要做到以下几点:①集中注意力,不可掉以轻心;②严格执行操作规程;③加强安全措施。

1. 火灾的预防和处理

化学实验室用到的绝大多数有机物和一些无机物均是易燃易爆的,因此,着火是化学实验室中常见的事故。

表 1-3-1 列出了几种常见有机物的闪点及爆炸范围。

表 1-3-1 易燃易爆的有机物

化合物	乙醚	丙酮	乙醇	苯	乙酸乙酯
闪点/℃	−45	−20	13	−11	−4
爆炸范围/(%)	1.9～36.8	2.6～12.0	3.3～19	1.3～7.1	2.2～11.0

1) 着火预防

(1) 不能用烧杯或敞口容器盛装易燃物。加热时,应根据实验要求及易燃物的特点选择热源,注意远离明火。严禁用明火进行易燃液体(如乙醚)的蒸馏或回流操作。

(2) 尽量防止或减少易燃气体的外逸，倾倒时要灭火源，且注意室内通风，及时排出室内的有机物蒸气。

(3) 严禁将与水可发生猛烈反应的物质倒入水槽中，如金属钠，切忌养成一切东西都往水槽里倒的习惯。

(4) 注意一些能在空气中自燃的试剂的使用与保存，如煤油中的钾、钠和水中的白磷。

(5) 回流或蒸馏时应放沸石，以防止液体因过热暴沸而冲出。若在加热后发现未加沸石，应停止加热，稍冷后再补加。

(6) 装置应严密但又不能密闭。

2) 着火处理

实验室如果发生了着火事故，应保持沉着镇静，切忌惊慌失措，应及时地采取措施，控制事故的扩大。首先，立即熄灭附近所有火源，切断电源，移开未着火的易燃物。然后，根据易燃物的性质和火势设法扑灭。

(1) 防火的基本原则是：首先切断附近所有火源，如移去附近易燃溶剂，关掉电源，关掉煤气等，使火源与易燃物尽可能离得远些。

(2) 地面或桌面着火，如火势不大，可用淋湿的抹布来灭火；反应瓶内有机物的着火，可用石棉布或湿布盖住瓶口，火即熄灭；身上着火时，切勿在实验室内乱跑，应就近卧倒滚动以灭火焰，或用石棉布等把着火部位包起来。

(3) 不管用哪一种灭火器都是从火的周围开始向中心扑灭。水在大多数场合下不能用来扑灭有机物的着火。因为一般有机物都比水轻，泼水后，火不但不熄，有机物反而漂浮在水面燃烧，火势会蔓延。

灭火器的使用：明确灭火器存放位置、使用方法，如图 1-3-1 所示。

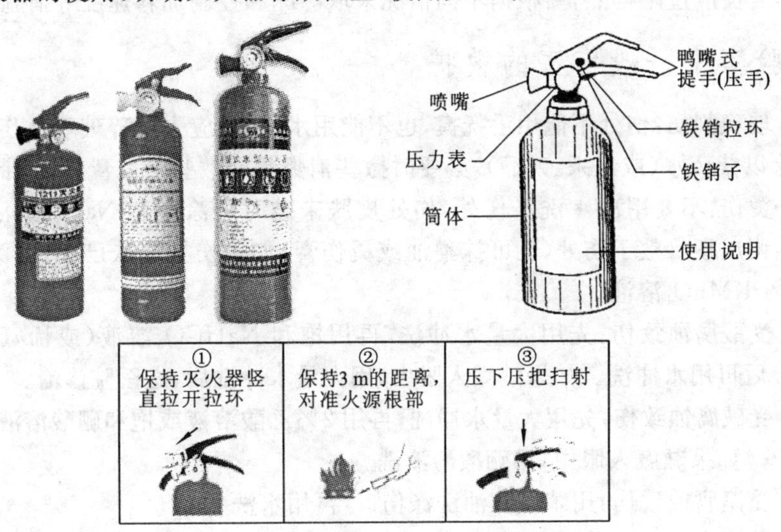

图 1-3-1 灭火器的使用

常用灭火器的种类:主要有下列五种类型的灭火器,如表1-3-2所示。

表1-3-2　灭火器的种类

名　称	药液成分	适用范围
泡沫灭火器	$Al_2(SO_4)_3$和$NaHCO_3$	用于一般失火及油类着火,因为泡沫能导电,所以不能用于扑灭电器设备着火,火后现场清理较麻烦
四氯化碳灭火器	液态CCl_4	用于电器设备及汽油、丙酮等着火,四氯化碳在高温下生成剧毒的光气,不能在狭小和通风不良的实验室使用,注意四氯化碳与金属钠接触会发生爆炸
1211灭火器	CF_2ClBr液化气体	用于有机溶剂、精密仪器、高压电气设备着火
二氧化碳灭火器	液态CO_2	用于电器设备失火和忌水的物质及有机物着火,注意喷出的CO_2使温度骤降,手若握在喇叭筒上易被冻伤
干粉灭火器	$NaHCO_3$等盐类与适宜的润滑剂和防潮剂	用于油类、电器设备、可燃气体及遇水燃烧等物质着火

2. 爆炸预防与处理

(1) 常压操作加热反应时,切勿在封闭系统内进行。在反应进行时,必须经常检查仪器装置的各部分有无堵塞现象。

(2) 减压蒸馏时,不得使用机械强度不大的仪器(如锥形瓶、平底烧瓶、薄壁试管等)。必要时,要戴上防护面罩或防护眼镜。

(3) 使用易燃易爆物(如氢气、乙炔和过氧化物)或遇水易燃烧爆炸的物质(如钠、钾等)时,应特别小心,严格按操作规程进行操作。

(4) 若反应过于剧烈,要根据不同情况采取冷冻和控制加料速度等措施。

三、实验室中一般伤害的救护

(1) 玻璃割伤:伤处不能用手抚摸,也不能用水洗涤,应先把碎玻璃从伤处挑出。轻伤可涂以紫药水(或红汞、碘酒),必要时撒些消炎粉或敷些消炎膏,用绷带包扎。

(2) 烫伤:不要用冷水洗涤伤处,伤处皮肤未破时可涂饱和$NaHCO_3$溶液或用$NaHCO_3$调成糊状敷于伤处,也可抹獾油或烫伤膏;如果伤处皮肤已破,可涂些紫药水或10% $KMnO_4$溶液。

(3) 受酸腐蚀致伤:先用大量水冲洗,再用饱和$NaHCO_3$溶液(或稀氨水、肥皂水)洗,最后再用水冲洗。如果酸溅入眼内,用大量水冲洗后,送医院诊治。

(4) 受碱腐蚀致伤:先用大量水冲洗,再用2%乙酸溶液或饱和硼酸溶液洗,最后用水冲洗。如果碱溅入眼中,用硼酸溶液洗。

(5) 受溴腐蚀致伤:用苯或甘油洗涤伤口,再用水洗。

(6) 受磷灼伤:用1%硝酸银、5%硫酸铜或浓高锰酸钾溶液洗涤伤口,然后包扎。

(7) 吸入刺激性或有毒气体:吸入Cl_2、HCl气体时,可吸入少量酒精和乙醚的混合蒸气使之解毒;吸入 H_2S 或 CO 气体而感到不适时,应立即到室外呼吸新鲜空气。但应注意 Cl_2、Br_2 中毒不可进行人工呼吸,CO 中毒不可使用兴奋剂。

(8) 毒物进入口内:把 5～10 mL 稀硫酸铜溶液加入一杯温水中,内服后,用手指伸入咽喉部,促使呕吐,吐出毒物,然后立即送医院。

(9) 触电:首先切断电源,然后在必要时进行人工呼吸。伤势较重者,应立即送往医院。

此外,为了对实验室内意外事故进行紧急处理,应该在每个实验室内都准备一个急救药箱。药箱内可准备下列药品:

① 红药水、甘油、消炎粉; ② 碘酒(3%);
③ 獾油或烫伤膏; ④ 碳酸氢钠溶液(饱和);
⑤ 硼酸溶液(饱和); ⑥ 乙酸溶液(2%);
⑦ 氨水(5%); ⑧ 硫酸铜溶液(5%);
⑨ 高锰酸钾晶体(需要时再制成溶液); ⑩ 氯化铁溶液(止血剂)。

四、实验室废液处理

实验中经常会产生某些有毒的气体、液体和固体,都需要及时排弃,特别是某些剧毒物质,如果直接排出就可能污染周围空气和水源,使环境受污染,损害人体健康。因此对废液和废气,要经过一定的处理后,才能排弃。

产生少量有毒气体的实验应在通风橱内进行,通过排风设备将少量毒气排出室外(使排出气在外面大量空气中稀释),以免污染室内空气。产生毒气量大的实验必须备有吸收或处理装置,如 NO_2、SO_2、Cl_2、H_2S、HF 等可用导管通入碱液中使其大部分吸收后排出,CO 可点燃转化成 CO_2。产生的少量有毒废渣常埋于地下(固定地点)。下面主要介绍常见废液处理的一些方法。

(1) 无机实验中的废液经常是废酸液。废酸缸中废酸液可先用耐酸塑料网纱或玻璃纤维过滤,滤液加碱中和,调 pH 值至 6～8 后就可排出。少量滤渣可埋于地下。

(2) 无机实验中含铬废液量大的是废铬酸洗液。这可以用高锰酸钾氧化法使其再生,继续使用。(氧化方法:先在 110～130 ℃下不断搅拌加热浓缩,除去水分后,冷却至室温,缓缓加入高锰酸钾粉末,每 1 000 mL 加入 10 g 左右,直至溶液呈深褐色或微紫色,边加边搅拌,直至全部加完;然后直接用火加热至有 SO_3 出现,停止加热,稍冷通过玻璃砂芯漏斗过滤,除去沉淀;冷却后析出红色 CrO_3 沉淀,再加适量硫酸使其溶解即可使用。)少量的废洗液可加入废碱液或石灰使其生成 $Cr(OH)_3$ 沉淀,再将此废渣埋于地下。

(3) 氰化物是剧毒物质,含氰废液必须认真处理。少量的含氰废液可先用 NaOH 调至 pH>10,再加入几克高锰酸钾使 CN^- 氧化分解。大量的含氰废液可用碱性氯化法处理。先用碱调至 pH>10,再加入次氯酸钠,使 CN^- 氧化成氰酸盐,并进一步分解为 CO_2 和 N_2。

(4) 含汞盐废液应先调 pH 值至 8～10 后，加适当过量的 Na_2S，生成 HgS 沉淀，并加 $FeSO_4$，生成 FeS 沉淀，从而吸附 HgS 共沉淀下来。静置后分离，再离心、过滤。清液含汞量可降至 0.02 g · L^{-1} 以下排放。少量残渣可埋于地下，大量残渣可用焙烧法回收汞，但注意一定要在通风橱内进行。

(5) 含重金属离子的废液，最有效和最经济的方法是加碱或加 Na_2S 把重金属离子变成难溶性的氢氧化物或硫化物而沉积下来，从而过滤分离，少量残渣可埋于地下。

第四节　实验结果与数据处理

在分析测试过程的各个环节中，有很多因素影响所取得实验结果的准确程度，即人们不能得到绝对无误的真值，只能对测试对象作出相对准确的估计。因此作为分析工作者必须有正确的误差概念，能够判断误差的种类，找出产生误差的原因，然后有针对性地采取措施，以提高测定的准确度。

鉴于在基础化学分析课程中已经详细阐述过分析测量误差的基本知识，因此在本教材中仅对有关内容作提纲挈领式的概述，以便读者复习和运用。

一、误差

1. 误差分类

实验误差由系统误差与随机误差两部分所组成。

2. 误差的来源

系统误差是由方法、仪器、试剂和个人等比较确定的、经常性的因素引起的；随机误差是由偶然的、无法控制的因素引起的。

3. 减小误差的措施

通过标准方法、标准试样、空白实验、对照实验和仪器校正等途径减小系统误差；通过增加平行测定的次数，减小随机误差。

4. 准确度和精密度

准确度是指测定值 x 与真值 μ 相符的程度。

精密度是指单次测定值 x_i 与 n 次测定平均值 $\overline{x}$ 的偏差程度。

通常用平均偏差 d 和标准偏差 σ 或 s 表示测定的精密度，计算式分别为

$$d=\frac{1}{n}\sum|x_i-\overline{x}|$$

$$\sigma=\sqrt{\frac{1}{n}\sum(x_i-\mu)^2}\quad(n\rightarrow\infty)$$

$$s=\sqrt{\frac{1}{n-1}\sum(x_i-\overline{x})^2}\quad(n\text{ 为有限次数})$$

标准偏差能够比平均偏差更加灵敏地反映测定数据之间的彼此符合程度。

在一般的分析结果报告中，只需列出测定次数、测定平均值及标准偏差三项即可反映出测定数据的集中趋势（准确度）和各次测定数据的分散情况（精密度），而不必列出全部数据。

二、数据处理

1. 有效数字及其运算规则

任何测量的准确度都是有限的，人们在实验中只能以一定的近似值表示该测量结果，因此在记录时既不可多写数字的位数，夸大测量的精度，也不可少写数字的位数，降低测量的精度，如在 pHS-2 型酸度计上读取某试液的 pH 值为 6.23，若记作 6.2或 6.230 都未能正确反映测量的精度。在小数点后的“0”也不能随意增加或删去。在进行运算时，须注意遵守下列规则。

(1) 在舍去多余数字进行修约时，采用“四舍五入”原则，但在试样全分析中，采用“四舍六入五留双”原则更为合理。如试样中两个组分的含量分别为 70.625%和 29.375%，根据“四舍六入五留双”原则修约成 70.62% 和 29.38%，合起来仍为 100.00%，若按“四舍五入”原则修约，合起来则为 100.01%。

(2) 加减运算结果中，保留有效数字的位数应与绝对误差最大（即小数点后位数最少）的一个数据相同，如

$$3.69+28.013\,48-18.996\,4=12.707\,08\rightarrow 12.71$$

(3) 乘除运算结果中，保留有效数字的位数应以相对误差最大（即有效数字位数最少）的数据为准，如

$$\frac{0.078\,24\times 12.000}{6.781}=0.138\,46\rightarrow 0.138$$

在乘、除、乘方、开方运算中，若第一位有效数字为 8 或 9 时，则有效数字可以多计一位，如 8.25 可看做四位有效数字。

(4) 对数计算中，对数小数点后的位数应与真数的有效数字位数相同，如$[H^+]=6.3\times 10^{-9}\,mol\cdot L^{-1}$，则 pH=8.20。

(5) 计算式中用到的常数如 π、e 以及乘除因子$\sqrt{3}$、$\frac{1}{2}$等，可以认为其有效数字的位数是无限的，不影响其他数据的修约。

(6) 实验中按操作规程使用经校正过的容量瓶、移液管时，如规格为 10 mL 的移液管和规格为 250 mL 的容量瓶，达刻度线时，其中所盛（或放出）溶液体积的精度一般可认为有四位有效数字。

用计算器进行运算，在读取最后结果时，必须按照上述规则决定取舍，保留适当位数的有效数字。

2. 可疑数据的取舍

分析测定中常有个别数据与其他数据相差较大，称为可疑数据（或称离群值、异

常值)。对于由明显原因造成的可疑数据,应予舍去,但是对于找不出充分理由的可疑数据,则应慎重处理,既不可一概保留,也不可随意舍去,应根据数理统计的规律,判断这些可疑数据是否合理,再行取舍。

在3～10次的测定数据中,有一个可疑数据时,可采用Q检验法决定取舍;若有两个或两个以上可疑数据时,宜采用Grubbs检验法,现分别介绍如下。

1) Q检验法

(1) 将数据从小到大排列为$x_1,x_2,\cdots,x_{n-1},x_n$;

(2) 求出全组数据中最大值与最小值之差x_n-x_1;

(3) 计算可疑数据与其最邻近数据的差值(x_2-x_1或x_n-x_{n-1});

(4) 求Q值

$$Q=\frac{x_2-x_1}{x_n-x_1} \quad 或 \quad Q=\frac{x_n-x_{n-1}}{x_n-x_1}$$

(5) 查表1-4-1,求得$Q_{0.90}$,若$Q>Q_{0.90}$,则舍去可疑数据。

表1-4-1 90%置信度的Q值表

测定次数	3	4	5	6	7	8	9	10
$Q_{0.90}$	0.94	0.76	0.64	0.56	0.51	0.47	0.44	0.41

注:$Q_{0.90}$表示可靠程度(即置信度)为90%。

2) Grubbs检验法

(1) 将数据从小到大排列为$x_1,x_2,\cdots,x_{n-1},x_n$;

(2) 计算平均值$\overline{x}$及标准偏差σ;

(3) 设x_1为可疑数据,则计算T_1的公式为

$$T_1=\frac{\overline{x}-x_1}{\sigma}$$

设x_n为可疑数据,则计算T_n的公式为

$$T_n=\frac{x_n-\overline{x}}{\sigma}$$

(4) 根据测定次数n及对置信度的要求,从表1-4-2查出临界值T,若T_1(或T_n)$>T$,则该可疑数据应予舍去。

表1-4-2 Grubbs检验法的临界值表

测定次数	置信度		测定次数	置信度	
n	95%	99%	n	95%	99%
3	1.15	1.15	12	2.41	2.54
4	1.48	1.50	13	2.46	2.70
5	1.71	1.76	14	2.51	2.76
6	1.89	1.97	15	2.55	2.81

续表

测定次数	置信度		测定次数	置信度	
n	95%	99%	n	95%	99%
7	2.02	2.14	16	2.59	2.85
8	2.13	2.27	17	2.62	2.89
9	2.21	2.39	18	2.65	2.93
10	2.23	2.48	19	2.68	2.97
11	2.36	2.56	20	2.71	3.00

使用 Grubbs 检验法时要注意以下方面。

(1) 如可疑数据有两个或两个以上,而且都在平均值的同一侧,设为 x_1、x_2,则首先检验 x_2,此时测定次数应取 $n-1$ 次,若 x_2 属应舍去的数据,那么 x_1 自然也应予舍去。若检验结果表明 x_2 不应舍去,则须进一步按测定次数为 n 检验 x_1。

(2) 如可疑数据有两个或两个以上,而且分布在平均值的两侧,应先检验其中离平均值较近的一个,即离平均值偏差绝对值较小的一个,此时测定次数按 $n-1$ 次计算。若该数据经检验应予舍去,则另一离平均值较远的可疑数据自然也应舍去。若检验表明,离平均值较近的可疑数据并非应舍去的异常值,则须按测定次数为 n,进一步确定另一离平均值较远的可疑数据的取舍。

对于测定次数较少的实验,可疑数据的取舍应取谨慎态度,尤其在计算值与查得的临界值接近时,最好是增加一次或两次测定,再行处理,较为妥当。

3. 实验数据的表示方法

取得实验数据后,应以简明的方法表达出来。通常有列表法、图解法和数学方程表示法等三种方法,可根据具体情况选择一种表示方法。

现将列表法、图解法和数学方程表示法分别介绍如下。

1) 列表法

将一组实验数据中的自变量和因变量的数值按一定形式和顺序一一对应列成表格。列表时需注意以下事项。

(1) 每一表格应有完全而又简明的表名,在表名不足以说明表中数据含义时,则在表名或表格下面再附加说明,如获得数据的有关实验条件、数据来源等。

(2) 表格中每一行或列要有名称和单位,在不加说明即可了解的情况下,应尽可能用符号表示。

(3) 自变量的数值常取整数或其他方便的值,其间距最好均匀,按递增或递减的顺序排列。

(4) 表中所列数值的有效数字位数应取舍适当;同一列中的小数点应对齐,以便相互比较;数值为零时应记作“0”,数值空缺时应记为“—”。

列表法简单易行,不需特殊图纸(如方格纸)和仪器,形式紧凑又便于参考比较,在同一表格内,可以同时表示几个变量间的变化情况。实验的原始数据一般是用列表法记录。

2）图解法

将实验数据按自变量与因变量的对应关系标绘成图形，能够把变量间的变化趋向，如极大、极小、转折点、周期性以及变化速率等重要特性直观地显示出来，便于进行分析研究。

为了能把实验数据正确地用图形表示出来，需注意以下一些要点。

(1) 图纸的选择。

通常多用直角毫米坐标纸，有时也用半对数坐标纸或对数坐标纸。

(2) 坐标轴及分度。

习惯上以 x 轴代表自变量，y 轴代表因变量，每个坐标轴须注明名称和单位，如 $c/(\mathrm{mol \cdot L^{-1}})$、$\lambda/\mathrm{nm}$，$V/\mathrm{mV}$ 等，斜线后表示单位。

坐标分度应便于从图上读出任一点的坐标值，而且其精度应与测量的精度一致。对于主线间分为十等份的直角坐标，每格所代表的变量值以 1、2、4、5 等数量为最方便，避免采用 3、6、7、9 等数量；通常可不必拘泥于以坐标原点作为分度的零点。在最小分度不超过实验数据精度的情况下，可用低于最小测量值的某一整数作起点，高于最大测量值的某一整数作终点，以使作图紧凑。而比例尺的选择对于正确表达实验数据及其变化规律也是很重要的。

(3) 作图点的标绘。

把数据标在坐标纸上时，可用点圆符号“⊙”，圆心小点表示测得数据的正确值，圆的大小粗略表示该点的误差范围。若需在一张图纸上表示几组不同的测量值时，则各组数据应分别选用不同形式的符号以示区别，如用形式为 △、×、○、●的符号等，并在图上简要注明各符号分别代表何种情况。

如各实验点呈直线关系，用铅笔和直尺依各点的趋向，在点群之间画一直线，注意所取直线应使直线两侧点数近乎相等。作直线最为简便。

对于曲线，一般在其平缓变化部分，测量点可取得少些，但在关键点，如滴定终点、极大、极小以及转折等变化较大的部位，应适当增加测量点的密度，以保证曲线所表示的规律是可靠的。

3）数学方程表示法

仪器分析实验数据的自变量与因变量之间多呈直线关系，或是经过适当变换后，表现出直线关系。许多分析方法都是利用这一特性由工作曲线查得待测组分的含量，进行定量分析。用铅笔和直尺绘制标准曲线时，由于实际测量误差不可避免，所有的实验点都处在同一条直线上的情况还是较少的，特别是在测量误差较大，实验点比较分散时，仅凭眼睛观察各实验点的分布趋势和走向，绘出合理的直线就更加困难。这时可对数据进行回归分析，以数学方程的表示方法，描述自变量与因变量之间的关系，较为妥当。

分光光度法和原子吸收分光光度法中的浓度与吸光度，气相色谱分析中的含量与色谱峰面积(或峰高)，以及极谱分析中的浓度与峰高等都呈直线关系，它们的自变量只有一个。对于这样的回归分析称为一元回归。

4. 微处理机技术在分析化学中的应用

随着计算机科学的发展，微处理机技术不断渗透到分析化学的各个领域，如在分析测定中的控制与优化，分析仪器的自动化，测量数据的采集、处理、评价及检索等方面都显示出应用微处理机技术的广阔前景。

在计算机应用于分析化学的诸方面中，分析仪器采用微处理机技术实现自动控制与信息处理已成为一个引人注目的现实与发展趋势。数字显示与数字计算逐渐成为分析仪器的重要功能。由于电子技术和仪器制造工艺的发展，计算机功能增加，内存量扩大，而体积却在不断缩小，因此有可能将微处理机作为分析仪器的机内部件，同时采用在线方式进行实时数据采集、系统控制和数据处理，强化了实验手段，使实验的速度和精度都大为提高。目前国际市场上的分析仪器一般均带有简易的微机系统，可进行半自动化操作，有些甚至已实现全自动化控制。我国生产的分析仪器在引进国外先进技术的基础上，正在不断提高数字化和自动化的水平。

使用自动化程度较高的分析仪器，可以免去工作人员许多复杂耗时的操作，且能在较短时间内取得满意的测试结果。

第五节 化学实验基础知识

一、实验室用水

一般实验室用的纯水有蒸馏水、二次蒸馏水、去离子水、无二氧化碳蒸馏水、无氨蒸馏水等。

1. 分析实验室用水的规格

根据中华人民共和国国家标准《分析实验室用水规格和试验方法》(GB/T 6682—2008)的规定，分析实验室用水分为三个级别：一级水、二级水和三级水。分析实验室用水应符合表1-5-1所列内容。

表1-5-1 分析实验室用水规格

项目	一级	二级	三级
pH值范围(25 ℃)	—	—	5.0～7.5
电导率(25 ℃)，κ/(mS·m^{-1})	≤0.01	≤0.10	≤0.50
可氧化物质含量(以O计)，ρ_O/(mg·L^{-1})	—	≤0.08	≤0.4
吸光度(254 nm，1 cm光程)，A	≤0.001	≤0.01	—
蒸发残渣(105±2) ℃含量，ρ_B/(mg·L^{-1})	—	≤1.0	≤2.0
可溶性硅(以SiO_2计)含量，ρ_{SiO_2}/(mg·L^{-1})	≤0.01	≤0.02	—

注：① 由于在一级水、二级水的纯度下，难于测定其真实的pH值，因此，对一级水、二级水的pH值范围不做规定。

② 由于在一级水的纯度下，难于测定可氧化物质和蒸发残渣，对其限量不做规定。可用其他条件和制备方法来保证一级水的质量。

有严格要求的分析实验(包括对颗粒有要求的实验)用一级水,如高效液相色谱用水。一级水可用二级水经过石英设备蒸馏或离子交换混合床处理后,再经 2 μm 微孔滤膜过滤来制取。

无机痕量分析等实验用二级水,如原子吸收光谱分析用水。二级水可用多次蒸馏或离子交换等方法制取。

一般化学分析实验用三级水。三级水可用蒸馏或离子交换等方法制取。为了保持实验室使用的蒸馏水的纯净,蒸馏水瓶要随时加塞,专用虹吸管外均应保持干净。蒸馏水瓶附近不要存放浓 HCl、NH_3 等易挥发试剂,以防污染。通常用洗瓶取蒸馏水。

普通蒸馏水保存在玻璃容器中,去离子水保存在聚乙烯塑料容器中;用于痕量分析的二次石英亚沸蒸馏水等高纯水,则需要保存在聚乙烯塑料容器中。

2. 水纯度的检查

国家标准(GB/T 6682—2008)所规定的检查水的纯度实验方法是法定的水质检查方法。根据各实验室分析任务的要求和特点,对实验用水也经常采用如下方法进行一些项目的检查。

(1) 酸度。要求纯水的 pH 值为 6～7。检查方法是在两支试管中各加 10 mL 待测水,向一支试管中加 2 滴 0.1%甲基红指示剂,若不显红色,即为合格;另一支试管中加 5 滴 0.1%溴百里酚蓝指示剂,若不显蓝色,即为合格。

(2) 硫酸根。取 2～3 mL 待测水放入试管中,加 2～3 滴 2 mol·L^{-1}盐酸酸化,再加 1 滴 0.1%氯化钡溶液,放置 15 h,应无沉淀析出。

(3) 氯离子。取 2～3 mL 待测水,加 1 滴 6 mol·L^{-1}硝酸酸化,再加 1 滴 0.1%硝酸银溶液,不应产生混浊。

(4) 钙离子。取 2～3 mL 待测水,加数滴 6 mol·L^{-1}氨水使溶液呈碱性,再加 2 滴饱和草酸铵溶液,放置 12 h,应无沉淀析出。

(5) 镁离子。取 2～3 mL 待测水,加 1 滴 0.1%鞑靼黄及数滴 6 mol·L^{-1}氢氧化钠溶液,如有淡红色出现即有镁离子,如呈橙色则合格。

(6) 铵离子。取 2～3 mL 待测水,加 1～2 滴奈斯勒试剂,如呈黄色则有铵离子。

(7) 游离二氧化碳。取 100 mL 待测水注入锥形瓶中,加 3～4 滴 0.1%酚酞溶液,如呈淡红色,表示无游离二氧化碳;如为无色,可加 0.100 0 mol·L^{-1}氢氧化钠溶液至淡红色,1 min 内不褪色即为终点,计算可得游离二氧化碳的含量。注意:氢氧化钠溶液用量不能超过 0.1 mL。

3. 水纯度分析结果的表示

水纯度通常有以下几种表示方法。

(1) mg·L^{-1}(毫克每升),表示每升水中含有某物质的质量(mg)。

(2) μg·L^{-1}(微克每升),表示每升水中含有某物质的质量(μg)。

(3) 硬度,我国采用 1 L 水中含有 10 mg 氧化钙作为硬度的单位 1 度,这和德国标准一致，所以有时也称作1德国度。

4. 各种纯水的制备

1) 蒸馏水

将自来水在蒸馏装置中加热汽化，再将蒸汽冷凝便得到蒸馏水。由于杂质离子一般不挥发，因此蒸馏水中所含杂质比自来水少得多，可达到三级水的指标，但少量金属离子、二氧化碳等杂质未能除尽。

2) 二次石英亚沸蒸馏水

将蒸馏水进行重蒸馏，并在准备重蒸馏的蒸馏水中加入适当的试剂以抑制某些杂质的挥发，例如，用甘露醇抑制硼的挥发，用碱性高锰酸钾破坏有机物并防止二氧化碳蒸出等。二次蒸馏水一般可达到二级水指标。第二次蒸馏通常采用石英亚沸蒸馏器，由于它是在液面上方加热，液面始终处于亚沸状态，可使水蒸气带出的杂质减至最低。

3) 去离子水

去离子水是将自来水或普通蒸馏水通过离子树脂交换柱后所得到的水。一般将水依次通过阳离子树脂交换柱、阴离子树脂交换柱、阴-阳离子树脂混合交换柱而制得。这样制得的水纯度比蒸馏水纯度高，质量可达到二级或一级水指标，但对非电解质及胶体物质无效，同时会有微量的有机物从树脂中溶出，因此，根据需要可将去离子水进行重蒸馏以得到高纯水。

市场上有很多离子交换纯水器出售。

4) 特殊用水

(1) 无氨蒸馏水。

① 每升蒸馏水中加25 mL 5%的氢氧化钠溶液，煮沸1 h，然后用前述的方法检查铵离子。

② 每升蒸馏水中加2 mL浓硫酸，经重蒸馏后即可得无氨蒸馏水。

(2) 无二氧化碳蒸馏水。

煮沸蒸馏水至原体积的3/4或4/5，隔离空气，冷却，贮存于连接碱石灰吸收管的瓶中，其pH值应为7。

(3) 无氯蒸馏水。

在硬质玻璃蒸馏器中将蒸馏水煮沸蒸馏，收集中间馏出部分，便得到无氯蒸馏水。

二、化学试剂的规格和取用

1. 化学试剂的规格

我国的化学试剂一般可分为四个等级。

化学试剂中，指示剂纯度往往不太明确。除少数标明“分析纯”、“试剂四级”外，经常遇到只写明“化学试剂”、“企业标准”或“部颁暂行标准”、“生物染色素”，等等。

常用的有机溶剂、掩蔽剂等，也经常见到级别不明的情况，平常只可作为“化学纯”试剂使用，必要时需进行提纯。例如，三乙醇胺中铁含量较大，而又常用来掩蔽铁，因此使用该试剂时，必须注意。

此外，还有一些特殊用途的所谓高纯试剂。例如，“色谱纯”试剂是在最高灵敏度下以 10^{-10} g 下无杂质峰来表示的；“光谱纯”试剂是以光谱分析时出现的干扰谱线的数目强度大小来衡量的，往往含有该试剂的各种氧化物，它不能被认为是化学分析的基准试剂，这点须特别注意；“放射化学纯”试剂是以放射性测定时出现干扰的核辐射强度来衡量的；“MOS”试剂是“金属-氧化物-半导体”试剂的简称，是电子工业专用的化学试剂；“超纯试剂”用于痕量分析和一些科学研究工作，这种试剂的生产、贮存和使用都有一些特殊要求，等等。在一般实验工作中，通常要求使用 AR 级的分析纯试剂。我国及其他国家化学试剂的分级如表 1-5-2 所示。

表 1-5-2　我国及其他国家化学试剂分级

质量级序	我国化学试剂等级标志				德、美、英等通用等级和符号
	级别	中文标志	符号	瓶签颜色	
1	1 级品	优级纯	GR	绿色	保证试剂，GR
2	2 级品	分析纯	AR	红色	分析纯，AR
3	3 级品	化学纯	CP、P	蓝色	化学纯，CP
4	4 级品	实验试剂	LR	棕色	—
5		生物试剂	BR、CR	黄色等	—

优级纯试剂宜用作基准物质和用于精密分析；分析纯试剂的纯度略低于优级纯试剂，宜用于大多数分析工作；化学纯试剂适用于一般分析工作和分析化学教学工作；实验试剂纯度较低，在分析化学中一般用作辅助试剂。

生物化学中使用的特殊试剂的纯度表示方法与化学中一般试剂的纯度表示方法不同。例如，蛋白质类试剂常以含量表示，或以某种方法（如电泳法等）测定杂质含量来表示；酶的纯度是以单位时间内能酶解多少底物来表示，是用活力来表示的。

2. 化学试剂的保存

若试剂保存不善或使用不当，则极易变质和沾污，在分析实验中这往往是引起误差甚至造成实验失败的主要原因之一。因此，必须按一定的要求保管和使用试剂。

(1) 用前，要认明标签；取用时，应将盖子反放在干净的地方，不可将瓶盖随意乱放。取用固体试剂时要用干净的药匙，用毕立即洗净，晾干备用。取用液体试剂一般用量筒，倒试剂时试剂瓶标签朝上，不要将试剂泼洒在外面，多余的试剂不应放回试剂瓶内，取完试剂立即将瓶盖盖好，切不可“张冠李戴”，以防沾污。

(2) 试剂瓶都要贴上标签，标明试剂的名称、规格、日期等，不可在试剂瓶中装入与标签不符的试剂，以免造成差错。标签脱落的试剂，在未查明前不可使用。标签最好用碳素墨水书写，以保持字迹长久，标签的四周要剪齐，并贴在试剂瓶的 2/3 处，以使其整齐美观。

(3) 用标准溶液前,应把试剂充分摇匀。

(4) 腐蚀玻璃的试剂 (如氟化物、苛性碱等)应保存在塑料瓶或涂有石蜡的玻璃瓶中。

(5) 存氯化亚锡、低价铁等易氧化的试剂和易风化或潮解的试剂 (如 $AlCl_3$、无水 Na_2CO_3、NaOH 等)时应用石蜡密封瓶口。

(6) 受光分解的试剂 (如 $KMnO_4$、$AgNO_3$等)应用棕色瓶盛装,并保存在暗处。

(7) 易受热分解的试剂、低沸点的液体和易挥发的试剂应保存在阴凉处。

(8) 剧毒试剂 (如氰化物、三氧化二砷、二氯化汞等)必须特别妥善保管和安全使用。

3. 化学试剂的取用

1) 固态试剂的取用

固态试剂一般都用药匙取用。药匙的两端为大、小两个匙,分别取用大量固体和少量固体。试剂一旦取出,就不能再倒回瓶内,可将多余的试剂放入指定容器。

2) 液态试剂的取用

液态试剂一般用量筒量取或用滴管吸取。下面分别介绍它们的操作方法。

(1) 量筒量取。

量筒有 5 mL、10 mL、50 mL、100 mL 和 1 000 mL 等规格。取液时,先取下试剂瓶瓶塞并将它放在桌上。一手拿量筒,一手拿试剂瓶(注意别让瓶上的标签朝下),然后倒出所需量的试剂。最后倾斜瓶口在量筒上靠一下,再使试剂瓶竖直,以免留在瓶口的液滴流到瓶的外壁。

(2) 滴管吸取。

先用手指紧捏滴管上部的橡皮乳头,赶走其中的空气,然后松开手指,吸入试液。将试液滴入试管等容器时,不得将滴管插入容器。滴管只能专用,用完后放回原处。一般的滴管一次可取 1 mL,约 20 滴试液。如果需要更准确地量取液态试剂,可用滴定管和移液管等。

4. 常用试剂的提纯

利用仪器分析法进行痕量或超痕量测定时,对试剂有特殊要求。例如,单晶硅的纯度在 99.999 9%以上,杂质含量不超过 0.000 1%,分析这类高纯物质时,必须使用高纯度的试剂;甲醇或乙腈在高效液相色谱法中经常被用作流动相,要求其中不含芳烃,否则会干扰测定。对于这些实验,市售的试剂即使是优级纯的也必须进行适当的提纯处理。

在试剂提纯过程中,要除去所有杂质是不可能的,也没有必要,只需要针对分析的某种特殊要求,除去其中的某些杂质即可。例如,光谱分析中所使用的"光谱纯"试剂,仅要求所含杂质低于光谱分析法的检测限。因此,已适宜某种用途的试剂也许完全不适宜另一些用途。

蒸馏、重结晶、色谱、电泳和超离心等技术是常用的试剂提纯方法。常用的溶剂或熔剂的提纯可参考相关资料。

第六节　基础化学实验通用基本操作

一、化学实验室常用仪器

1. 普通仪器

化学实验室常用普通仪器如表 1-6-1 所示。

表 1-6-1　化学实验室常用普通仪器

仪　器	规　格	用　途	注意事项
试管	分硬质试管、软质试管、离心试管。普通试管以管口外径(mm)×长度(mm)表示,离心试管以其容积(mL)表示	用作少量试液的反应容器,便于操作和观察。离心试管还可以用于定性分析中的沉淀分离	加热后不能骤冷,以防试管破裂。盛试液不超过试管的 1/3～1/2
试管夹	试管夹有木质、竹质、铝质、钢质的等等	用于夹拿试管	防止烧损(竹质)或锈蚀
试管刷	以大小和用途表示,如试管刷、烧杯刷等	洗刷玻璃仪器	谨防刷子顶端的铁丝撞破玻璃仪器
烧杯	以容积(mL)表示	用于盛放试剂或用作反应器	加热时应放在石棉网上
锥形瓶	以容积(mL)表示	反应容器。振荡方便,常用于滴定操作	加热时应放在石棉网上
量筒	以容积(mL)表示	用于量取一定体积的液体	不能受热

续表

仪　器	规　格	用　途	注意事项
容量瓶	以容积(mL)表示	用于配制准确浓度的溶液	不能受热
称量瓶	以外径(mm)×高(mm)表示	用于准确称量固体	—
干燥器	以外径(mm)表示	用于干燥试剂或使试剂保持干燥	不得放入过热物品
药匙	牛角、瓷质或塑料质	取固体试剂	试剂专用,不得混用
滴瓶	以容积(mL)表示	用于盛放试液或溶液	滴管不得互换,不能长期盛放浓碱液
试剂瓶	以容积(mL)表示	细口瓶和广口瓶分别用于盛放液体试剂和固体试剂	—
表面皿	以口径(mm)表示	盖在烧杯上	不得用火加热
漏斗	布氏漏斗为瓷质,以容积(mL)表示或口径(mm)表示	用于过滤或减压过滤	不得用火加热
分液漏斗	以容积(mL)和形状表示	用于分离互不相溶的液体,也可用作发生气体装置中的加液漏斗	不得用火加热

续表

仪　器	规　格	用　途	注意事项
蒸发皿	以口径(mm)和容积(mL)表示,材质有瓷、石英、铂等	用于蒸发液体或溶液	一般忌骤冷、骤热,依试液性质选用不同材质的蒸发皿
坩埚	以容积(mL)表示,材质有瓷、石英、铁、镍、铂等	用于灼烧试剂	一般忌骤冷、骤热,依试液性质选用不同材质的坩埚
泥三角	有大小之分	支承灼烧坩埚	—
石棉网	有大小之分	支承灼热坩埚	不能与水接触
铁圈	有大小、高低之分	用于固定或放置容器,支承较大或较重的加热容器	—
研钵	以口径(mm)表示,材质有瓷、玻璃或铁等	用于研磨固体试剂	不能用火直接加热。依固体的性质选用不同材质的研钵
水浴锅	铜质或铝质,有大、中、小之分	用于水浴加热	—
圆底烧瓶	以容积(mL)表示	可作为长时间加热的反应容器	加热时放在石棉网上
平底烧瓶	以容积(mL)表示	用于液体蒸馏,也可用于制取少量气体	加热时应放在石棉网上

2. 化学合成常用仪器

化学合成过程中所用到的仪器除表 1-6-1 中所列出的外，还包括以下一些仪器。

1) 普通玻璃仪器

三颈烧瓶；蒸馏瓶；蒸馏头；克氏蒸馏瓶；克氏蒸馏头；直形冷凝管；球形冷凝管；空气冷凝管；滴液漏斗；布氏漏斗；热滤漏斗；抽滤瓶；干燥管；接液管；Y 形管；熔点管；油水分离器。

2) 标准磨口玻璃仪器

同号的接头可以互相连接，不漏气，安装速度快。不同号的磨口玻璃仪器可以借助变接头(一头大一头小)使之连接。

使用磨口玻璃仪器的注意事项如下。

(1) 磨口处须洁净，若黏有固体杂物，会使磨口对接不严，引起漏气，也易导致黏结，硬质杂物会损坏磨口。

(2) 用后应立即拆卸清洗，时间长了，磨口处可能粘连，难以拆开。

(3) 一般用途的磨口无须涂润滑剂，以免沾污反应物或产物。若反应中有强碱，则应涂润滑剂，以免磨口连接处因碱腐蚀黏牢，难以拆开。减压蒸馏时，需涂真空脂，以免漏气。

(4) 安装标准磨口仪器，需安得整齐、稳妥，使磨口处不受歪斜的应力。加热时应力更大。

常用标准磨口仪器见图 1-6-1。

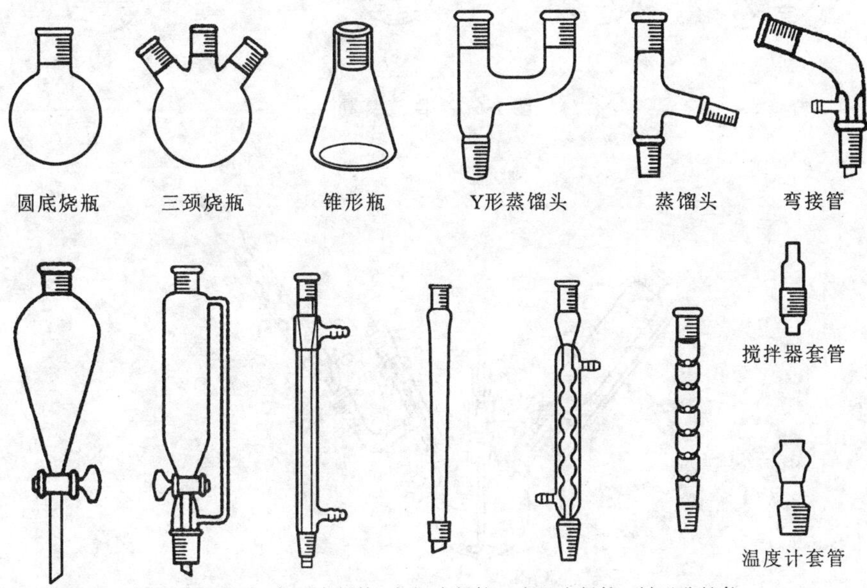

图 1-6-1　常用标准磨口玻璃仪器

常用装置具体可参见图 1-6-2 至图 1-6-7。

3）其他仪器

(1) 电炉;调压器。

(2) 烘箱;气流干燥器。

(3) 循环水泵。

(4) 电动搅拌机。

(5) 台秤;阿贝折射仪;旋光仪。

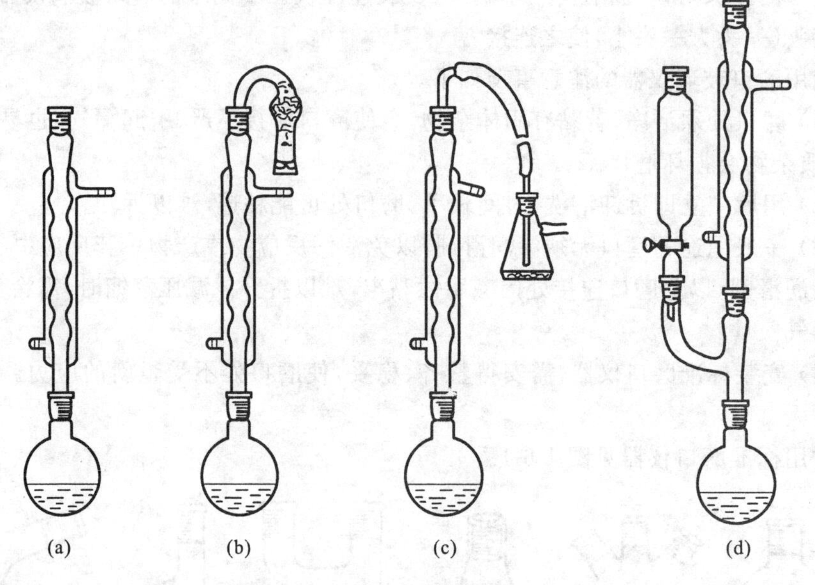

图 1-6-2　回流装置

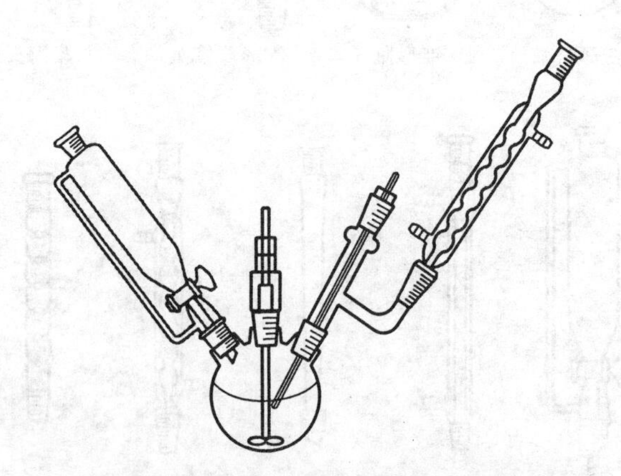

图 1-6-3　控温-滴加-搅拌回流装置

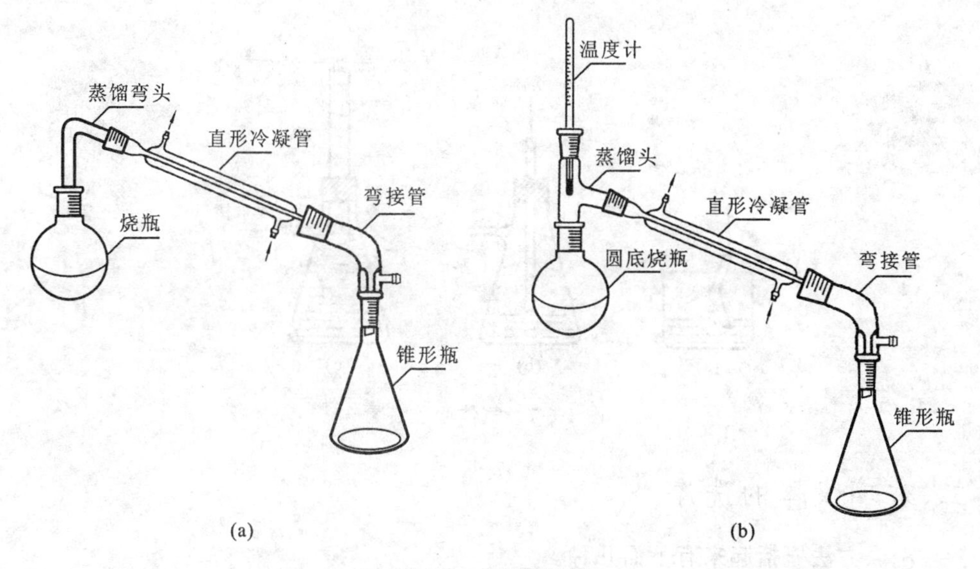

图 1-6-4 蒸馏装置

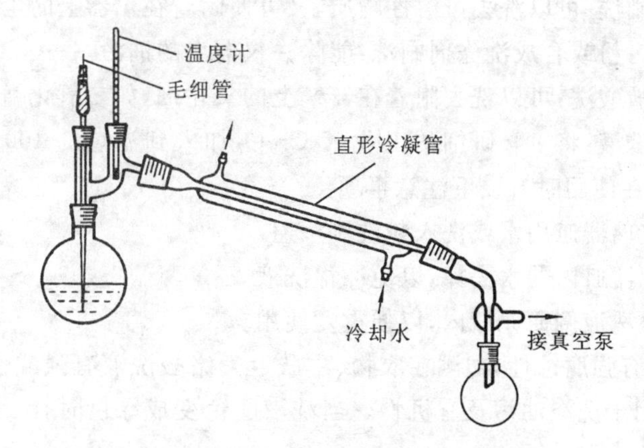

图 1-6-5 减压蒸馏装置

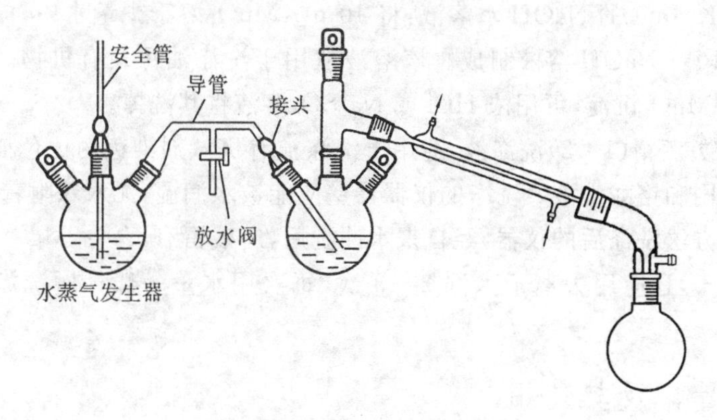

图 1-6-6 水蒸气蒸馏装置

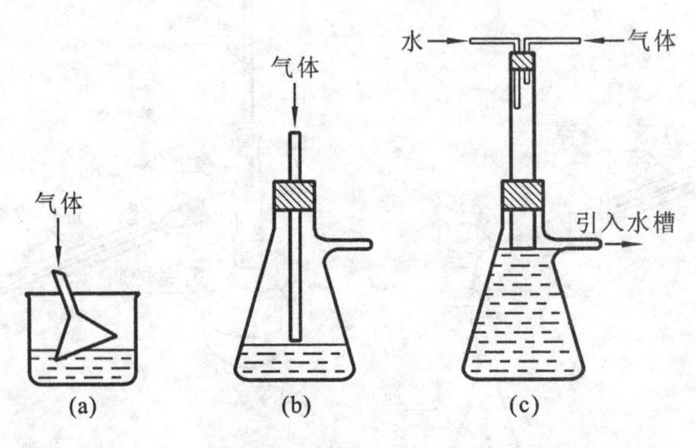

图 1-6-7　气体吸收装置

二、玻璃仪器的洗涤

洗涤方法概括起来有下面几种。

(1) 用水刷洗:可以洗去可溶性物质,又可使附着在仪器上的尘土等洗脱下来。

(2) 用去污粉或合成洗涤剂刷洗:能除去仪器上的油污。

(3) 用浓盐酸洗:可以洗去附着在器壁上的氧化剂,如二氧化锰。

(4) 铬酸洗液:将 8 g 研细的工业 $K_2Cr_2O_7$ 加入到温热的 100 mL 浓硫酸中制成。铬酸洗液在使用时有以下注意事项。

① 先将玻璃器皿用水或洗衣粉洗刷一遍。

② 尽量把器皿内的水去掉,以免冲稀洗液。

③ 用毕将洗液倒回原瓶内,以便重复使用。

铬酸洗液有强腐蚀性,勿溅在衣物、皮肤上。铬酸洗液有强酸性和强氧化性,去污能力强,适用于洗涤油污及有机物。当洗液颜色变成绿色时,洗涤效能下降,应重新配制。

(5) 含 $KMnO_4$ 的 NaOH 水溶液:将 10 g $KMnO_4$ 溶于少量水中,向该溶液中注入 100 mL 10% NaOH 溶液制成。该溶液适用于洗涤油污及有机物。洗后在玻璃器皿上留下 MnO_2 沉淀,可用浓 HCl 或 Na_2SO_3 溶液将其洗掉。

(6) 盐酸-酒精(1∶2)洗涤液:适用于洗涤被有机试剂染色的比色皿。比色皿应避免使用毛刷和铬酸洗液。洗净的仪器器壁应能被水润湿,无水珠附着在上面。

用以上方法洗涤后的仪器,经自来水冲洗后,还残留有 Ca^{2+}、Mg^{2+} 等离子,如需除掉这些离子,还应用去离子水洗 2～3 次,每次用水量一般为所洗涤仪器体积的 1/4～1/3。

三、玻璃量器及其使用

定量分析中常用的玻璃量器可分为量入容器(容量瓶、量筒、量杯)和量出容器

(滴定管、吸量管、移液管)两类,前者液面的相应刻度为量器内的容积,后者液面的相应刻度为已放出的溶液体积。

滴定管是滴定时用来准确测量流出的操作溶液体积的量器。常量分析最常用的是50 mL的滴定管,其最小刻度是0.1 mL,最小刻度间可估计到0.01 mL,因此读数可达小数点后第二位,一般读数误差为±0.02 mL。另外,还有容积为10 mL、5 mL、2 mL、1 mL的微量滴定管。滴定管一般分为两种:一种是具塞滴定管,常称为酸式滴定管;另一种是无塞滴定管,常称为碱式滴定管。酸式滴定管用来装酸性及氧化性溶液,但不适于装碱性溶液,因为碱性溶液能腐蚀玻璃,时间长一些,旋塞便不能转动。碱式滴定管的一端连接一橡皮管或乳胶管,管内装有玻璃珠,以控制溶液的流出,橡皮管或乳胶管下面接一尖嘴玻璃管。碱式滴定管用来装碱性及无氧化性溶液,凡是能与橡皮起反应的溶液,如高锰酸钾、碘和硝酸银等溶液,都不能装入碱式滴定管。滴定管除无色的外,还有棕色的,用以装见光易分解的溶液,如硝酸银、高锰酸钾等溶液。

现有一种新型滴定管,外形与酸式滴定管一样,但其旋塞用聚四氟乙烯材料制作,可用于酸、碱、氧化性等溶液的滴定。由于聚四氟乙烯旋塞有弹性,通过调节旋塞尾部的螺帽,可调节旋塞与旋塞套间的紧密度。因而,此类滴定管无须涂凡士林。

1. 滴定管及其使用

1) 酸式滴定管(简称酸管)的准备

酸式滴定管是滴定分析中经常使用的一种滴定管。除了强碱溶液外,其他溶液作为滴定液时一般均采用酸式滴定管。

(1) 使用前,首先应检查旋塞与旋塞套是否配合紧密。如不密合,将会出现漏水现象,则不宜使用。其次,应进行充分的清洗。

根据沾污的程度,可采用下列方法。

① 用自来水冲洗。

② 用滴定管刷蘸合成洗涤剂刷洗,但铁丝部分不得碰到管壁(如用泡沫塑料刷代替毛刷更好)。

③ 用上述方法不能洗净时,可用铬酸洗液洗。加入5～10 mL洗液,边转动边将滴定管放平,并将滴定管口对着洗液瓶口,以防洗液流出。洗净后将一部分洗液从管口放回原瓶,最后打开旋塞,将剩余的洗液从出口管放回原瓶,必要时可加满洗液进行浸泡。

④ 可根据具体情况采用针对性洗涤液进行清洗,如管内壁留有残存的二氧化锰时,可选用亚铁盐溶液或过氧化氢加酸溶液进行清洗。被油污等沾污的滴定管可采用合适的有机溶剂清洗。用各种洗涤剂清洗后,都必须用自来水充分洗净,并将管外壁擦干,以便观察内壁是否挂水珠。

(2) 为了使旋塞转动灵活并克服漏水现象,需将旋塞涂凡士林等。操作方法如下。

① 取下旋塞小头处的小橡皮圈,再取出旋塞。

② 用吸水纸将旋塞和旋塞套擦干,并注意勿使滴定管壁上的水再次进入旋塞套。

③ 用手指将凡士林涂抹在旋塞的大头上,另用纸卷或火柴梗将凡士林涂抹在旋塞套的小口内侧(图 1-6-8(a))。也可用手指均匀地涂一薄层凡士林于旋塞两头(图 1-6-8 (b))。凡士林涂得太少,旋塞转动不灵活,且易漏水;涂得太多,旋塞孔容易被堵塞。不论采用哪种方法,都不要将凡士林涂在旋塞孔上、下两侧,以免旋转时堵塞旋塞孔。

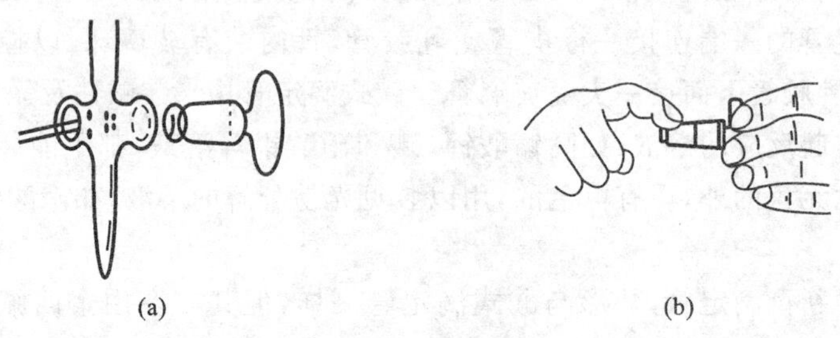

(a) (b)

图 1-6-8 涂凡士林

④ 将旋塞插入旋塞套中。插时,旋塞孔应与滴定管平行,径直插入旋塞套,不要转动旋塞,这样可以避免将凡士林挤到旋塞孔中去。然后,向同一方向旋转旋塞柄,直到旋塞和旋塞套上的凡士林层全部透明为止。套上小橡皮圈。经上述处理后,旋塞应转动灵活,凡士林层没有纹路。

(3) 用自来水充满滴定管,将其放在滴定管架上静置约 2 min,观察有无水滴漏下。然后将旋塞旋转 180°,再如前检查。如果漏水,应该拔出旋塞,用吸水纸将旋塞和旋塞套擦干后重新涂凡士林。

若出口管尖被凡士林堵塞,可将它插入热水中温热片刻,然后打开旋塞,使管内的水突然流下,将软化的凡士林冲出。凡士林排出后即可关闭旋塞。管内的自来水从管口倒出,出口管内的水从旋塞下端放出。

注意:从管口将水倒出时,不可打开旋塞,否则旋塞上的凡士林会冲入滴定管,使内壁重新被沾污。然后用蒸馏水洗三次。第一次用 10 mL 左右,第二、三次各用 5 mL左右。洗涤时,双手持滴定管管身两端无刻度处,边转动边倾斜滴定管,使水布满全管并轻轻振荡。然后直立,打开旋塞将水放掉,同时冲洗出口管。也可将大部分水从管口倒出,再将其余的水从出口管放出。每次放掉水时应尽量不使水残留在管内。最后,将管的外壁擦干。

2) 碱式滴定管(简称碱管)的准备

使用前应检查乳胶管和玻璃珠是否完好。若乳胶管已老化,玻璃珠过大(不易操作),或过小(漏水),应予更换。

碱式滴定管的洗涤方法与酸式滴定管的洗涤方法相同。在需要用洗液洗涤时,可除去乳胶管,用塑料乳头堵塞碱式滴定管下口进行洗涤。如必须用洗液浸泡,则将碱式滴定管倒夹在滴定管架上,管口插入洗液瓶中,乳胶管处连接抽气泵,用手捏玻璃珠处的乳胶管,吸取洗液,直到充满全管,然后放手,任其浸泡。浸泡完毕后,轻轻捏乳胶管,将洗液缓慢放出。也可更换一根装有玻璃珠的乳胶管,将玻璃珠往上捏,使其紧贴在碱式滴定管的下端,这样便可直接倒入洗液浸泡。

在用自来水冲洗或用蒸馏水清洗碱式滴定管时,应特别注意玻璃珠下方死角处的清洗。为此,在捏乳胶管时应不断改变方位,使玻璃珠的四周都洗到。

3) 操作溶液的装入

装入操作溶液前,应将试剂瓶中的溶液摇匀,使凝结在瓶内壁上的水珠混入溶液,这在天气比较热、室温变化较大时更为必要。混匀后将操作溶液直接倒入滴定管中,不得用其他容器(如烧杯、漏斗等)来转移。此时,左手前三指持滴定管上部无刻度处,并可稍微倾斜,右手拿住细口瓶往滴定管中倒溶液。小瓶可以手握瓶身(瓶签向手心),大瓶则放在桌上,手拿瓶颈使瓶慢慢倾斜,让溶液慢慢沿滴定管内壁流下。

用摇匀的操作溶液将滴定管洗 3 次(第一次 10 mL,大部分溶液可由上口倒出,第二、三次各 5 mL,可以从出口管放出,洗法同前)。应特别注意的是,一定要使操作溶液洗遍全部内壁,并使溶液接触管壁 1～2 min,以便与原来残留的溶液混合均匀。每次都要打开旋塞冲洗出口管,并尽量放出残留液。对于碱式滴定管,仍应注意玻璃珠下方的洗涤。最后,关好旋塞,将操作溶液倒入,直到充满至“0”刻度以上为止。注意检查滴定管的出口管是否充满溶液,酸式滴定管出口管及旋塞透明,容易检查(有时旋塞孔中暗藏着的气泡,需要从出口管放出溶液时才能看见),碱式滴定管则需对光检查乳胶管内及出口管内是否有气泡或有未充满的地方。为使溶液充满出口管,在使用酸式滴定管时,右手拿滴定管上部无刻度处,并使滴定管倾斜约 30°,左手迅速打开旋塞使溶液冲出(下面用烧杯承接溶液),这时出口管中应不再留有气泡。若气泡仍未能排出,可重复操作。如仍不能使溶液充满,可能是出口管未洗净,必须重洗。在使用碱式滴定管时,装满溶液后,应将其垂直地夹在滴定管架上,左手拇指和食指拿住玻璃珠所在部位并使乳胶管向上弯曲,出口管斜向上,然后在玻璃珠部位往一旁轻轻捏橡皮管,使溶液从管口喷出(图 1-6-9)(下面用烧杯承接溶液),再一边捏乳胶管一边把乳胶管放直,注意应在乳胶管放直后,再松开拇指和食指,否则出口管仍会有气泡。最后,将滴定管的外壁擦干。

4) 滴定管的读数

读数时应遵循下列原则。

(1) 装满或放出溶液后,必须等 1～2 min,使附着在内壁的溶液流下来,再进行读数。如果放出溶液的速度较慢(例如,滴定到最后阶段,每次只加半滴溶液时),等 0.5～1 min 即可读数。每次读数前要检查一下管壁是否

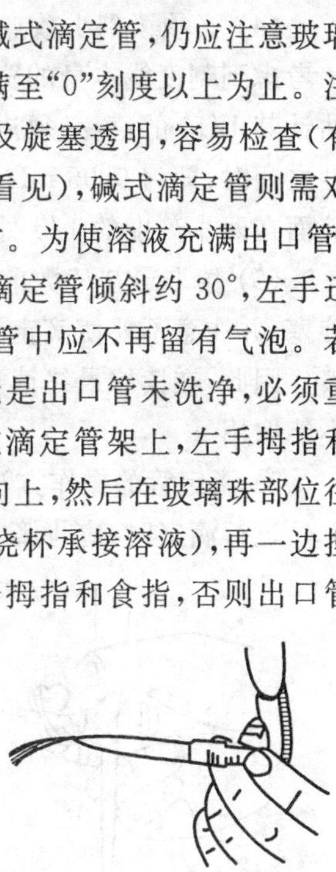

图 1-6-9　排除气泡

挂水珠,管尖是否有气泡。

(2) 读数时,用手拿滴定管上部无刻度处,应使滴定管保持垂直。

(3) 对于无色或浅色溶液,应读取弯月面下缘最低点。读数时,视线在弯月面下缘最低点处,且与液面成水平(图 1-6-10)。溶液颜色太深时,可读液面两侧的最高点。此时,视线应与该点成水平。

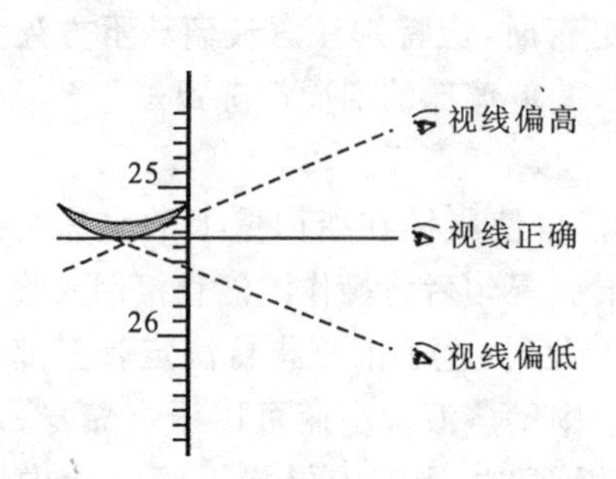

图 1-6-10　滴定管读数时的视线位置

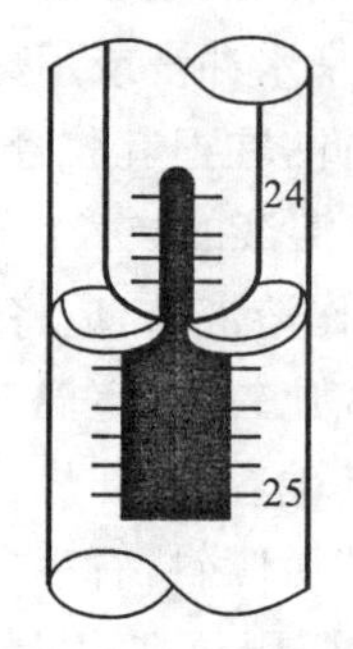

图 1-6-11　用“蓝带”滴定管的读数

用“蓝带”滴定管滴定无色溶液时,滴定管上有两个弯月面尖端相交于滴定管蓝线的某一点上(图 1-6-11),读数时视线应与此点在同一水平面上,如为有色溶液,则视线仍与液面两侧的最高点相切。

(4) 必须读到小数点后第二位,即要求估计到 0.01 mL。注意:估计读数时,应该考虑到刻度线本身的宽度。滴定管上两个小刻度之间为 0.1 mL,是如此之小,要估计其 1/10 的值,必须进行严格的训练。为此,可以这样来估计:当液面在此两小刻度之间时,即为 0.05 mL;若液面在两小刻度的 1/3 处,即为 0.03 mL 或 0.07 mL;当液面在两小刻度的 1/5 处时,即为 0.02 mL 或 0.08 mL,等等。

(5) 读取最初读数前,应将管尖悬挂着的溶液除去。滴定至终点时应立即关闭旋塞,并注意不要使滴定管中溶液有稍微流出,否则最终读数便包括流出的半滴溶液。因此,在读取最终读数前,应注意检查出口管尖是否悬有溶液,如有,则此次读数不能取用。

5) 滴定管的操作方法

进行滴定时,应将滴定管垂直地夹在滴定管架上。如使用的是酸式滴定管,左手无名指和小指向手心弯曲,轻轻地贴着出口管,用其余三指控制旋塞的转动(图 1-6-12)。但应注意不要向外拉旋塞,以免推出旋塞造成漏水;也不要过分往里扣,以免造成旋塞转动困难,不能自如操作。

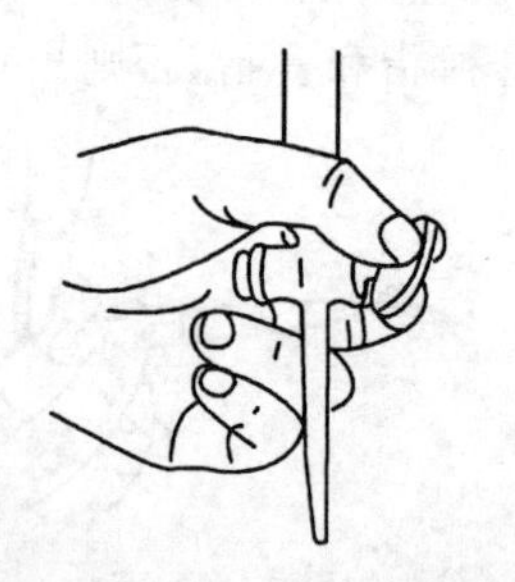

图 1-6-12　酸式滴定管的操作

如使用的是碱式滴定管,左手无名指及小指夹住出口管,拇指与食指在玻璃珠所在部位往一旁(左、右均可)捏乳胶管,使溶液从玻璃珠旁空隙处流出(图 1-6-13)。

此时应注意:①不要用力捏玻璃珠,也不能使玻璃珠上下移动;② 不要捏到玻璃珠下部的乳胶管;③ 停止加液时,应先松开拇指和食指,最后才松开无名指与小指。

无论使用哪种滴定管,都必须掌握下面三种加液方法:①逐滴连续滴加;②只加1滴;③使液滴悬而未落,即加半滴。

6) 滴定操作方法

滴定操作可在锥形瓶或烧杯内进行,并以白瓷板作背景。

在锥形瓶中进行滴定时,用右手前三指拿住瓶颈,使瓶底离瓷板 2～3 cm。同时调节滴定管的高度,使滴定管的下端伸入瓶口约 1 cm。

左手按前述方法滴加溶液,右手运用腕力摇动锥形瓶,边滴加边摇动(图 1-6-14)。滴定操作中应注意以下几点。

(1) 摇瓶时,应使溶液向同一方向做圆周运动(左、右旋均可),但勿使瓶口接触滴定管,溶液也不得溅出。

(2) 滴定时,左手不能离开旋塞任其自流。

(3) 开始时,应边摇边滴,滴定速度可稍快,但不要使溶液流成“水线”。接近终点时,应改为加 1 滴即摇几下。最后,每加半滴即摇动锥形瓶,直至溶液出现明显的颜色变化。加半滴溶液的方法如下:微微转动旋塞,使溶液悬挂在出口管嘴上,形成半滴,用锥形瓶内壁将其沾落,再用洗瓶以少量蒸馏水吹洗瓶壁。

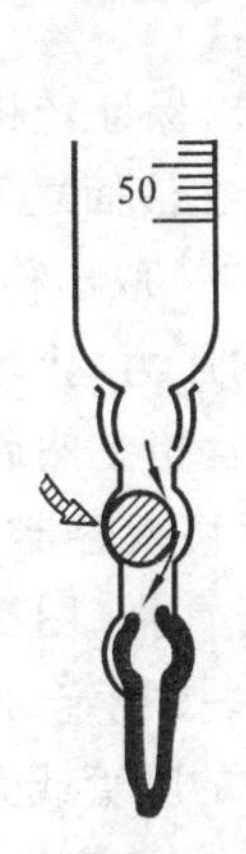

图 1-6-13 碱式滴定管的操作

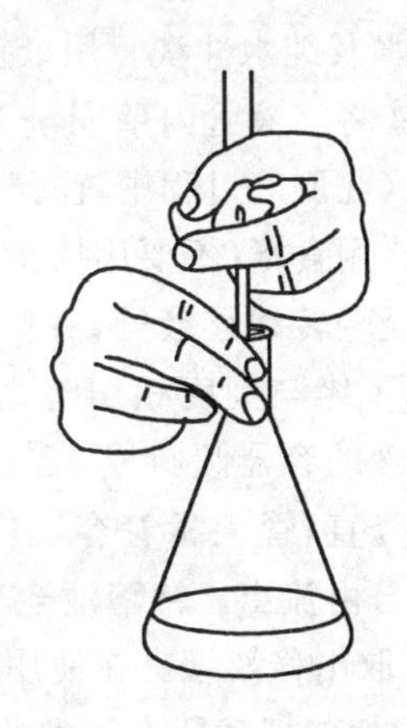

图 1-6-14 滴定操作

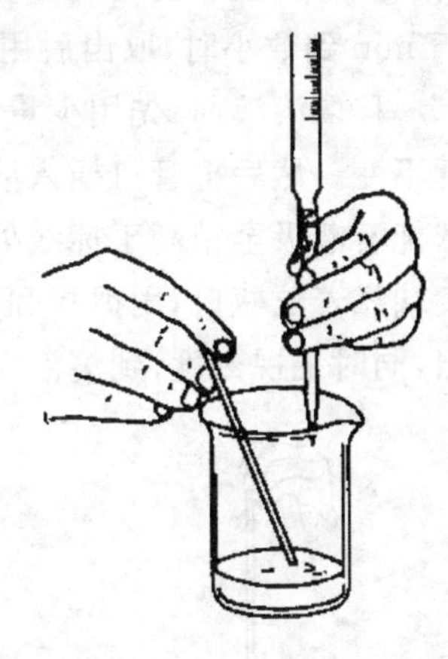

图 1-6-15 在烧杯中进行滴定

用碱式滴定管滴加半滴溶液时,应先松开拇指与食指,将悬挂的半滴溶液沾在锥形瓶内壁上,再放开无名指与小指。这样可以避免出口管尖出现气泡。

(4) 每次滴定都应从 0.00 开始(或从 0 附近的某一固定刻线开始),这样可减小误差。在烧杯中进行滴定时,将烧杯放在白瓷板上,调节滴定管的高度,使滴定管下端伸入烧杯内 1 cm 左右。滴定管下端应在烧杯中心的左后方处,但不要靠烧杯壁过近。右手持搅拌棒在右前方搅拌溶液。在左手滴加溶液(图 1-6-15)的同时,搅拌棒应作圆周搅动,但不得接触烧杯壁和底。当加半滴溶液时,用搅拌棒下端承接悬挂的半滴溶液,放入溶液中搅拌。注意,搅拌棒只能接触液滴,不能接触滴定管尖。其他注意点同上。

滴定结束后,滴定管内剩余的溶液应弃去,不得将其倒回原瓶,以免沾污整瓶操作溶液。随即洗净滴定管,并用蒸馏水充满全管,备用。

2. 移液管及其使用

用于准确地移取小体积液体的量器称为移液管。移液管属于量出容器,种类较多。

无分度的吸管通称移液管,它的中腰膨大,上下两端细长,上端刻有环形标线,膨大部分标有它的容积和标定时的温度。将溶液吸入管内,使液面与标线相切,再放出,则放出的溶液体积就等于管上标示的容积。常用移液管的容积有 5 mL、10 mL、25 mL和 50 mL 等多种。由于读数部分管径小,其准确性较高。

有分度的移液管又称吸量管,可以准确量取所需要的刻度范围内某一体积的溶液,但其准确度差一些。将溶液吸入,读取与液面相切的刻度(一般在零刻度处),然后将溶液放出至适当刻度,两刻度之差即为放出溶液的体积。

移液管在使用前应按下法洗到内壁不挂水珠:将移液管插入洗液中,用洗耳球将洗液慢慢吸至管容积 1/3 处,用食指按住管口,把管横过来荡洗,然后将洗液放回原瓶。如果内壁严重污染,则应把移液管放入盛有洗液的大量筒或高型玻璃缸中,浸泡 15 min 到数小时,取出后用自来水及纯水冲洗。用纸擦干外壁。

移取溶液前,先用少量该溶液将移液管内壁润洗 2～3 次,以保证转移的溶液浓度不变。然后把管口插入溶液中(在取液过程中,注意保持管口在液面之下),用洗耳球把溶液吸至稍高于标线处,迅速用食指(不要用拇指)按住管口。取出移液管,使管尖端靠着贮瓶口,用拇指和中指轻轻转动移液管,并减轻食指的压力,让溶液慢慢流出,同时平视刻度,到溶液弯月面下缘与刻度相切时,立即按紧食指。然后使准备接收溶液的容器倾斜成 45°,将移液管移入容器中,移液管保持竖直,管尖靠着容器内壁,放开食指(图 1-6-16),让溶液自由流出。待溶液全部流出后,按规定再等 15 s 或 30 s,取出移液管。在使用非吹出式的吸管或无分度移液管时,切勿把残留在管尖的溶液吹出。移液管用毕,应洗净,放在移液管架上。

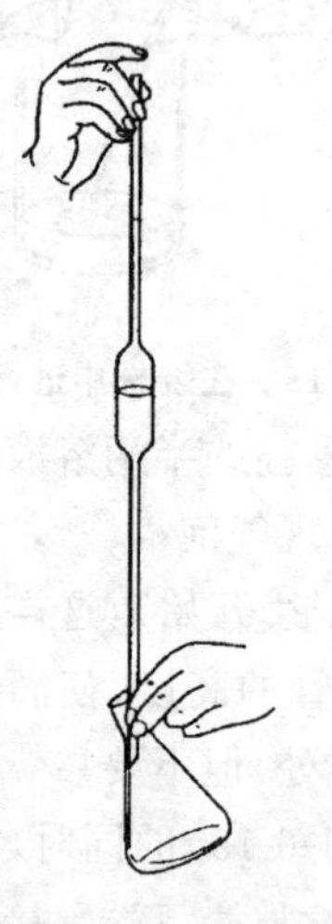

图 1-6-16　移取溶液的姿势

此外,还有一种"微量移液器"(图 1-6-17),主要应用于仪器分析、化学分析、生化分析中的取样和加液。它利用空气排代原理工作,可调式微量移液器的移液体积可以在一定范围内自由调节。

微量移液器由定位部件、容量调节指示、活塞套和吸液嘴等组成,其容量单位为微升级,允许误差在 1%～4% 之间,重复性在 0.5%～2%之间。固定式微量移液器的移液体积不可调，但准确度高于可调式。微量移液器的使用方法如下：根据所需用量调节好移取体积，将干净的吸液嘴紧套在移液器吸液杆的下端（需轻轻转动一下以保证可靠密封），将移液器握在手掌中，用大拇指压/放按钮，吸取和排放被取液 2～3 次进行润洗。然后垂直握住移液器，将按钮压至第一停点，并将吸液嘴插入液面下，缓慢地放松按钮，等待 1～2 s 后再离开液面。擦去吸液嘴外的溶液（不得碰到吸液嘴口以免带走溶液），将吸液嘴口靠在需移入的容器内壁上，缓缓地将按钮再次压至第一停点，等待 2～3 s 后再将按钮完全压下（不要使按钮弹回），将吸液嘴从容器内壁移出后再松开拇指，使按钮复位。该移液器的吸液嘴为一次性器件，换一个试样即应换一个吸液嘴。

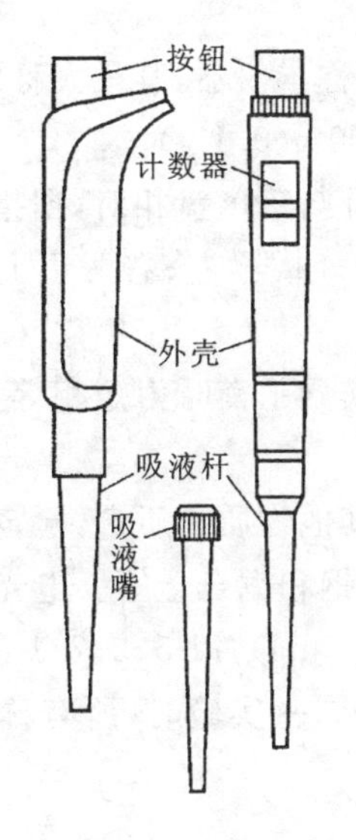

图 1-6-17 微量移液器

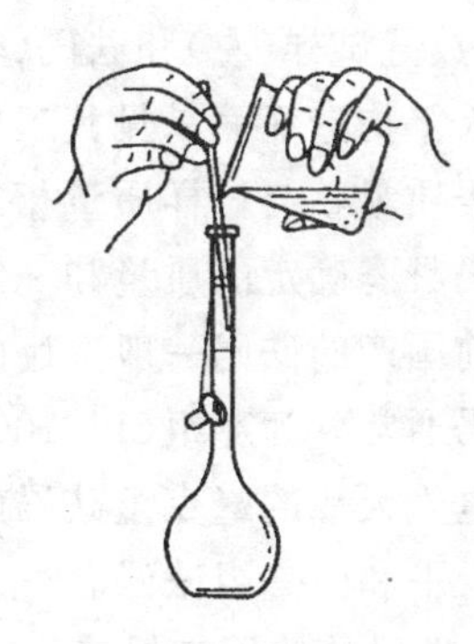

图 1-6-18 溶液移入容量瓶的操作

3. 容量瓶及其使用

容量瓶是一种细颈梨形的平底瓶，具磨口玻璃塞或塑料塞，瓶颈上刻有标线，属于量入容器。瓶上标有其容积和标定时的温度。大多数容量瓶只有一条标线，当液体充满至标线时，瓶内所装液体的体积和瓶上标示的容积相同。常用的容量瓶有 10 mL、50 mL、100 mL、250 mL、500 mL、1 000 mL 等多种规格。容量瓶主要用于把精密称量的物质准确地配成一定体积的溶液。容量瓶使用前也要清洗，洗涤原则和方法同前。如果要由固体配制准确浓度的溶液，通常将固体准确称量后放入烧杯，加少量纯水（或适当溶剂）使其溶解，然后定量地转移到容量瓶中。转移时，玻璃棒下端要靠在瓶颈内壁，使溶液沿瓶壁流下（图 1-6-18）。溶液流尽后，将烧杯轻轻顺玻璃棒上提，使附在玻璃棒、烧杯嘴之间的液滴回到烧杯中。再用洗瓶挤出的水流冲洗烧杯数次，每次按上法将洗涤液完全移入容量瓶中，然后用纯水稀释。当水加至容积的 2/3 处时，旋摇容量瓶，使溶液混合（注意：不能加盖瓶塞，更不能倒转容量瓶）。在加水至接近标线时，可以用滴管逐滴加水，至弯月面最低点恰好与标线相切。盖紧瓶塞，一手食指压住瓶塞，另一手的大、中、食三个指头托住瓶底，倒转容量瓶，使瓶内气泡上升到顶部，摇动数次，再倒过来，如此反复倒转摇动十多次，使瓶内溶液充分混合均匀。为了使容量瓶倒转时溶液不致渗出，瓶塞与瓶必须配套。

不宜在容量瓶内长期存放溶液。如溶液需使用较长时间，应将它移入试剂瓶中，该试剂瓶应预先经过干燥或用少量该溶液润洗 2～3 次。由于温度对量器的容积有影响，所以使用时要注意溶液的温度、室温以及量器本身的温度。

四、天平的分类与使用

1. 托盘天平

托盘天平是实验室粗称药品和物品不可缺少的称量仪器，其最大称量(最小准称量)为 1 000 g(1 g)、500 g(0.5 g)、200 g(0.2 g)、100 g(0.1 g)。

托盘天平通常横梁架在底座上，横梁中部有指针与刻度盘相对，据指针在刻度盘上左右摆动情况，判断天平是否平衡，并给出称量量。横梁左、右两边上边各有一秤盘，用来放置试样(左)和砝码(右)。

由天平构造显而易见其工作原理是杠杆原理，横梁平衡时力矩相等，若两臂长相等则砝码质量就与试样质量相等。

砝码具有确定的质量和一定的形状，用于测定其他物质的质量，检定各种天平和秤。目前国产的砝码一般选用的材料是非磁性不锈钢和铜合金等。电光分析天平所用的砝码通常分为克组(1～100 g)和毫克组(1～500 mg)，以 5、2、2、1 的形式搭配。半自动电光天平的毫克组砝码由机械加减。在进行同一实验时，所有称量应该使用同一台天平和同一组砝码。

(1) 砝码的使用与保养。

取用砝码时，必须用镊子，不得直接用手拿取。用镊子夹取砝码时，不要使用金属镊子，应选用塑料或带有骨质或塑料护尖的镊子，以免损伤砝码。砝码在使用中应轻拿轻放，不得跌落或互相碰击。

使用砝码时不要对着砝码呼气，并防止砝码盒沾染酸、碱、油脂等污物，用完后应随即将砝码放入砝码盒的相应空位中。不同砝码盒内的砝码切勿相互混淆。

称量时应根据精度要求选择适当等级的砝码，并决定是否使用校准值。若使用砝码校准值，则对于同一组标示值相同的几个砝码，必须很好地加以识别，一般先选用不带星号(※)的砝码。

一、二等砝码最好放在专用的内盛变色硅胶的玻璃干燥器中。三等以下砝码不使用时也要妥善保管，不能放在易受潮或接触有害气体之处，以防氧化或腐蚀。

砝码的表面应保持清洁，如有灰尘，应用软毛刷清除之；如有污物，无空腔的砝码可用无水酒精清洗，有空腔的砝码可用绸布蘸无水酒精擦净。一旦砝码表面出现锈蚀，应立即停止使用。

(2) 砝码的等级和用途。

目前我国的砝码精度分为五等,各等砝码的允差及各等级砝码的用途参见有关书籍。普通分析天平一般用三等砝码。

(3) 砝码的校准和检定。

砝码是称量物质的标准,其质量应该具有一定的准确度。天平出厂时砝码的质量已经过校验,但在使用过程中会因种种原因而引起质量误差,因而有必要按砝码使用的频繁程度定期对其质量进行校准或检定。砝码的正式检定应该送交计量部门按砝码检定规程进行,校准周期一般不超过一年。

2. 分析天平

1) 分析天平的种类

分析天平是分析化学实验室里最重要的称量仪器。常用的分析天平可分为阻尼电光分析天平和电子分析天平两大类。

在常用的阻尼电光分析天平中,按结构特点又可分为双盘和单盘两类,前者为等臂天平,而后者有等臂和不等臂之分。目前常用的为半机械加码的等臂天平和不等臂单盘天平。

电子分析天平则可分为顶部承载式和底部承载式,后者少见。

按精度,天平可分为10级,一级天平精度最好,十级最差。在常量分析实验中常使用最大载荷为100～200 g、感量为0.000 1 g的三、四级天平,微量分析时则可选用最大载荷为20～30 g的一至三级天平。

2) 半自动电光分析天平

(1) 双盘电光分析天平的构造。

电光分析天平是依据杠杆原理设计的,尽管其种类繁多,但其结构却大体相同,都有底板、立柱、横梁、玛瑙刀、刀承、悬挂系统和读数系统等必备部件,还有制动器、阻尼器、机械加码装置等附属部件。不同的天平其附属部件不一定配全。半自动双盘电光分析天平的构造见图1-6-19。

(2) 单盘电光分析天平的构造。

与双盘电光分析天平相比,单盘电光分析天平具有操作方便、称量快速、准确的优点,其外形如图1-6-20所示。

单盘电光分析天平也是按杠杆原理设计的,其横梁结构分为等臂和不等臂两种。等臂单盘电光分析天平除只有一个秤盘外,其余部分结构特点与等臂双盘电光分析天平大致相同。

(3) 电光分析天平的性能。

电光分析天平的性能可以用灵敏度、准确性、稳定性和不变性等衡量。以双盘电光分析天平为例,简单介绍以上性能。

① 天平的灵敏度。天平的灵敏度就是天平能够察觉出两盘载重质量差的能力,可以表示为天平秤盘上增加1 mg所引起的指针在读数标牌上偏移的格数:

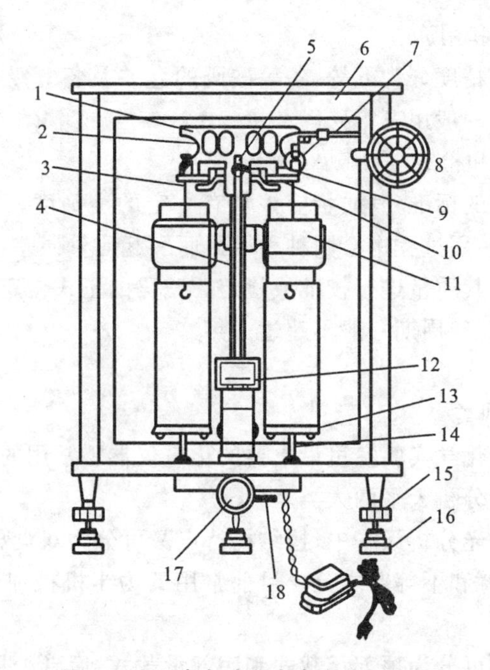

图 1-6-19　半自动双盘电光分析天平

1—横梁；2—平衡螺丝；3—吊耳；4—指针；5—支点刀；6—框罩；7—圈码；8—指数盘；9—支柱；10—托盘；11—阻尼器；12—投影屏；13—天平秤盘；14—托盘；15—螺旋脚；16—垫脚；17—升降旋钮；18—调屏拉杆

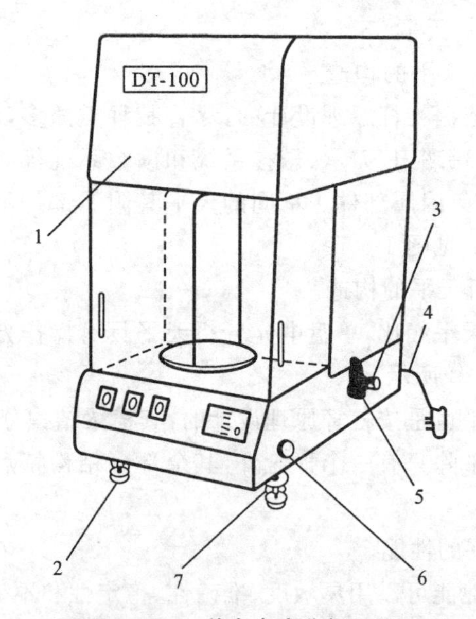

图 1-6-20　单盘电光分析天平

1—顶罩；2—减震脚垫；3—零调手钮；4—外接电源线；5—停动手钮；6—微读手钮；7—调整脚螺丝

灵敏度＝指针偏移的格数/mg

指针偏移的距离越大，表示天平越灵敏。

天平在一盘载重时，指针偏移的程度与载重有关，载重越大，偏移越大。当载重一定时，指针偏移与臂长成正比，与天平横梁的质量及重心到支点的距离成反比。一台天平横梁的质量和臂长是一定的，唯有重心的位置可以通过移动“感量铊”（一般电光天平的感量铊在天平横梁后面）的位置进行调节。感量铊上移，缩短了重心到支点的距离，可以增加天平的灵敏度。天平灵敏度一般以指针偏移 2～3 格/mg 为宜，灵敏度过低将使称量误差增加，过高则指针摆动厉害而影响称量结果。天平的灵敏度还可以用“感量”（指针偏移一格所相当的质量的变化）表示，即感量＝1/灵敏度。

② 天平的准确性。天平的准确性是对天平的等臂性而言的。对一台完好的等臂天平，其两臂长之差不得超过臂长的 1/40 000，否则将引起较大误差。

天平的等臂性是会变动的，对新出厂的天平，要求它在最大载荷下由不等臂引起的指针偏移不超过标牌的 3 个最小分度值，这样才能使其在常规称量中因不等臂而引起的误差小至可忽略的程度。

天平两臂受热不均匀时将引起臂长变化，使称量误差增大。

③ 天平的稳定性。天平横梁在平衡状态受到扰动后能自动回到初始平衡位置的能力称为天平的稳定性。好天平不仅要有一定的灵敏度，也要有相当的稳定性。就一台天平而言，其稳定性和灵敏度是相互对立的，只有都兼顾到，才能使其处于最佳运行状态。

一般情况下，天平的稳定性是通过改变天平的重心，即移动感量铊来调节。重心离支点越远，天平稳定性越好，但灵敏度越低。

④ 天平的不变性。天平的不变性是指天平在载荷不变的情况下，多次开关天平时，各次平衡位置相重合不变的性能。

在同一台天平上使用同一组砝码多次称量同一重物，所得称量结果的极差称为示值变动性。示值变动性越大，天平的不变性越差。天平的稳定性和不变性有关，但不是同一概念：稳定性主要与横梁的重心有关，而不变性还与天平的结构和称量时的情况等有关。

3) 电子分析天平

电子分析天平是新一代的天平，它利用电子装置完成电磁力补偿的调节，使物体在重力场中实现力的平衡，或通过电磁力矩的调节使物体在重力场中实现力矩的平衡。通过设定的程序，可实现自动调零、自动校正、自动去皮、自动显示称量结果，或将称量结果经接口直接输出、打印等。

尽管电子分析天平的型号很多，但就其基本结构和称量原理而言是基本相同的。主要形式是顶部承载式（又称上皿式）。悬盘式天平由于稳定性欠佳、不易平衡，已很少见。电子分析天平的校准方法可分为自动起用内置标准砝码进行的内校式与附带外置砝码的外校式。

顶部承载式电子分析天平是根据电磁力补偿工作原理制成的,分为载荷接受和传递装置、测量和补偿控制装置两部分。

如图 1-6-21 所示,载荷接受和传递装置由称量盘 1、支承簧片 7、平行导杆 8 等组成,接受被称物体的重量并传递给测量装置。其中两个平行导杆的作用是维持称量盘在载荷改变时只能进行垂直运动,并避免称量盘倾倒。被称重力经过杠杆传递给负荷线圈 5 的线圈架,线圈架处于由磁铁 2、极靴 4 和恒磁铁 3 组成的磁系统的间隙中。杠杆机构的所有转动支点都由支承簧片 7 承担。修正线圈 6 的作用是修正负荷线圈 5 对恒磁铁 3 的磁化率的影响。

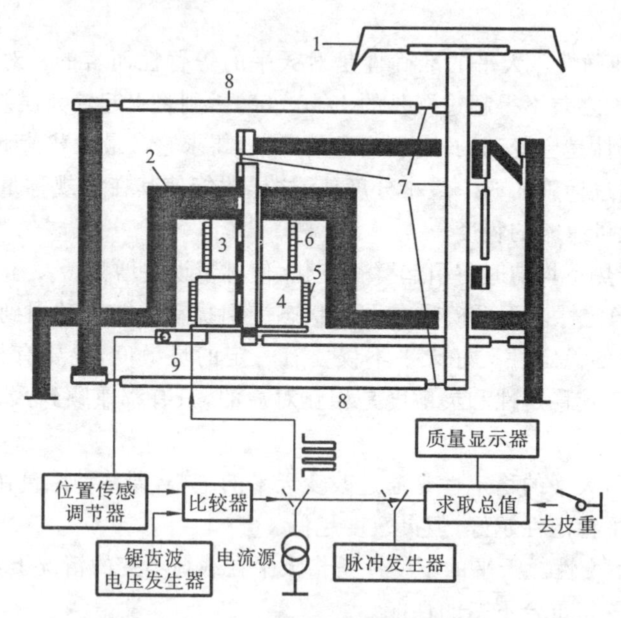

图 1-6-21　电子分析天平基本结构示意图

1—称量盘; 2—磁铁; 3—恒磁铁; 4—极靴; 5—负荷线圈; 6—修正线圈;
7—支承簧片; 8—平行导杆; 9—光电扫描装置

在电子分析天平启动时有一自动校准过程,通过校准砝码的赋值过程,消除了重力加速度的影响,使电子分析天平称出的是物体的质量而非重量。载荷测量和补偿控制装置由机械部分和电子部分共同组成,有负荷线圈 5、磁铁 2、位置传感调节器及电路控制部分,其作用是对传递而来的载荷进行测量和补偿。当天平称量盘负重后,相应的重力传递到负荷线圈 5,使其竖直位置发生变化,光电扫描装置 9 将负荷线圈 5 负重后的平衡位置传递给电子电路中的位置传感调节器。传感器将测得的信号进行比较后,指示电流源发出等幅脉冲电流,该电流通过负荷线圈 5 时产生垂直向上的力,直至负荷线圈恢复到未负重时的平衡位置。由脉冲发生器产生的等幅脉冲电流的宽度与负荷的质量成正比,所称物体质量越大,通过线圈的脉冲宽度越大,平衡后由微处理器显示的读数也越大。

电子分析天平的优点在于它在加入载荷后能迅速地平衡，并自动显示所称物体的质量，单次样品的称量时间大大缩短，其独具的"去皮"功能使其称量更为简便、快速。

现在新型的电子分析天平不仅可以进行常规的样品称量，还可以进行许多电光分析天平无法完成的工作，如利用附加于天平上的加热装置直接进行含水量测定；可敏感而迅速地称量小型活体动物的体重；利用自带软件进行小件计数称量、累计称量、配方称量，还可对称量结果进行统计处理和打印。新型天平还有自动保温系统、四级防震装置，具有现场称量、自动浮力校正等许多功能，以及红外感应式操作(如开门、去皮)等附加功能。

3. 称量的一般程序和方法

1) 电光分析天平的称量程序

(1) 取下天平罩，叠好后平放在天平箱右后方的台面上或天平箱的顶上。

(2) 称量时，操作者面对天平端坐，记录本放在胸前的台面上，存放和接受称量物的器皿放在天平箱左侧，砝码盒放在右侧。

(3) 称量开始前应作如下检查和调整。

① 了解待称物体的温度与天平箱里的温度是否相同。如果待称物体曾经加热或冷却过，必须将该物体放置在天平箱近旁相当时间，待该物体的温度与天平箱里的温度相同后再进行称量。盛放称量物的器皿应保持清洁干燥。

② 察看天平秤盘和底板是否清洁。秤盘上如有粉尘，可用软毛刷轻轻扫净；如有斑痕或脏物，可用浸有无水酒精的软布轻轻擦拭。底板如不干净，可用毛笔拂扫或用细布擦拭。

③ 检查天平是否处于水平位置。若气泡式水准器的气泡不在圆圈的中心(或铅垂式水准器的两个尖端未对准)时，应站立，目视水准器，用手旋转天平底板下面的两个垫脚螺丝，以调节天平两侧的高度直至达到水平为止。使用时不得随意挪动天平的位置。

④ 检查天平的各个部件是否都处于正常位置(主要察看的部件是横梁、吊耳、秤盘、骑码和环码等)，如发现异常情况，应报告教师处理。

(4) 调节天平的零点。

关闭所有天平门，轻轻打开天平，看微分标尺的零线是否与投影屏上的标线相重合。如果相差不大，可调节天平箱下面的调节杆使其重合。如果相差较大，可关闭天平后细心调节天平横梁上的平衡调节螺丝，再打开天平查看，直至重合。

(5) 称量。

从干燥器中取出样品瓶，在台秤上或用较低精度的电子分析天平进行粗称。而后将样品放入左盘，关好天平门，在右盘中放上与预称质量相同(近)的砝码，并调整圈码使天平达到平衡。

为加快称量的速度,选取圈码应遵循“由大到小,中间截取,逐级试验”的原则。试加圈码可以在半开天平的条件下进行。可用“指针总是偏向轻盘,光标投影总是向重盘方向移动”的原则迅速判定左、右两盘孰轻孰重。

(6) 读数与记录。

称量的数据应立即用钢笔或圆珠笔记录在原始数据记录本上,不能用铅笔书写,也不得记录在零星纸片上或其他物品上。记录砝码数值时应先照砝码盒里的空位记下,然后按大小顺序依次核对秤盘上的砝码,若已称完,可将其放回砝码盒空位。对于组合砝码,可一次读取总的数值,但最好再重读一遍。

(7) 称量结束后应将天平复零,关闭天平,确定已无任何物品留在天平的托盘上后,关上天平门,将圈码的旋钮旋回“0”,关闭电源,将砝码放回砝码盒,罩好天平。

2) 电光分析天平的称量方法

在分析化学实验中,称取试样经常用到的方法有:指定质量称量法、递减称量法及直接称量法。

(1) 指定质量称量法。

在分析化学实验中,当需要用直接法配制指定浓度的标准溶液时,常常用指定质量称量法来称取基准物质。此法只能用来称取不易吸湿的、且不与空气中各种组分发生作用的、性质稳定的粉末状物质,不适用于块状物质的称量。

具体操作方法如下。首先调节好天平的零点,用金属镊子将清洁干燥的深凹型小表面皿(通常直径为 6 cm,也可以使用扁形称量瓶)放到左盘上,在右盘加入等重的砝码使其达到平衡。再向右盘增加约等于所称试样质量的砝码(一般准确至 10 mg即可),然后用药匙向左盘上表面皿内逐渐加入试样,半开天平进行试重。

直到所加试样只差很小质量时(此量应小于微分标牌满标度,通常为 10 mg),便可以开启天平,极其小心地以左手持盛有试样的药匙,伸向表面皿中心部位上方 2~3 cm处,用左手拇指、中指及掌心拿稳药匙,以食指轻弹(最好是摩擦)药匙柄,让药匙里的试样以非常缓慢的速度抖入表面皿,如图 1-6-22所示。这时,眼睛既要注意药匙,同时也要注视着微分标牌投影屏,待微分标牌正好移动到所需要的刻度时,立即停止抖入试样。注意:此时右手不要离开升降枢。

此步操作必须十分仔细,若不慎多加了试样,只能关闭升降枢,用药匙取出多余的试样,再重复上述操作直到合乎要求为止。然后,取出表面皿,将试样直接转入接收器。

图 1-6-22 直接加样的操作

操作时应注意以下两点。

① 加样或取出药匙时,试样决不能失落在秤盘上。开启天平加样时,切忌抖入过多的试样,否则会使天平突然失去平衡。

② 称好的试样必须定量地由表面皿直接转入接收器。若试样为可溶性盐类,沾在表面皿上的少量试样粉

末可用蒸馏水吹洗入接收器。

(2) 递减称量法。

递减称量法称取试样的量是由两次称量之差求得的,分析化学实验中用到的基准物和待测固体试样大都采用此法。采用本法称量时,被称量的物质不直接暴露在空气中,因此本法特别适合称量易挥发、吸水以及易与空气中 O_2、CO_2发生反应的物质。

操作方法如下。用手拿住表面皿的边沿,连同放在上面的称量瓶一起从干燥器里取出。用小纸片夹住称量瓶盖柄,打开瓶盖,将稍多于需要量的试样用药匙加入称量瓶,盖上瓶盖。用清洁的纸条叠成约 1 cm 宽的纸带套在称量瓶上,左手拿住纸带尾部把称量瓶放到天平左盘的正中位置,取出纸带,选取适量的砝码放在右盘上使之平衡,称出称量瓶加试样的准确质量(准确到 0.1 mg),记下砝码的数值。左手仍用原纸带将称量瓶从天平秤盘上取下,拿到接收器的上方,右手用纸片夹住瓶盖柄,打开瓶盖,但瓶盖也不离开接收器上方。将瓶身慢慢向下倾斜,这时原在瓶底的试样逐渐流向瓶口。接着,一面用瓶盖轻轻敲击瓶口内缘,一面转动称量瓶使试样缓缓加入接收器内,如图 1-6-23 所示。待加入的试样量接近需要量时(通常从体积上估计或试重得知),一边继续用瓶盖轻敲瓶口,一边逐渐将瓶身竖直,使沾在瓶口附近的试样落入接收器或落回称量瓶底部。然后盖好瓶盖,把称量瓶放回天平左盘,取出纸带,关好左边门,准确称其质量。两次称量读数之差即为加入接收器里的第一份试样的质量。若称取三份试样,则连续称量四次即可。

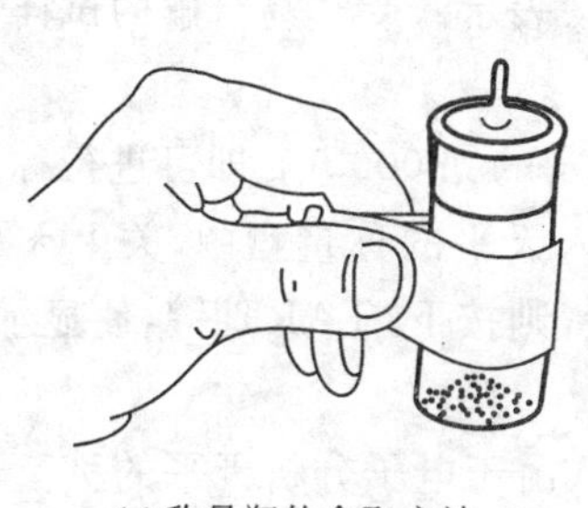

(a) 称量瓶的拿取方法

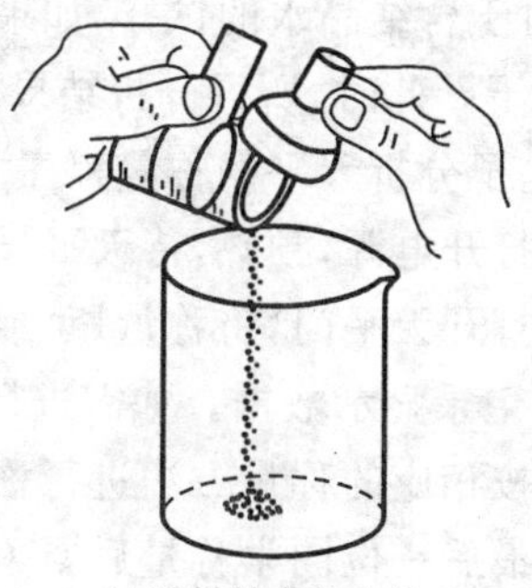

(b) 试样敲击的方法

图 1-6-23 递减称量法

操作时应注意以下事项。

① 若加入的试样量不够时,可重复上述操作;如加入的试样量大大超过所需量,则只能弃去重做。

② 盛有试样的称量瓶除放在表面皿和秤盘上或用纸带拿在手中外,不得放在其他地方,以免沾污。

③ 套上或取出纸带时,不要碰着称量瓶口,纸带应放在清洁的地方。

④ 沾在瓶口上的试样应尽量处理干净,以免沾到瓶盖上或丢失。

⑤ 要在接收器的上方打开瓶盖,以免可能黏附在瓶盖上的试样失落他处。

(3) 直接称量法。

对某些在空气中没有吸湿性的试样,如金属、合金等,可以用直接称量法称量。即用药匙取试样,放在已知质量的清洁而干燥的表面皿或硫酸纸上,一次称取一定质量的试样,然后将试样全部转移到接收器中。

放在空气中的试样通常都含有湿存水,其含量随试样的性质和条件而变化。因此,不论用上面哪种方法称取试样,在称量前均必须采用适当的干燥方法,将其除去。

① 对于性质稳定不易吸湿的试样,可将试样薄薄地铺在表面皿或蒸发皿上,然后放入烘箱,在指定温度下干燥一定时间,取出后放在干燥器里冷却,最后转移至磨口试剂瓶里备用。盛样试剂瓶通常存放在不装干燥剂的干燥器里。经过干燥处理的试样即可放入称量瓶,用递减称量法称量。称取单份试样也可使用表面皿。

② 对于易潮解的试样,可将试样直接放在称量瓶里干燥,干燥时应把瓶盖打开,干燥后把瓶盖松松地盖住,放入干燥器中,放在天平箱近旁冷却。称量前应将瓶盖稍微打开一下立即盖严,然后称量。需要特别指出的是,由于这类试样很容易吸收空气中的水分,故不宜采用递减称量法连续称量,一个称量瓶一次只能称取一份试样,并且倒出试样时应尽量把瓶中的试样倒净,以免剩余试样再次吸湿而影响准确性。因此,要求最初加入称量瓶里的试样量,尽可能接近需要量。整个称量过程进行要快。如果需要称取两份试样,则应用两个称量瓶盛试样进行干燥。这种"一个称量瓶一次只称取一份试样"的方法是在要求较高的情况下才采用。

③ 对于含结晶水的试样,如果在除去湿存水的同时,结晶水也会失去的话,则不宜进行烘干。此时,所得分析结果应以"湿样品"表示。受热易分解的试样也应如此。

3) 电子分析天平的称量程序

(1) 打开电源,预热,待天平显示屏出现稳定的 0.000 0 g 即可进行称量。

(2) 打开天平门,将称量瓶(或称量纸)放入天平的称量盘中,关上天平门,待读数稳定后记录显示数据。如需进行"去皮"称量,则按下"TARE"键,使显示为"0"。

(3) 按相应的称量方法进行称量。

(4) 最后一位同学称量后要关机后再离开(由于电子分析天平的称量速度快,在同一实验室中将有多个同学共用一台天平,在一次实验中,电子分析天平一经开机、预热、校准后,即可一个个依次连续称量,前一位同学称量后不一定要关机后离开)。

由于电子分析天平自重较轻,使用中容易因碰撞而发生位移,进而可能造成水平改变,故使用过程中动作要轻。

此外,电子分析天平还有一些其他的功能键,有些是供维修人员调校用的,未经允许不要使用这些功能键。

4) 电子分析天平的称量方法

除与上面所介绍的电光分析天平使用方法相同外,电子分析天平还可直接进行增量法或减量法称量。

(1) 增量法是将干燥的小容器(如小烧杯)轻轻放在经预热并已稳定的电子分析天平称量盘上,关上天平门,待显示平衡后按“TARE”键扣除容器质量并显示零点。然后打开天平门,往容器中缓缓加入试样,直至显示屏显示出所需的质量数,停止加样并关上天平门,此时显示的数据便是实际所称的质量。

(2) 减量法是将上法中干燥小容器改为称量瓶进行称量,只是最后显示的数字是负数。

五、加热和冷却

1. 加热设备或方法

1) 酒精灯

酒精易燃,使用时应注意安全,用火柴点燃,而不要用另外一个燃着的酒精灯来点火,这样做,会把灯内的酒精洒在外面,使大量酒精着火,引起事故。酒精灯不用时,盖上盖子,使火焰熄灭,不要用嘴吹灭。盖子要盖严,以免酒精挥发。

当需要往灯内添加酒精时,应把火焰熄灭,然后借助于漏斗把酒精加入灯内,加入酒精量为其容量的1/3～1/2。

2) 酒精喷灯

酒精喷灯的使用方法如下。

(1) 添加酒精。

加酒精时关好下口开关,灯内贮酒精量不能超过酒精灯容量的2/3。

(2) 预热。

预热盘中加少量酒精点燃,预热后有酒精蒸气逸出,便可将灯点燃。若无蒸气,用探针疏通酒精蒸气出口后,再预热,点燃。

(3) 调节。

旋转调节器调节火焰。

(4) 熄灭。

可盖灭,也可旋转调节器熄灭。喷灯使用一般不超过30 min。冷却,添加酒精后再继续使用。

3) 水浴

当要求被加热的物质受热均匀,而温度不超过100 ℃时,先把水浴中的水煮沸,用水蒸气来加热。水浴上可放置大小不同的铜圈,以承受各种器皿。

使用水浴时应注意以下情况。

(1) 水浴内盛水的量不要超过其容量的2/3。应随时往水浴中补充少量的热水,以保持有占容量1/2左右的水量。

(2) 应尽量保持水浴的严密。

(3) 当不慎把铜质水浴中的水烧干时,应立即停止加热,等水浴冷却后,再加水继续使用。

(4) 注意不要把烧杯直接泡在水浴中加热,这样会使烧杯底部因接触水浴锅的锅底受热不均匀而破裂。在用水浴加热试管、离心管中的液体时,常用的是 250 mL 烧杯,内盛蒸馏水(或去离子水),将水加热至沸。

4) 油浴和沙浴

当要求被加热的物质受热均匀,温度又需高于 100 ℃时,可使用油浴或沙浴。用油代替水浴中的水,即是油浴。沙浴是一个铺有一层均匀的细沙的铁盘。先加热铁盘,被加热的器皿放在沙上。若要测量沙浴的温度,可把温度计插入沙中。

5) 电加热

在实验室中还常用电炉、电加热套、管式炉和马弗炉等电器加热。加热温度的高低可通过调节外电阻来控制。管式炉和马弗炉都可加热到 1 000 ℃左右。

2. 冷却设备或方法

(1) 冷水浴:室温以下;冰水浴:0 ℃以上。

(2) 冰盐浴(1 份食盐+3 份碎冰):−15～−5 ℃。

(3) 10 份六水氯化钙+8 份冰:−40～−20 ℃。

(4) 干冰-丙酮:−78 ℃。

(5) 液氮:−188 ℃。

六、重量分析基本操作

1. 溶液的蒸发

蒸发溶液最好在水浴锅上进行,也可以在电热板或温度较低的垫有石棉网的电炉上进行。在电热板或电炉上蒸发时要很小心,注意控制温度,切勿使溶液剧沸。蒸发时,容器上需加盖表面皿,为了利于蒸发,表面皿最好用玻璃三角或玻璃钩垫起。

2. 沉淀

沉淀进行的条件,即沉淀时溶液的温度,试剂加入的次序、浓度、数量和速度,以及沉淀的时间等等,应按规定进行。沉淀所需的试剂溶液,其浓度准确至 1%就足够了。固体试剂一般只需用台秤称取,溶液用量筒量取。

试剂如果可以一次加到溶液里去,则应沿着烧杯壁倒入或是沿着搅拌棒加入,注意勿使溶液溅出。通常进行沉淀操作时是用滴管将沉淀剂逐滴加入试液中,边加边搅拌,以免沉淀剂局部过浓。搅拌时不要使搅拌棒敲打和刻划杯壁。若需在热溶液中进行沉淀,最好用水浴加热,勿使溶液沸腾,以免溶液溅出。进行沉淀所用的烧杯需配备搅拌棒和表面皿。

3. 沉淀的过滤

(1) 滤器的选择。

首先根据沉淀在灼烧中是否会被纸灰还原以及称量物的性质,确定采用过滤坩埚还是滤纸来进行过滤。若采用滤纸,则根据沉淀的性质和多少选择滤纸的类型和大小,如对 $BaSO_4$、CaC_2O_4 等微粒晶形沉淀,应选用较小而紧密的滤纸;对 $Fe_2O_3 \cdot nH_2O$ 等蓬松的胶状沉淀,则需选用较大而疏松的滤纸。

(2) 滤纸的折叠和安放。

用洁净的手将滤纸按图 1-6-24 所示，先对折，再对折成圆锥体(每次折时均不能手压中心，使中心有清晰折痕，否则中心可能会有小孔而发生穿漏，折时应用手指由近中心处向外两方压折)，放入漏斗中，使滤纸与漏斗密合。如果滤纸与漏斗不十分密合，则稍稍改变滤纸的折叠角度，直到与漏斗密合为止。此时把三层厚滤纸的外层折角撕下一点，这样可以使该处内层滤纸更好地贴在漏斗上。撕下来的纸角保存在干燥的表面皿上，供以后擦烧杯用。注意漏斗边缘要比滤纸边缘高出 0.5～1 cm。

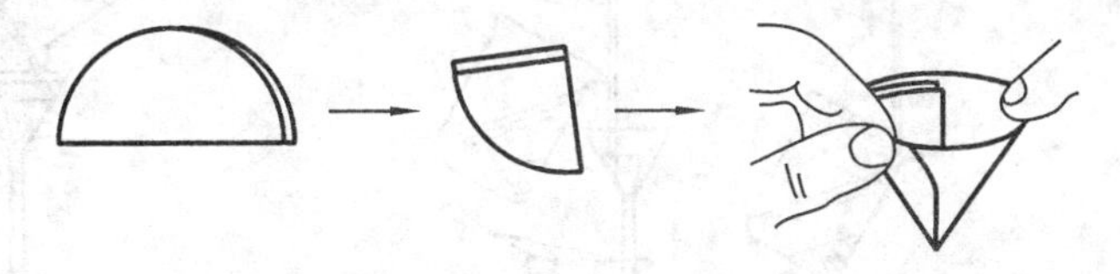

图 1-6-24 滤纸的折叠法

滤纸放入漏斗后，用手按住滤纸三层的一边，由洗瓶吹出细水流以湿润滤纸，然后轻压滤纸边缘使滤纸锥体上部与漏斗之间没有空隙。按好后，在其中加水达到滤纸边缘，这时漏斗颈内应全部被水充满，形成水柱。若颈内不能形成水柱(主要是因为颈径太大)，可以用手指堵住漏斗下口，稍稍掀起滤纸的一边，用洗瓶向滤纸和漏斗之间的空隙里加水，直到漏斗颈及锥体的一部分全被水充满，但必须把颈内的气泡完全排除。然后把纸边按紧，再放开手指，此时水柱即可形成。如果水柱仍不能保留，则滤纸与漏斗之间不密合。如果水柱虽然形成，但是其中有气泡，则纸边可能有微小空隙，可以再将纸边按紧。水柱形成后，用纯水洗 1～2 次。

将准备好的漏斗放在漏斗架上，漏斗位置的高低，以漏斗颈末端不接触滤液为度。漏斗必须放置端正，否则滤纸一边较高，在洗涤沉淀时，这部分较高的地方就不能经常被洗涤液浸没，从而滞留下一部分杂质。

(3) 过滤。

过滤时，放在漏斗下面用以承接滤液的烧杯应该是洁净的(即使滤液不要)，因为万一滤纸破裂或沉淀漏进滤液里，滤液还可重新过滤。过滤时溶液最多加到滤纸边缘下 5～6 mm 的地方，如果液面过高，沉淀会因毛细作用而越过滤纸边缘。过滤时漏斗的颈应贴着烧杯内壁，使滤液沿杯壁流下，不致溅出。过滤过程中应经常注意勿使滤液淹没或触及漏斗末端。过滤一般采用倾注法(或称倾泻法)，即待沉淀下沉到烧杯底部后，把上层清液先倒至漏斗上，尽可能不搅起沉淀。然后，将洗涤液加在带有沉淀的烧杯中，搅起沉淀以进行洗涤，待沉淀下沉，再倒出上层清液。这样，一方面可避免沉淀堵塞滤纸，从而加速过滤，另一方面可使沉淀洗涤得更充分。具体操作(图 1-6-25)如下：待沉淀下沉，一手拿搅拌棒，垂直地持于滤纸的三层部分上方(防止过滤时液流冲破滤纸)，搅拌棒下端尽可能接近滤纸，但勿接触滤纸，另一手将盛着沉淀的烧杯拿起，使杯嘴贴着搅拌棒，慢慢将烧杯倾斜，尽量不搅起沉淀，将上层清液慢慢沿搅拌棒倒入漏斗中。停止倾注溶液时，将烧杯沿搅拌棒往上提，并逐渐扶正烧杯，保持搅拌棒位置不动。倾注完成后，将搅拌棒放回烧杯。用洗瓶将 20～30 mL 洗涤液沿杯壁吹至沉淀上，搅动沉淀，充分洗涤，待沉淀下沉后，再倾出上层清液。如此反复洗涤、过滤多次。洗涤的次数视沉淀的性质而定，一般晶形沉淀洗 2～3 次，胶状沉淀需洗 5～6 次。

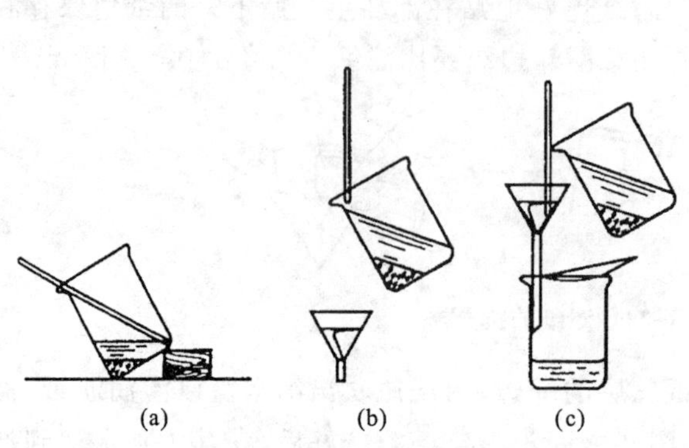

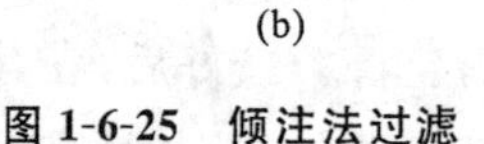

图 1-6-25　倾注法过滤

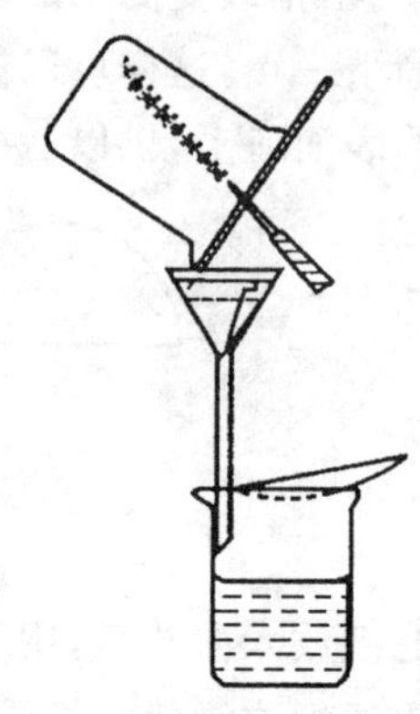

图 1-6-26　沉淀的转移

为了把沉淀转移到滤纸上，先在盛有沉淀的烧杯中加入少量洗涤液(加入洗涤液的量，应该是滤纸一次能容纳的)并搅动，然后立即按上述方法将悬浮液转移到滤纸上，此时大部分沉淀可从烧杯中移出。这一步最易引起沉淀的损失，必须严格遵守操作中有关规定。再自洗瓶中挤出洗涤液，把烧杯壁和搅拌棒上的沉淀冲下，再次搅起沉淀，按上述方法把沉淀转移到滤纸上。这样重复几次，一般可以将沉淀全部转移到漏斗中的滤纸上。如果仍有少量沉淀很难转移，则可按图 1-6-26 所示的方法，把烧杯倾斜着拿在漏斗上方，烧杯嘴向着漏斗，用食指将搅拌棒架在烧杯口上，搅拌棒下端向着滤纸的三层部分，用洗瓶挤出的溶液冲洗烧杯内壁，将沉淀转移到滤纸上。如还有少量沉淀黏着在烧杯壁上，则可用小扫帚将其刷下，或用前面撕下的一小块洁净无灰滤纸将其擦下，放在漏斗内，搅拌棒上黏着的沉淀，亦应用前面撕下的滤纸角将它擦净，与沉淀合并。然后仔细检查烧杯内壁、搅拌棒、表面皿是否彻底洗净，若有沉淀痕迹，要再行擦拭、转移，直到沉淀完全转移为止。

对于一些仅需烘干而不必高温灼烧即可进行称量的沉淀，可将其转移至玻璃砂芯坩埚内，转移方法同上，只是必须同时进行抽气过滤(抽滤)，见图 1-6-27。

4. 沉淀的洗涤

沉淀全部转移到滤纸上后，需在滤纸上洗涤沉淀，以除去沉淀表面吸附的杂质和残留的母液。洗涤的方法是自洗瓶中先挤出洗涤液，使其充满洗瓶的导出管，然后挤出洗涤液浇在滤纸的三层部分离边缘稍下的地方，再盘旋地自上而下洗涤，并借此将沉淀集中到滤纸圆锥体的下部(图 1-6-28)，切勿使洗涤液突然冲在沉淀上。

为了提高洗涤效率，每次使用少量洗涤液，洗后尽量沥干，然后再在漏斗上加洗

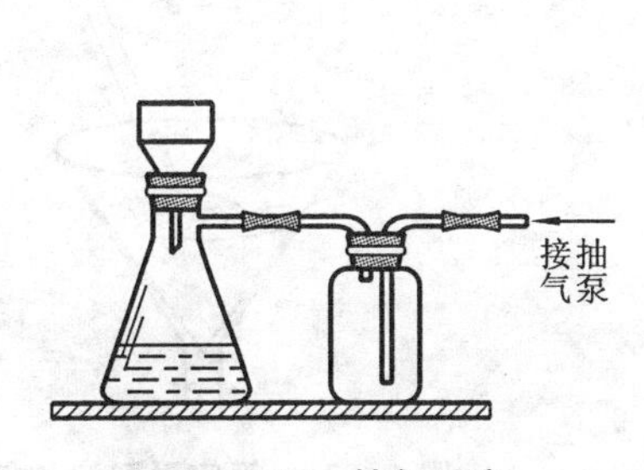

图 1-6-27 抽气过滤

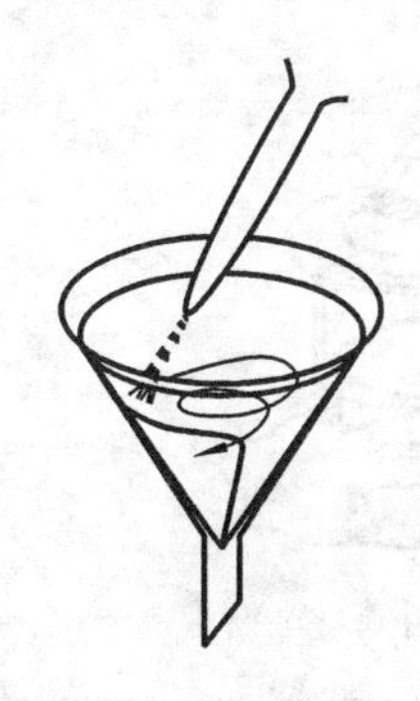
图 1-6-28 沉淀在漏斗中的洗涤

涤液进行下一次洗涤，如此洗涤几次。

沉淀洗涤至最后，用干净试管接取约 1 mL 滤液。注意：不要使漏斗下端触及试管壁。过滤与洗涤沉淀的操作必须不间断地一次完成。若间隔较久，沉淀就会干涸，黏成一团，这样就几乎无法洗净。盛沉淀或滤液的烧杯，都应该用表面皿盖好。过滤时倾注完溶液后，亦应将漏斗盖好，以防尘埃落入。

5. 沉淀的烘干和灼烧

(1) 坩埚的准备。

沉淀的灼烧是在洁净并预先经过 2 次以上灼烧至恒重的坩埚中进行的。坩埚用自来水洗净后，置于热的盐酸（去 Al_2O_3、Fe_2O_3）或铬酸洗液（去油脂）中浸泡十几分钟，然后用玻璃棒夹出，洗净并烘干、灼烧。灼烧坩埚可在高温炉内进行，也可把坩埚放在泥三角上（图 1-6-29），下面用煤气灯逐步升温灼烧。空坩埚一般灼烧 10～15 min。

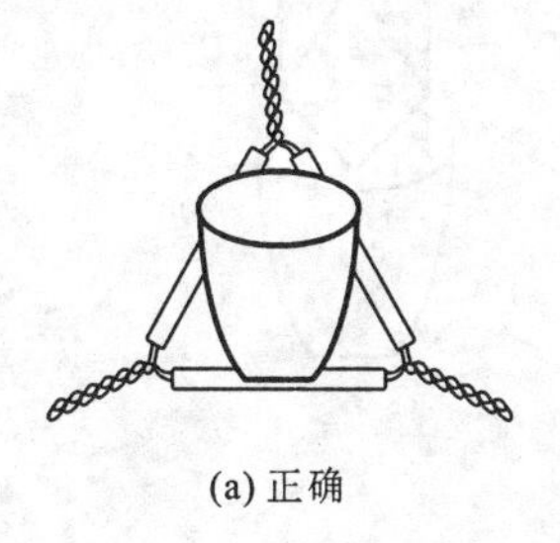
(a) 正确

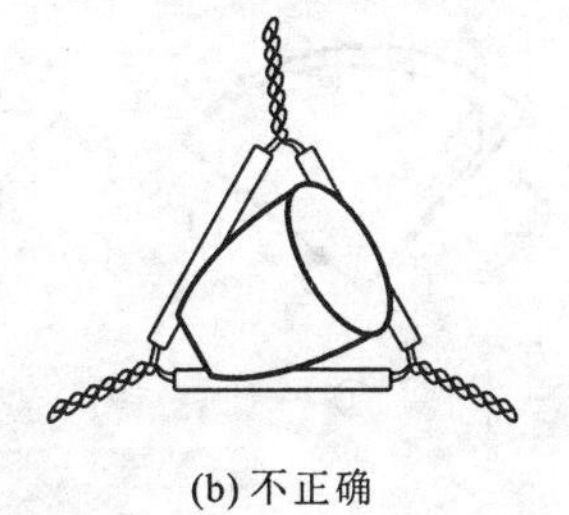
(b) 不正确

图 1-6-29 瓷坩埚在泥三角上的放置

灼烧空坩埚的条件必须与以后灼烧沉淀时的条件相同。坩埚经灼烧一定时间后，用预热的坩埚钳把它夹出，置于耐火板（或泥三角）上稍冷（至红热褪去），然后放入干燥器中。太热的坩埚不能立即放进干燥器中，否则它与凉的瓷板接触时会破裂。坩埚应仰放桌面上。干燥器的使用见图 1-6-30。

由于坩埚的大小和厚薄不同，因而坩埚充分冷却所需的时间也不同，一般需 30～50 min。冷却坩埚时盛放该坩埚的干燥器应放在天平室内，同一实验中坩埚的冷却时间应相同（无论是空的还是有沉淀的）。待坩埚冷却至室温时进行称量，将称得的质量准确地记录下来。再将坩埚按相同的条件灼烧、冷却、称量，重复这样的操

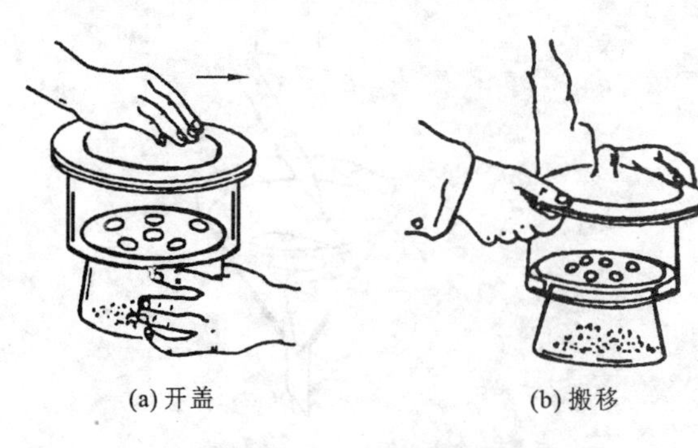

图 1-6-30 干燥器的使用

图 1-6-31 无定形沉淀的包裹

作，直到连续两次称量的质量之差不超过 0.3 mg，方可认为已达恒重。

(2) 沉淀的包裹。

对于无定形沉淀，可用搅拌棒将滤纸四周边缘向内折，把圆锥体的敞口封上(图 1-6-31)。再用搅拌棒将滤纸包轻轻转动，以便擦净漏斗内壁可能沾有的沉淀，然后将滤纸包取出，倒转过来，尖头向上，安放在坩埚中。对于晶形沉淀，则可按图 1-6-32的方法包裹后放入坩埚中。

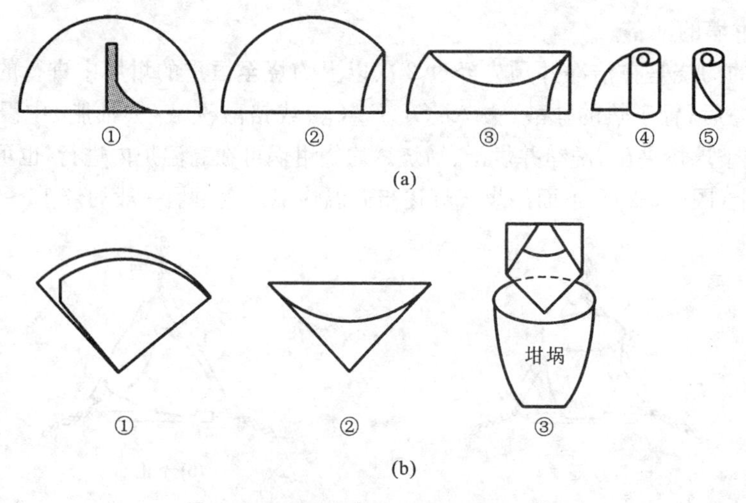

图 1-6-32 包裹晶形沉淀的两种方法

(3) 沉淀的烘干和灼烧。

把包裹好的沉淀放在已恒重的坩埚中，这时滤纸的三层部分应处在上面。将坩埚斜放在泥三角上(其底部放在泥三角的一边，见图 1-6-33)。然后再把坩埚盖半掩地倚于坩埚口，如图 1-6-33 所示，以便利用反射焰将滤纸炭化。

先调节煤气灯火焰，用小火均匀地烘烤坩埚，使滤纸和沉淀慢慢干燥。这时温度不能太高，否则坩埚会因与水滴接触而炸裂。为了加速干燥，可将煤气灯火焰放在坩埚盖中心之下，加热后热空气流便反射到坩埚内部，而水蒸气从上面逸出。待滤纸和沉淀干燥后，将煤气灯移至坩埚底部，稍增大火焰，使滤纸炭化。滤纸完全炭化后，逐

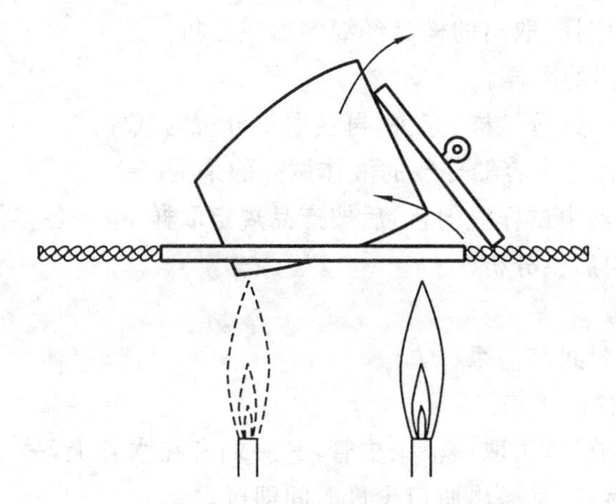

图 1-6-33 滤纸的炭化、灰化

渐增大火焰，升高温度，使滤纸灰化。灰化也可在温度较高的电炉上进行。

滤纸灰化后，可将坩埚移入高温炉灼烧。根据沉淀性质，灼烧一定时间（如 $BaSO_4$ 为 20 min）。冷却后称量，再灼烧至恒重。

6. 灼烧后沉淀的称量

称量方法与称量空坩埚的方法基本上相同，但尽可能称得快些，特别是对灼烧后吸湿性很强的沉淀更应如此。

带沉淀的坩埚，其连续两次称量的结果之差在 0.3 mg 以内的即可认为它已达恒重。

七、分析试样的准备和分解

1. 分析试样的准备

从一整批物料中取出的送至实验室分析的试样应具有代表性，下面介绍各种类型试样的采集方法。

1）气体试样的采集

（1）常压下取样。

用吸筒、抽气泵等一般吸气装置使盛气瓶产生真空，自由吸入气体试样。

（2）气体压力高于常压取样。

可用球胆、盛气瓶直接盛取试样。

（3）气体压力低于常压取样。

将取样器抽成真空后，再用取样管接通进行取样。

2）液体试样的采集

（1）大容器中液体试样的采集。

取样前液体必须混合均匀，可先采用搅拌器搅拌，或将无油污、水等杂质的空气通到容器底部充分搅拌，然后用内径约 1 cm、长 80～100 cm 的玻璃管，在容器的不同深度和不同部位取样，取出的样品经混匀后供分析。

(2) 密封式容器的采样。

先放出前面的一部分试样，弃去，再接取供分析的试样。

(3) 一批中分几个小容器分装的液体试样的采集。

先分别将各容器中试样混匀，然后按产品规定取样量，从各容器中取等量试样于一个试样瓶中，混匀后供分析。

(4) 炉水取样。

炉水取样按密封式容器采样方法。

(5) 水管中试样的采集。

先将管内静水放尽，再取一根橡皮管，其一端套在水管上，另一端插入取样瓶底部，在瓶中装满水后，让其溢出瓶口少许时间即可。

(6) 河、池等水源中采样。

在尽可能背阴的地方，在水面以下 0.5 m 深、离岸 1～2 m 处采集试样。

3) 固体样品的采集

(1) 粉状或松散样品的采集。

如精矿、石英砂、化工产品等，其组成较均匀，可用取样钻插入包内钻取。

(2) 金属锭块或制件样品的采集。

一般可用钻、刨、切削、击碎等方法。按锭块或制件的采样规定采取试样。如果没有明确规定，则从锭块或制件的纵横各部位采样，对送检单位有特殊要求的，通过协商采集。

(3) 大块物料样品的采集。

如矿石、焦炭、煤块等，因这类样品成分不均匀，而且其大小相差很大，所以采样时应以适当的间距从物料不同部分采取小样，样品量一般按全部物料的 0.03%～0.1% 采集，对极不均匀的物料，有时取 0.2%，取样深度在 0.3～0.5 m 处。

固体样品加工的一般程序如图 1-6-34 所示。

实际上不可能把全部样品都加工成为分析样品，因此在处理过程中要采用四分法，不断进行缩分，按照切乔特公式计算具有足够代表性的样品的最低可靠质量为

$$Q = kd^2$$

式中：Q——样品的最低可靠质量，kg；

k——根据物料特性确定的缩分系数；

d——样品中最大颗粒的直径，mm。

样品的最大颗粒直径以粉碎后样品能全部通过的孔径最小的筛网孔径为准。根据样品的颗粒大小和缩分系数，可以从手册上查到样品最低可靠质量 Q 的值，最后将样品研细至符合分析样品的要求。

缩分的次数不是任意的。每次缩分时，试样的粒度与保留的试样，都应符合切乔特公式，否则就应进一步破碎，再进行缩分。如此反复破碎、缩分，直到样品的质量减

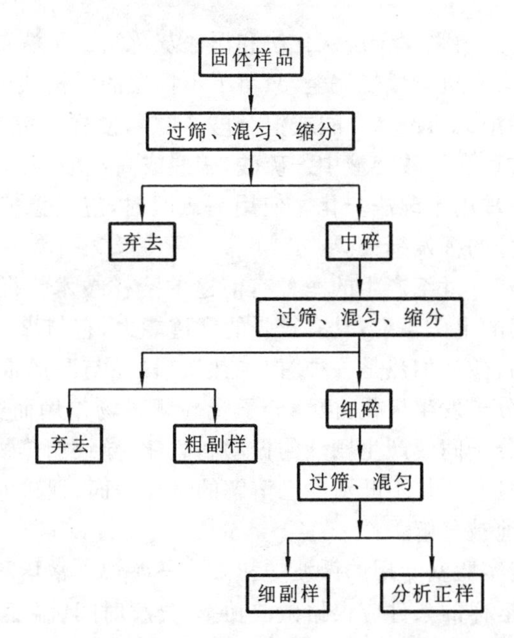

图 1-6-34 固定样品加工的一般程序

至供分析用的质量为止。最后放入玛瑙研钵中研磨到规定的细度。根据试样的分解难易，一般要求试样通过 100～200 目筛，这在生产单位均有具体规定。

2. 试样的保存

采集的样品保存时间越短，分析结果越可靠。为了避免样品在运送过程中待测组分由于挥发、分解和被污染等原因造成损失，能够在现场进行测定的项目，应在现场完成分析。若样品必须保存，则应根据样品的物理性质、化学性质和分析要求，采取合适的方法保存样品。可采用低温、冷冻、真空、冷冻真空干燥，加稳定剂、防腐剂或保存剂，或通过化学反应使不稳定成分转化为稳定成分等措施使样品保存期延长。常用普通玻璃瓶、棕色玻璃瓶、石英试剂瓶、聚乙烯瓶、袋或桶等保存样品。

3. 试样的分解

分解试样的要求是试样应完全分解，在分解过程中不能引入待测组分，不能使待测组分有所损失，所有试剂及反应产物对后续测定应无干扰。

分解试样最常用的方法有溶解法和熔融法两种。溶解法通常按照水、稀酸、浓酸、混合酸的顺序处理，加入 H_2O_2 等氧化剂作为辅助溶剂可以提高酸的氧化能力，促进试样溶解。盐酸、硝酸、硫酸、磷酸、氢氟酸、高氯酸等是常用的酸。

不溶的物质可采用熔融法。常用的熔剂有碳酸钠、氢氧化钠或氢氧化钾、硫酸氢钾或焦硫酸钾等。熔融温度可高达 1 200 ℃，从而使反应能力大大增强。闭管法用于难溶物质的分解，把试样和溶剂置于适当的容器中，再将容器装在保护管中，在密闭的情况下进行分解，由于容器内部高温高压，溶剂没有挥发损失，使难溶物质的分解效果很好。

有机试样的分解主要采用干法灰化法和湿法灰化法。干法灰化通常将样品放在坩埚中灼烧,直至所有有机物燃烧完全,只留下不挥发的无机残留物。湿法灰化是将样品与具有氧化性的浓无机酸(单酸或混合酸)共热,使样品完全氧化,各种元素以简单的无机离子形式存在于酸溶液中。硫酸、硝酸或高氯酸等单酸,硝酸和硫酸或硝酸和高氯酸等混合酸常用于湿法灰化。使用高氯酸时,应注意安全。在灰化处理过程中,应注意待测组分的挥发损失。

微波溶样技术是20世纪产生的一种有前途的溶样技术。微波是一种位于远红外线与无线电波之间的电磁辐射,具有较强的穿透能力,它与煤气灯、电热板、马弗炉等传统加热技术不同,微波加热是一种"内加热"。样品与酸的混合物受微波产生的交变磁场作用,物质分子发生极化,极性分子受高频磁场作用而交替排列,使分子高速振荡,加热物内部分子间便产生剧烈的振动和碰撞,导致加热物内部的温度迅速升高。分子间的剧烈碰撞、搅拌不断清除已溶解的试样表面,促进酸与试样更有效地接触,从而使样品迅速地被分解。

微波溶样设备有实验室专用的微波炉和微波马弗炉。常压和高压微波溶样是两种常用的方法,微波溶样的条件应根据微波功率、分解时间、温度、压力和样品量之间的关系来选择。

微波溶样具有以下优点。

(1) 被加热物质里、外一起加热,瞬间可达高温,热能损耗少,利用率高。

(2) 微波穿透深度强,加热均匀,对某些难溶样品的分解尤为有效。例如,用目前最有效的高压消解法分解锆英石,即使对不稳定的锆英石,在200 ℃分解也需2天,用微波加热在2 h之内即可分解完成。

(3) 传统加热方法都需要相当长的预热时间才能达到加热必需的温度,而微波加热在微波管启动10～15 s便可奏效,溶样时间大为缩短。

(4)封闭容器微波溶样所用的试剂量少,空白值显著降低,且避免了痕量元素的挥发损失及样品的污染,提高了分析的准确性。

(5) 微波溶样法最彻底的变革之一是易实现分析自动化。因此,它已广泛地应用于环境、生物、地质、冶金和其他物料的分析。

八、PHSJ-3F型实验室pH计的使用

1. 测量原理

由pH玻璃电极(指示电极)、甘汞电极(参比电极)和被测的试样溶液组成一个化学电池,由酸度计在零电流的条件下测量该化学电池的电动势。pH值的使用定义:

$$\mathrm{pH}_x = \mathrm{pH}_\mathrm{s} + \frac{E_x - E_\mathrm{s}}{0.0592} \quad (25\ ℃)$$

式中:pH_x、E_x——未知试样的pH值和测得的电动势;

pH_s、E_s——标准缓冲溶液的pH值和测得的电动势。

用标准 pH 缓冲溶液校正酸度计后，酸度计即直接给出被测试液的 pH 值。

酸度计（实为精密电子伏特计）还可以直接测定其他指示电极（如氟离子选择性电极）相对于参比电极的电位，通过电位与被测离子活度的能斯特关系，用一定的校正方法求得被测离子的浓度。

由指示电极、参比电极、精密电子伏特计所组成的测量系统，还可以作为电位滴定的终点指示装置。

2. 主要测量仪器

1）参比电极

在电位分析法中，通常以饱和甘汞电极为参比电极，其结构如图 1-6-35 所示。饱和甘汞电极的电位与被测离子的浓度无关，但会因温度变化而有微小的变化，温度 t 时的电位为

$$E_{Hg_2Cl_2/Hg} = 0.2415 - 7.6 \times 10^{-4}(t - 25)$$

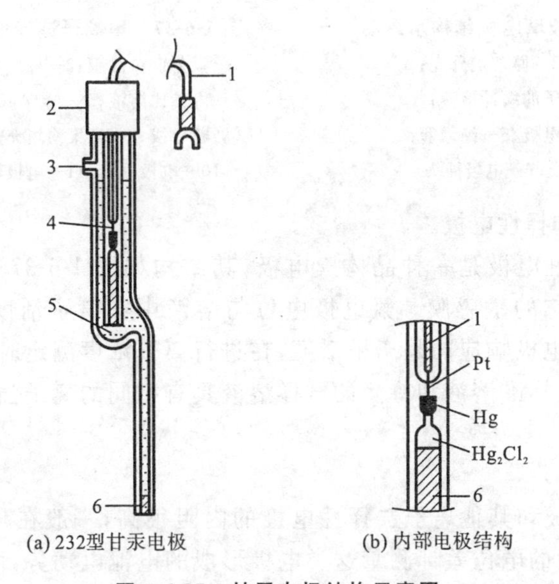

图 1-6-35 甘汞电极结构示意图

1—导线；2—绝缘帽；3—加液口；4—内部电极；
5—饱和 KCl 溶液；6—多孔性物质（陶瓷芯）

2）指示电极

（1）玻璃电极。

玻璃电极是测量 pH 值的指示电极，其结构如图 1-6-36 所示。电极下端的玻璃球泡（膜厚约 0.1 mm）称为 pH 敏感电极膜，能响应氢离子活度。

目前使用较多的是 pH 复合玻璃电极。它实际上是将一支 pH 玻璃电极和一支 Ag-AgCl 参比电极复合而成的，使用时不需要另外的参比电极，较为方便。同时，复合玻璃电极下端外壳较长，能起到保护电极玻璃膜的作用，延长了电极的使用寿命。

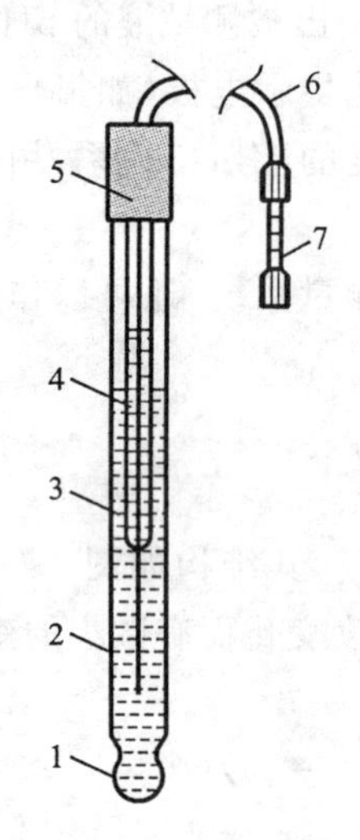

图 1-6-36 pH 玻璃电极结构示意图

1—玻璃膜；2—厚玻璃外壳；
3—含氯离子的缓冲溶液；
4—Ag-AgCl 电极；5—绝缘套；
6—电极引线；7—电极插头

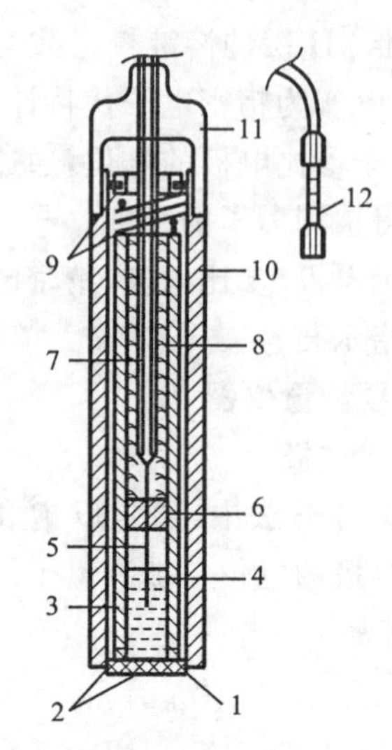

图 1-6-37 氟离子选择性电极结构示意图

1—氟化镧单晶膜；2—橡胶垫圈；3—电极内管；
4—内参比溶液；5—Ag-AgCl 电极；6—橡胶塞；
7—屏蔽导线；8—高聚物填充剂；9—弹簧固定装置；
10—电极外套；11—电极帽；12—电极插头

(2) 氟离子选择性电极。

氟离子选择性电极是一种晶体膜电极，其结构如图 1-6-37 所示，电极下方的氟化镧单晶膜是它的敏感膜。氟电极电位与溶液中氟离子活度的对数呈线性相关。离子选择性电极响应的是离子活度，在进行离子浓度测定时，要添加总离子强度调节缓冲剂，使标准溶液和待测的试样溶液具有相同的离子强度，同时控制试液的酸度等。

3) 酸度计

由于玻璃电极和其他离子选择性电极的内阻很高，一般在几十到几百兆欧姆之间，不能用一般的电位差计测量这类电极形成的电池电动势，而要用高输入阻抗的电子伏特计测量。直读式的酸度计是一台高输入阻抗的直流毫伏计，被测电池的电动势在酸度计中经阻抗变换后，进行电流放大，由数码管直接显示出 pH 值或 mV 值。

PHSJ-3F 型实验室 pH 计是利用 pH 玻璃电极和甘汞电极对被测溶液中不同酸度产生的直流电位，通过前置 pH 值放大器输到 A/D 转换器，以达到 pH 值数字显示目的。此外，还可配上适当的离子选择性电极，测出该电极的电极电势；通过电极电势与被测离子活度的能斯特关系，用一定的校正方法求得被测离子的浓度。

3. PHSJ-3F 型实验室 pH 计操作方法

1) 仪器使用前的准备

PHSJ-3F 型实验室 pH 计如图 1-6-38 所示，将 pH 复合玻璃电极和温度传感器夹在多功能电极架上，拉下 pH 复合玻璃电极前端的电极套并移下 pH 复合玻璃电极杆上黑色套管，使外参比溶液加液孔露出与大气相通；在测量电极插座处拔去短路插头，然后分别将 pH 复合玻璃电极和温度传感器的插头插入测量电极插座和温度传感器插座内；将通用电源器输出插头插入仪器的电源插座内，接通电源。

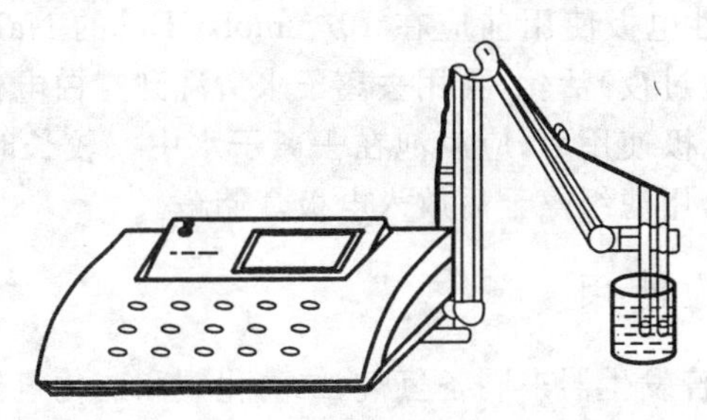

图 1-6-38 PHSJ-3F 型实验室 pH 计示意图

2）开机

按下"ON/OFF"键，仪器将显示"PHSJ-3F"和"上海雷磁仪器厂"，3 s 后，仪器进入 pH 值测量状态。

3）校正

(1) 先把复合玻璃电极用蒸馏水清洗，然后把电极和温度传感器插在一已知 pH 值的缓冲溶液（如 pH=4）中，开启搅拌器将溶液搅拌使之均匀。

(2) 按"校正"键，仪器进入"标定 1"工作状态，此时，仪器屏幕显示"标定 1"以及当前测得的 pH 值和温度值。

(3) 用"▲▼"调节 pH 值读数为该缓冲溶液的 pH 值，按"确认"键。

(4) 上述为一点校正，如果需要精密测量，则进行二点校正，即完成一点校正后，将电极和温度传感器洗净，用另外一种已知 pH 值的缓冲溶液，进行步骤(1)、步骤(2)、步骤(3)。

4）测量 pH 值

(1) 按下"pH"键。

(2) 以蒸馏水清洗电极和温度传感器头部，用滤纸吸干并插入被测溶液内。将溶液搅拌均匀后，读出 pH 值。

5）测量电极电位(mV 值)

(1) 按下"mV"键。

(2) 将适当的离子选择性电极和参比电极分别插入测量电极和参比电极插座，以蒸馏水清洗并用滤纸吸干，插入被测溶液内，将溶液搅拌均匀后，读出 mV 值。

4. 注意事项

(1) 第一次使用或长期停用的 pH 电极，在使用前必须在 3 $mol \cdot L^{-1}$ KCl 溶液中浸泡 24 h，pH 复合玻璃电极在暂不用时须浸泡在 3 $mol \cdot L^{-1}$ KCl 溶液中。

(2) 饱和甘汞电极中的 KCl 溶液应保持饱和状态，使用前应检查电极内饱和

KCl溶液的液面是否正常，若KCl溶液不能浸没电极内部的小玻璃管口上沿，则应补加KCl饱和溶液(不能图方便加蒸馏水!)，以使KCl溶液有一定的渗透量，确保液接电位的稳定。甘汞电极在使用时应把上面的小橡皮塞及下端橡皮套拔去，不用时再套上。

(3) 氟离子选择性电极使用前应在 $10^{-3}\ mol \cdot L^{-1}$ 的NaF溶液中浸泡1～2 h(或在去离子水中浸泡过夜)活化，再用去离子水清洗到空白电位(每一支氟电极都有各自的空白电位)。电极使用后，应浸泡在去离子水中。较长时间不用时，应用去离子水清洗到空白电位，用滤纸擦干后放入电极盒储藏。

九、启普发生器的使用

实验室中常用启普发生器来制备氢气、二氧化碳和硫化氢等气体：

$$Zn + 2HCl \longequal ZnCl_2 + H_2 \uparrow$$

$$CaCO_3 + 2HCl = CaCl_2 + CO_2 \uparrow + H_2O$$

$$FeS + 2HCl = FeCl_2 + H_2S \uparrow$$

启普发生器由一个葫芦状的玻璃容器和球形漏斗组成。固体药品放在中间圆球内，可以在固体下面放些玻璃棉来承受固体，以免固体掉至下球中。酸从球形漏斗加入。使用时，只要打开活塞，酸即进入中间球内，与固体接触而产生气体。停止使用时，只要关闭活塞，气体就会把酸从中间球压入下球及球形漏斗内，使固体与酸不再接触而停止反应。启普发生器中的酸液长久使用后会变稀，此时，可把下球侧口的橡皮塞(有的是玻璃塞)拔下，倒掉废酸，塞好塞子，再向球形漏斗中加酸。需要更换或添加固体时，可把装有玻璃活塞的橡皮塞取下，由中间圆球的侧口加入固体。启普发生器的缺点是不能加热，而且装在发生器内的固体必须是块状的。

十、气体的干燥和净化

通常制得的气体都带有酸雾和水汽，使用时要净化和干燥。酸雾可用水或玻璃棉除去；水汽可用浓硫酸、无水氯化钙或硅胶吸收。一般情况下使用洗气瓶、干燥塔或U形管等设备进行净化。液体(如水、浓硫酸)装在洗气瓶内，无水氯化钙和硅胶装在干燥塔或U形管内，玻璃棉装在U形管内。气体中如还有其他杂质，则应根据具体情况分别用不同的洗涤液或固体吸收。

十一、溶液的配制方法

1. 一般溶液的配制方法

用固体试剂配制溶液时，先在台秤或分析天平上称出所需量固体试剂，于烧杯中先用适量水溶解，再稀释至所需的体积。试剂溶解时若有放热现象，或以加热促使溶解，应待冷却后，再转入试剂瓶中或定量转入容量瓶中。配好的溶液，应马上贴好标签，注明溶液的名称、浓度和配制日期。

有一些易水解的盐，配制溶液时，需加入适量酸，再用水或稀酸稀释。有些易被氧化或还原的试剂,常在使用前临时配制,或采取措施,防止被氧化或被还原。

易侵蚀或腐蚀玻璃的溶液不能盛放在玻璃瓶内,如氟化物应保存在聚乙烯瓶中,装苛性碱的玻璃瓶应换成橡皮塞,最好也盛于聚乙烯瓶中。

配制指示剂溶液时,需称取的指示剂量往往很少,这时可用分析天平称量,但只要读取两位有效数字即可;要根据指示剂的性质,采用合适的溶剂,必要时还要加入适当的稳定剂,并注意其保存期,配好的指示剂一般贮存于棕色瓶中。

配制溶液时,要合理选择试剂的级别,不要超规格使用试剂,以免造成浪费。

经常并大量使用的溶液,可先配制成使用浓度 10 倍的贮备液,需要用时取贮备液稀释 10 倍即可。

2. 标准溶液的配制和标定

标准溶液通常有两种配制方法。

1) 直接法

用分析天平准确称取一定量的基准试剂,溶于适量的水中,再定量转移到容量瓶中,用水稀释至刻度。根据称取试剂的质量和容量瓶的体积,计算它的准确浓度。

基准试剂是纯度很高的、组成一定的、性质稳定的试剂,它具有相当于或高于优级纯试剂的纯度。基准试剂是可用于直接配制标准溶液或用于标定溶液浓度的物质。作为基准试剂应具备下列条件。

(1) 试剂的组成与其化学式完全相符。

(2) 试剂的纯度应足够高(一般要求纯度在 99.9%以上),而杂质的含量应少到不至于影响分析的准确度。

(3) 试剂在通常条件下应该稳定。

(4) 试剂参加反应时,应按反应式定量进行,没有副反应。

2) 标定法

实际上只有少数试剂符合基准试剂的要求。很多试剂不宜用直接法配制标准溶液,而要用间接的方法,即标定法。在这种情况下,先配成接近所需浓度的溶液,然后用基准试剂或另一种已知准确浓度的标准溶液来标定它的准确浓度。

在实际工作中,特别是在工厂实验室,还常采用“标准试样”来标定标准溶液的浓度。“标准试样”含量是已知的,它的组成与被测物质相近。这样标定标准溶液浓度与测定被测物质的条件相同,分析过程中的系统误差可以抵消,结果准确度较高。

贮存的标准溶液,由于水分蒸发,水珠凝于瓶壁,使用前应将溶液摇匀。如果溶液浓度有了改变,必须重新标定。对于不稳定的溶液应定期标定。

必须指出,使用不同温度下配制的标准溶液,若从玻璃的膨胀系数考虑,即使温度相差 30 ℃,造成的误差也不大。但是,水的膨胀系数约为玻璃的 10 倍,当使用温度与标定温度相差 10 ℃以上时,则应注意这个问题。

第七节　样品常用物理性质的测定及样品分离提纯方法

一、液体化合物的折射率测定

1. 原理

1) 定义

光在不同介质中的传播速度是不相同的，所以光线从一个介质进入另一个介质，当它的传播方向与两个介质的界面不垂直时，在界面处的传播方向发生改变，称为光的折射。波长一定的单色光线，在确定的外界条件(如温度、压力)下，从一个介质 A 进入另一个介质 B 时，入射角 α 和折射角 β 的正弦之比和这两个介质的折射率 N(介质 A 的)与 n(介质 B 的)成反比，即

$$\frac{\sin\alpha}{\sin\beta}=\frac{n}{N}$$

若介质 A 是真空，则 $N=1$，于是

$$n=\frac{\sin\alpha}{\sin\beta}$$

空气的 $N=1.000\ 27$，通常以空气为标准。

2) 作用

鉴定未知化合物；测定纯度。

3) 影响因素

化合物结构；光线波长；温度；压力。

折射率常用 n_D^t 表示，D 表示以钠光灯的 D 线(589.3 nm)作光源，t 是测定折射率时的温度。温度上升 1 ℃，折射率下降 $(3.5\sim5.5)\times10^{-4}$。

2. 仪器

阿贝折射仪。

3. 操作方法

(1) 开始测定前用丙酮将进光及折射棱镜擦洗干净，否则界面模糊。

(2) 用滴管滴加待测液体，滴加时滴管不能碰到镜面，且使液面均匀无气泡。

(3) 调节反光镜使视场明亮，否则暗淡。

(4) 转动棱镜直到镜内观察到有界线或出现彩色光带。若出现光带，则调节色散，使明暗界线清晰，再转动直角棱镜使界线恰巧通过“十”字的交点。

(5) 记录读数与温度，重复测定两次。

(6) 测定完毕，清洗棱镜。

二、熔点的测定

1. 原理

每一个纯粹的固体有机物在一定压力下，都具有一定的熔点。熔点是鉴定固体有机物的一个重要物理常数。

一个纯化合物从开始熔化(始熔)至完全熔化(全熔)的温度范围称为熔点距，也称为熔点范围或熔程，一般不超过0.5 ℃。

下面是化合物的三种状态：

(1) 固体→熔化→液体；

(2) 液体→固化→固体；

(3) 固液共存。

若M点固液共存，T_M即为熔点。

$T>T_M$，固→液；$T<T_M$，液→固；$T=T_M$，$p_{固}=p_{液}$。

在接近熔点时升温速度要慢，每分钟温度升高不能超过2 ℃，这样才能使熔化过程尽可能接近于两相平衡，所测得的熔点也越精确。

当含有杂质时(假定两者不形成固熔体)，在一定T、p下，$p_{蒸}$下降，会使其熔点下降，且熔点范围也较宽。

由于大多数有机物的熔点都在300 ℃以下，较易测定，故利用测定熔点可以估计出有机物的纯度：将熔点相近的两种物质按1∶9和9∶1混合，若熔点下降，熔程拉长，则为不同的化合物；若熔点仍不变，可认为两者为同一种化合物。

有机物的熔点通常用毛细管法来测定(图1-7-1)。现在也有用显微熔点测定仪测定熔点，其优点是样品用量少(0.1 mg)，能精确观测物质熔化过程，但其价格较贵。

测定熔点时所用温度计需校正，可用标准温度计法或纯化合物熔点校正法。

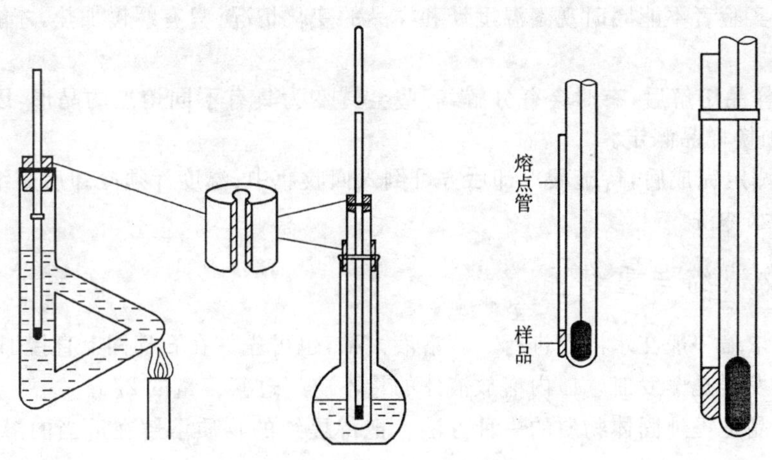

图1-7-1 毛细管法测熔点装置

2. 仪器与试剂

b形管;温度计;毛细管;火柴;铁夹;铁架台;胶塞;胶圈;长玻璃管;表面皿;玻璃棒;酒精灯;熔点管;研钵。

尿素(分析纯);浓硫酸;肉桂酸(分析纯);肉桂酸/尿素(1∶1)。

3. 操作方法

(1) 准备熔点管。

(2) 装填样品。样品要烘干研细,装填紧密。样品高度为2～3 mm。

(3) 安装测定装置。浴液(通常用浓硫酸)高出上侧管时即可。橡皮塞要开一条槽,不能密闭。样品部分紧靠在水银球的中部(样品管外面黏的有机物要擦干净)。温度计的刻度应面向塞子的缺口。火焰与测定管的倾斜部分接触。

(4) 测定熔点。注意升温速度,开始时升温速度可快一些,升温速度为5 ℃/min。距熔点10～15 ℃时,升温速度为1～2 ℃/min。

注意观察样品熔解现象,记录始熔及全熔温度,不可仅记录这两个温度的平均值。每根熔点管只能使用一次,待温度下降至熔点15 ℃以下时,进行第二次熔点测定。每个样品至少重复测量两次。

实验关键:控制升温速度,接近熔点时愈慢愈好。

观测三个温度(萎缩、塌陷温度 T_1,液滴出现温度 T_2,全部液化时温度 T_3),并列表记录。

4. 注意事项

(1) 封闭毛细管时,将毛细管的一端伸入酒精灯下层火焰,不断转动毛细管使其不歪斜,不留孔。

(2) 样品管外面须擦干净,否则会影响观察。

(3) 升温速度不可太快,特别是接近熔点时需控制每分钟升温1 ℃左右。接近熔点时加热要慢。一方面保证有充分的时间让热量由熔点管外传至内,使固体熔化,另一方面实验者不能同时观察温度计和样品的变化情况,只有缓慢加热,才能减少此项误差。

(4) 样品熔解后,有时会有分解,有些会转变为具有不同熔点的晶形,因此每次测定后,须换样品测定。

(5) 测定完成后,待硫酸冷却后方可倒入回收瓶中;温度计须冷却后用纸擦去硫酸才可用水冲洗。

三、蒸发浓缩与重结晶

蒸发浓缩一般在水浴上进行。若溶液太稀,也可先放在石棉网上直接加热蒸发。常用的蒸发器是蒸发皿。皿内盛放液体的量不应超过其容量的2/3。

重结晶是提纯固体物质的一种方法。把待提纯的物质溶解在适当的溶剂中,经除去杂质离子,滤去不溶物后,进行蒸发浓缩到一定程度,经冷却就会析出溶质的晶体。晶体颗粒的大小,取决于溶质溶解度和结晶条件,如果溶液浓度较高,溶质的溶解度小，冷却较快，并不断搅拌溶液，所得晶体较小；如果溶液浓度不高，缓慢冷却，就能得到较大的晶体，这种晶体夹带杂质少，易于洗涤，但母液中剩余的溶质较多，损失较大。若结晶一次所得物质的纯度不合要求，可加入少量溶剂溶解晶体，经蒸发再进行一次结晶。

四、简单分馏

1. 原理

1）分馏

分馏是利用分馏柱将“多次重复”的蒸馏过程一次完成的操作，可以将沸点相近的混合物进行分离。

2）二元理想溶液的分馏

理想溶液遵守拉乌尔定律，溶液中每一组分的蒸气压等于此纯物质的蒸气压和它在溶液中的摩尔分数的乘积。

$$p_A = p^{\circ}_A x_A$$

$$p_B = p^{\circ}_B x_B$$

$$p = p_A + p_B$$

根据道尔顿分压定律，气相中每一组分的蒸气压和它的摩尔分数成正比。

$$x_A^{气} = \frac{p_A}{p_A + p_B}$$

$$x_B^{气} = \frac{p_B}{p_A + p_B}$$

$$\frac{x_B^{气}}{x_B} = \frac{p_B}{p_A + p_B} \frac{p^{\circ}_B}{p_B} = \frac{1}{x_B + \frac{p^{\circ}_A}{p^{\circ}_B} x_A}$$

$$x_A + x_B = 1$$

若 $$p^{\circ}_A = p^{\circ}_B$$

则 $$x_B^{气}/x_B = 1$$

表明这时液相的组成和气相的组成完全相同，这样的组分 A 和组分 B 就不能用蒸馏（或分馏）来分离。如果 $p^{\circ}_B > p^{\circ}_A$，则 $x_B^{气}/x_B > 1$，表明沸点较低的组分 B 在气相中的浓度比在液相中的浓度大。进行汽化、冷凝，多次重复操作，最终能将这两个组分分开。

3）非理想溶液的分馏

由于分子间的相互作用，发生对拉乌尔定律的偏离，形成最低共沸混合物或最高共沸混合物。这种共沸混合物有固定的组分和沸点，不能用分馏的方法来分离，需用其他方法破坏共沸组分后再蒸馏才可以得到纯粹的组分。

4）分馏柱的类型

(1) 简单分馏柱:长度 10～60 cm,可作 2～3 次简单蒸馏。

(2) 精密分馏柱:理论塔板数大于 100。

5）分馏过程

蒸气在分馏柱中上升时,因为沸点较高的组分易被冷凝,所以冷凝液中就含有较多高沸点的物质,而蒸气中低沸点的成分就相对地增多。冷凝液向下流动时又与上升的蒸气接触,两者之间进行热量交换,亦即上升的蒸气中高沸点的物质被冷凝下来,低沸点的物质仍呈蒸气上升;而在冷凝液中低沸点的物质则受热汽化,高沸点的物质仍呈液态。如此经多次的液相与气相的热交换,使得低沸点的物质不断上升,最后被蒸出来,高沸点的物质则不断流回加热的容器中,从而将沸点不同的物质分离。

6）影响分馏效率的因素

(1) 理论塔板数:理论塔板数 n 表示该分馏柱具有进行 n 次简单蒸馏的能力。

(2) 理论塔板高度(HETP):表示与一个理论塔板数所相当的分馏柱的高度。

(3) 回流比:从分馏柱顶冷却返回至分馏柱中的液量和馏出液的液量之比。

(4) 蒸发速度:单位时间内物料到达分馏柱顶的量,与柱的大小和种类有关。

(5) 压力降:分馏柱两端的蒸气压力差。

(6) 附液量:分馏时留在柱中液体的量。附液量应愈少愈好,最多不超过被分离组分的 1/10。附液量大、组分量少时难以分离。

(7) 液泛:蒸馏速度增至某一程度,上升的蒸气将下降的液体顶上去,破坏了回流,达不到分馏的目的,这种现象称为液泛。

2. 仪器与试剂

蒸馏装置(1 套);刺形分馏柱;沸石。

甲醇(25 mL)。

3. 操作方法

在 100 mL 圆底烧瓶中,加入 25 mL 甲醇和 25 mL 水的混合物,加入几粒沸石,装好分馏装置(图 1-7-2),水浴加热。当冷凝管中有蒸馏液流出时,记录温度计读数,收集 65 ℃(A)、65～70 ℃(B)、70～80 ℃(C)、80～90 ℃(D)、90～95 ℃(E)的馏分。以馏出液体积为横坐标,温度为纵坐标,绘出分馏曲线。

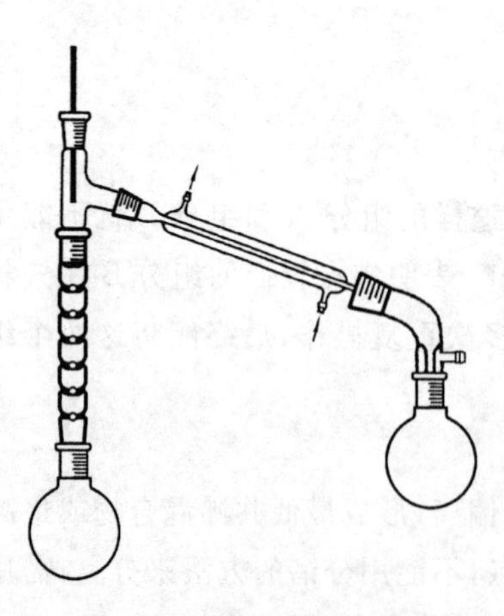

图 1-7-2　简单分馏装置

4. 注意事项

(1) 选择合适的分馏柱。由于各种因素影响,实际需 1.5～2 倍理论塔板数才能达到分离目的。

(2) 分馏要缓慢,要控制好恒定的蒸馏速度,每 2～3 s 蒸出 1 滴。选择好合适的热源，一般以油浴为好。

(3) 选择好合适的回流比，使有相当数量的液体流回烧瓶中。

(4) 尽量减少分馏柱的热量损失和波动，通常可在分馏柱外裹以石棉绳等保温材料。

(5) 开始加热后，当液体一沸腾，就及时调节浴温，使蒸气在分馏柱内慢慢上升，当温度计水银球上出现液滴，调小火焰，全回流约 5 min，使填料完全被润湿，开始正常地工作。

(6) 按不同的温度区间收集组分。

5. 思考题

(1) 分馏和蒸馏在原理及装置上有哪些异同？如果是两种沸点很接近的液体组成的混合液，能否用分馏来提纯？

(2) 影响分馏效率的因素有哪些？

(3) 什么是共沸混合物？为什么不能用分馏法分离共沸混合物？

五、萃取

1. 原理

1) 定义

萃取是利用物质在两种不互溶(或微溶)的溶剂中溶解度的不同而达到分离和纯化的目的的一种操作。

2) 分配定律

在一定温度下，有机物在两溶剂 A 和 B 中的浓度之比 K 为一常数，称为分配系数。它可以近似地看做此物质在两溶剂中溶解度之比。

有机物在有机溶剂中的溶解度较在水中大，可以将有机物从水溶液中萃取出来。除非分配系数极大，否则不可能一次萃取就将全部物质移入新的有机相中。可在水溶液中先加入一定量的电解质，利用“盐析效应”以降低有机物和萃取溶剂在水溶液中的溶解度，提高萃取效率。

把溶剂分成几份作多次萃取比用全部量的溶剂作一次萃取为好，此法也适合于从溶液中萃取出(或洗涤去)溶解的杂质。

萃取时，特别是当溶液呈碱性时，常常会产生乳化现象，破坏乳化的方法有以下几种。

(1) 较长时间静置。

(2) 若因两种溶剂(水与有机溶剂)能部分互溶而发生乳化，可以加入少量电解质，利用“盐析效应”加以破坏，在两相相对密度相差很小时，也可加入食盐，以增加水溶液的相对密度。

(3) 若因溶液呈碱性而产生乳化，常可利用加入少量稀硫酸或采用过滤等方法除去。

2. 仪器与试剂

分液漏斗;铁圈;烧杯;铁架台;量筒。

萘;对甲苯胺;β-萘酚;盐酸;氢氧化钠。

3. 操作方法

1) 分液漏斗的作用

(1) 分离。

(2) 洗涤。

(3) 萃取。

(4) 替代滴液漏斗。

2) 分液漏斗的种类

(1) 球形。

(2) 梨形。

(3) 筒形。

3) 分液漏斗的选择

(1) 密度小时选球形的。

(2) 筒形分界清楚。

(3) 液体体积不超过漏斗容量的 3/4。

4) 分液漏斗的装配

(1) 检查玻璃塞、活塞是否配套,用橡皮捆好。

(2) 活塞芯涂凡士林,凡士林不能进入活塞孔,以免污染萃取液。玻璃塞不涂。

(3) 检漏。

(4) 固定在铁架台上的铁圈中。

5) 具体操作

(1) 装配仪器,检查活塞是否关闭。

(2) 加入溶剂或萃取剂。

(3) 盖上玻璃塞,注意侧槽与小孔错开。

(4) 右手手掌顶住漏斗顶塞并握住漏斗,左手握住漏斗活塞处,大拇指压紧活塞,把漏斗放平前后振摇,且经常放气(图 1-7-3)。

(5) 放回铁圈,将玻璃塞小孔与侧槽对准,静置分层。

(6) 分层后开启活塞,放出下层液体到一小口容器中。

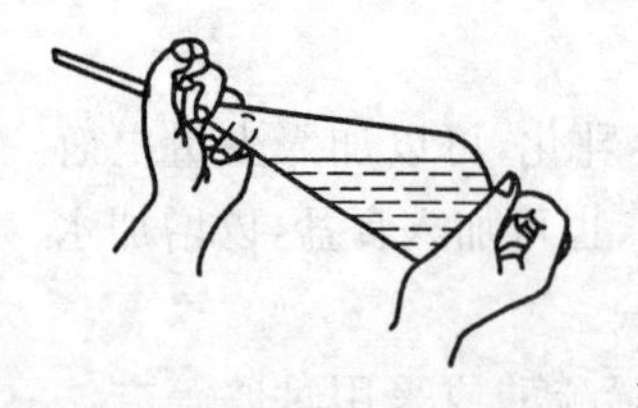

图1-7-3　分液漏斗振摇手法

(7) 打开玻璃塞,从上口倒出上层液体到另一容器中。

(8) 洗净漏斗,在玻璃塞及活塞处插入纸条收好。

6) 不分层的处理

(1) 形成乳浊液:有一相为水时,可加酸、碱、饱和食盐水等,但加入的物质不至于改变分配系数,造成不利影响。

(2) 在界面上出现未知组分的泡沫状固态物质:用脱

脂棉过滤。

4. 注意事项

(1) 确认哪一层液体是所需的。

(2) 低沸点、易燃溶剂萃取时,附近应无火源。

5. 思考题

(1) 使用分液漏斗的目的何在?

(2) 使用分液漏斗要注意哪些事项?

(3) 分液漏斗中如出现两相,如何判断哪一层是有机相?

(4) 影响萃取效率的因素有哪些?

六、减压蒸馏

1. 原理

减压蒸馏是分离和提纯有机物的常用方法之一。它特别适用于那些在常压蒸馏时未达沸点即已受热分解、氧化或聚合的物质。液体的沸点是指它的蒸气压等于外界压力时的温度,因此液体的沸点是随外界压力的变化而变化的(图 1-7-4)。如果借助于真空泵降低系统内压力,就可以降低液体的沸点,这便是减压蒸馏操作的理论依据。

沸点与压力的关系可近似地用下式求出:

$$\lg p = A + \frac{B}{T}$$

式中:p——蒸气压;

T——沸点(热力学温度);

A、B——常数。

如以 $\lg p$ 为纵坐标,$\frac{1}{T}$为横坐标,可以近似地得到一直线(图 1-7-5)。

2. 仪器装置

减压蒸馏装置主要由蒸馏、抽气(减压)、安全保护和测压四部分组成(图 1-7-6)。蒸馏部分由蒸馏瓶、克氏蒸馏头、毛细管、温度计及冷凝管、接收器等组成。抽气部分实验室通常用水泵或油泵进行减压。

3. 实验关键及注意事项

仪器安装好后,先检查系统是否漏气,方法是:关闭毛细管,减压至压力稳定后,夹住连接系统的橡皮管,观察压力计水银柱有无变化,无变化说明不漏气,有变化即表示漏气。为使系统密闭性好,磨口仪器的所有接口部分都必须用真空脂润涂好。检查仪器不漏气后,加入待蒸的液体,量不要超过蒸馏瓶的一半,关好安全瓶上的活塞,开动油泵,调节毛细管导入的空气量,以能冒出一连串小气泡为宜。当压力稳定后,开始加热。液体沸腾后,应注意控制温度,并观察沸点变化情况。待沸点稳定后,

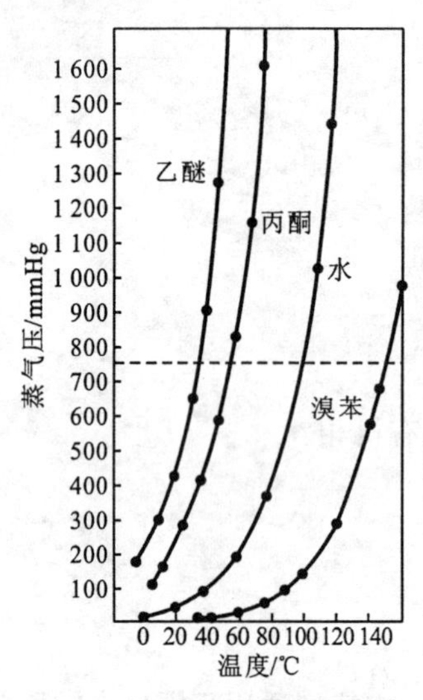

图 1-7-4　温度与蒸气压关系图

注:1 mmHg≈133.322 Pa。

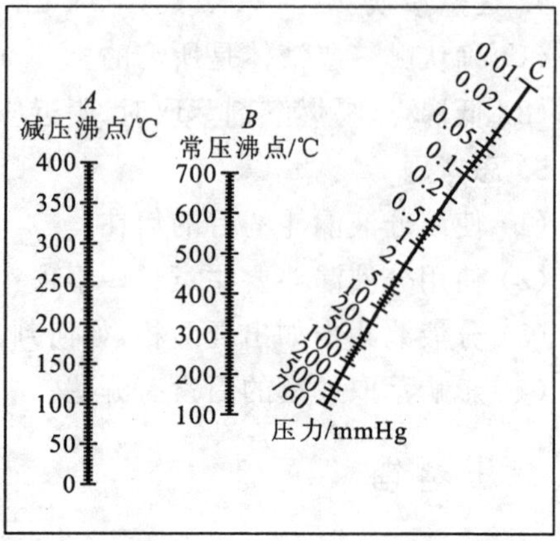

图 1-7-5　液体在常压和减压下的沸点近似关系图

注:1 mmHg≈133.322 Pa。

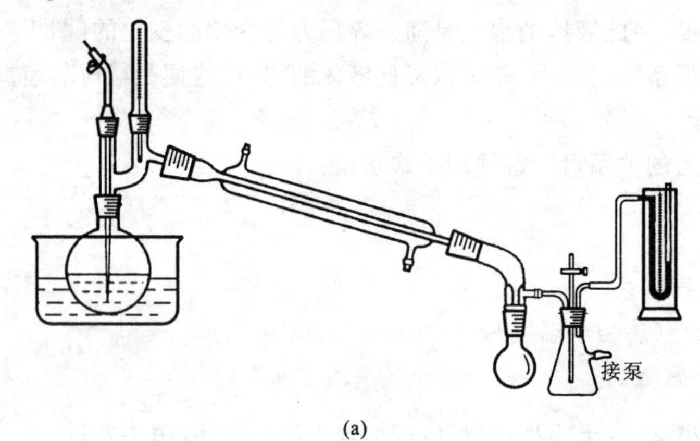

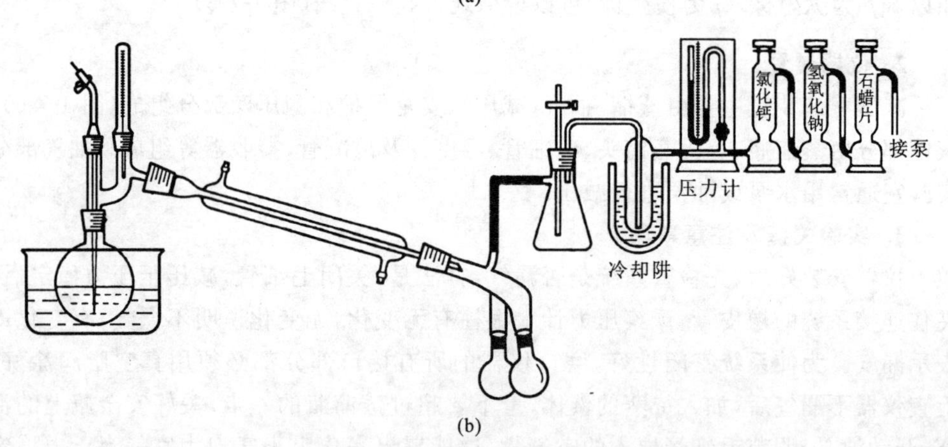

图 1-7-6　减压蒸馏装置及主要流程

转动多尾接液管接收馏分，蒸馏速度以 0.5～1 滴/s 为宜。蒸馏完毕，除去热源，慢慢旋开夹在毛细管上的橡皮管的螺旋夹，待蒸馏瓶稍冷后再慢慢开启安全瓶上的活塞，平衡内外压力(若开得太快，水银柱很快上升，有冲破测压计的可能)，然后才关闭抽气泵。

4. 思考题

(1) 具有什么性质的化合物需用减压蒸馏进行提纯?

(2) 使用水泵减压蒸馏时，应采取什么预防措施?

(3) 使用油泵减压时，要有哪些吸收和保护装置？其作用是什么?

(4) 当减压蒸完所要的化合物后，应如何停止减压蒸馏？为什么?

七、水蒸气蒸馏

1. 原理

水蒸气蒸馏是用来分离和提纯液态或固态有机物的一种方法。常用在下列几种情况。

(1) 某些沸点高的有机物，在常压蒸馏时虽可与副产品分离，但易将其破坏。

(2) 混合物中含有大量树脂状杂质或不挥发性杂质，采用蒸馏、萃取等方法都难于分离时。

(3) 从较多固体反应物中分离出被吸附的液体。

被提纯物质必须具备以下几个条件。

(1) 不溶或难溶于水。

(2) 共沸下与水不发生化学反应。

(3) 在 100 ℃左右时，必须具有一定的蒸气压。

当有机物与水一起共热时，根据分压定律，整个系统的蒸气压应为各组分蒸气压之和，即

$$p = p_{H_2O} + p_A$$

式中：p——总蒸气压；

p_{H_2O}——水的蒸气压；

p_A——与水不相溶物或难溶物质的蒸气压。

任何温度下的总蒸气压总是大于任一组分的蒸气压。由此可以看出不互溶的混合物的沸点要比沸点最低的某个组分的沸点还要低。即有机物可在比其沸点低得多的温度，而且在低于 100 ℃的温度下随蒸气一起蒸馏出来。这样的操作称为水蒸气蒸馏。

伴随水蒸气馏出的有机物和水，两者质量比等于两者的分压分别和两者的相对分子质量的乘积之比，因此，在馏出液中有机物同水的质量比可按下式计算：

$$\frac{p_A V_A}{p_{H_2O} V_{H_2O}} = \frac{m_A M_{H_2O} RT}{m_{H_2O} M_A RT}$$

$$\frac{m_A}{m_{H_2O}} = \frac{p_A M_A}{p_{H_2O} M_{H_2O}}$$

通常有机物的相对分子质量要比水大得多,所以即使有机物在 100 ℃时蒸气压只有 5 mmHg,用水蒸气蒸馏亦可获得良好的效果。

2. 仪器装置

水蒸气蒸馏装置见图 1-6-6。

3. 注意事项

(1) 注意观察安全管液面的高低,保证整个系统的畅通。若安全管液面上升很高,则说明有某一部分阻塞了,这时应立即旋开螺旋夹,移去热源,拆下装置进行检查和处理。

(2) 当馏出液无明显油珠,便可停止蒸馏,这时必须先旋开螺旋夹,然后移开热源,以免发生倒吸现象。

(3) 如果少量水蒸气就可以把所有的有机物蒸出,此时省去水蒸气发生器,而直接将有机物与水一起放在蒸馏瓶内进行蒸馏,采用大一些的烧瓶。

主要参考文献

[1] 蔡炳新,陈贻文. 基础化学实验[M]. 北京:科学出版社,2001.
[2] 北京师范大学无机化学教研室. 无机化学实验[M]. 3 版. 北京:高等教育出版社,2007.
[3] 大连理工大学无机化学教研室. 无机化学实验[M]. 2 版. 北京:高等教育出版社,2004.
[4] 上海师范大学生命与环境科学学院,黄杉生. 分析化学实验[M]. 北京:科学出版社,2008.
[5] 武汉大学. 分析化学实验[M]. 4 版. 北京:高等教育出版社,2006.
[6] 湖南大学化学化工学院,张正奇. 分析化学[M]. 2 版. 北京:科学出版社,2006.
[7] 张济新,孙海霖,朱明华. 仪器分析实验[M]. 北京:高等教育出版社,1994.
[8] 华南师范大学化学实验教学中心,俞英. 仪器分析实验[M]. 北京:化学工业出版社,2008.
[9] 陈培榕,李景虹,邓勃. 现代仪器分析实验与技术[M]. 2 版. 北京:清华大学出版社,2006.
[10] 兰州大学,复旦大学化学系有机化学教研室. 有机化学实验[M]. 2 版. 北京:高等教育出版社,1994.
[11] 高占先. 有机化学实验[M]. 4 版. 北京:高等教育出版社,2004.
[12] 单尚,强根荣,金卫红. 新编基础有机化学实验(Ⅱ)——有机化学实验[M]. 北京:化学工业出版社,2007.

[13] 曾昭琼.有机化学实验[M].2版.北京:高等教育出版社,1997.
[14] 复旦大学,等.物理化学实验[M].3版.北京:高等教育出版社,2004.
[15] 复旦大学,等.物理化学实验[M].2版.北京:高等教育出版社,1993.
[16] 北京大学化学系物理化学教研室.物理化学实验[M].北京:北京大学出版社,1981.
[17] 北京大学化学学院物理化学实验教学组.物理化学实验[M].4版.北京:北京大学出版社,2002.
[18] 韩喜江,张天云.物理化学实验[M].哈尔滨:哈尔滨工业大学出版社,2004.
[19] 天津大学物理化学教研室.物理化学[M].4版.北京:高等教育出版社,2001.

第二章　基本实验(Ⅰ)

第一节　基础性实验

实验一　仪器的认领和洗涤

实验目的

(1) 熟悉基础化学实验规则和要求。

(2) 领取基础化学实验常用普通仪器,熟悉其名称、规则,了解使用注意事项。

(3) 学习并练习常用仪器的洗涤和干燥方法。

实验步骤

对照表1-6-1和清单认领仪器,清点装置。

1. 玻璃仪器的洗涤

1) 仪器洗涤

按第一章介绍的玻璃仪器的洗涤方法洗涤仪器。

2) 洗净标准

仪器是否洗净可通过器壁是否挂水珠来检查。将洗净后的仪器倒置,如果器壁透明,不挂水珠,则说明已洗净;如器壁有不透明处或附着水珠或有油斑,则未洗净,应予重洗。

2. 玻璃仪器的干燥

(1) 晾干:让残留在仪器内壁的水分自然挥发而使仪器干燥。

(2) 烘箱烘干:仪器口朝下,在烘箱的最下层放一陶瓷盘,接住从仪器上滴下来的水,以免水损坏电热丝。

(3) 烤干:烧杯、蒸发皿等可放在石棉网上,用小火烤干,试管可用试管夹夹住,在火焰上来回移动,直至烤干,但管口须低于管底。

(4) 气流烘干:试管、量筒等适合在气流烘干器上烘干。

(5) 电热风吹干。

此处需要注意的是,带有刻度的计量仪器不能用加热的方法进行干燥。

实验注意事项

在洗涤玻璃仪器时，有以下事项需注意。

(1) 仪器壁上只留下一层既薄又均匀的水膜，不挂水珠，这表示仪器已洗净。

(2) 已洗净的仪器不能用布或纸抹干。

(3) 不要未倒废液就注水。

(4) 不要几支试管一起刷洗。

(5) 用水原则是少量多次。

思考题

(1) 烤干试管时为什么管口略向下倾斜？

(2) 什么样的仪器不能用加热的方法进行干燥，为什么？

(3) 画出离心试管、多用滴管、井穴板、量筒、容量瓶的简图，讨论其规格、主要用途和注意事项。

实验二　玻璃加工和塞子钻孔

实验目的

(1) 练习玻璃管(棒)的截断、弯曲、拉制和熔烧等基本操作。

(2) 练习塞子钻孔的基本操作。

(3) 完成玻璃棒、滴管的制作和洗瓶的装配。

实验步骤

1. 玻璃加工

1) 玻璃管(棒)的截断

将玻璃管(棒)平放在桌面上，依需要的长度左手按住要切割的部位，右手用锉刀的棱边(或薄片小砂轮)在要切割的部位按一个方向(不要来回锯)用力锉出一道凹痕(图 2-1-1(a))。锉出的凹痕应与玻璃管(棒)垂直，这样才能保证截断后的玻璃管(棒)截面是平整的。然后双手持玻璃管(棒)，两拇指齐放在凹痕背面(图 2-1-1(b))，并轻轻地由凹痕背面向外推折，同时两食指和拇指将玻璃管(棒)向两边拉(图 2-1-1(c))，如此将玻璃管(棒)截断。如截面不平整，则不合格。

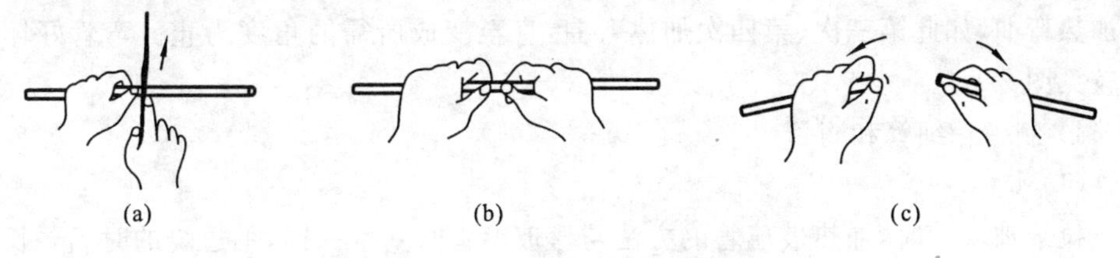

图 2-1-1　玻璃管(棒)的截断

2）熔光

切割的玻璃管(棒)，其截断面的边缘很锋利，容易割破皮肤、橡皮管或塞子，所以必须放在火焰中熔烧，使之平滑，这个操作称为熔光(或圆口)。将刚切割的玻璃管(棒)的一头插入火焰中熔烧。熔烧时，角度一般为45°，并不断来回转动玻璃管(棒)(图2-1-2)，直至管口变成红热平滑为止。熔烧时，加热时间过长或过短都不好，过短，管(棒)口不平滑；过长，管径会变小。转动不匀，会使管口不圆。灼热的玻璃管(棒)应放在石棉网上冷却，切不可直接放在实验台上，以免烧焦台面，也不要用手去摸，以免烫伤。

3）弯曲

(1) 烧管。

先将玻璃管用小火预热一下，然后双手持玻璃管，把要弯曲的部位斜插入喷灯(或煤气灯)火焰中，以增大玻璃管的受热面积(也可在灯管上罩以鱼尾灯头扩展火焰，来增大玻璃管的受热面积)，若灯焰较宽，也可将玻璃管平放于火焰中，同时缓慢而均匀地不断转动玻璃管，使之受热均匀(图2-1-3(a))。两手用力均等，转速缓慢一致，以免玻璃管在火焰中扭曲。加热至玻璃管发黄变软时，即可自焰中取出，进行弯管。

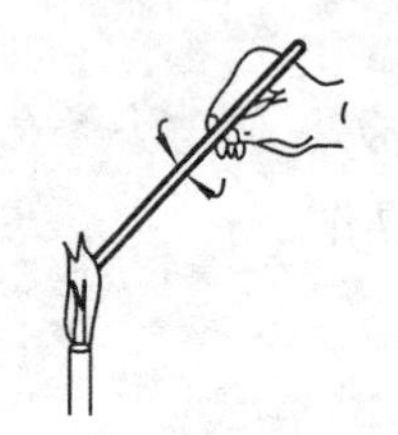

图 2-1-2 玻璃管(棒)的熔光

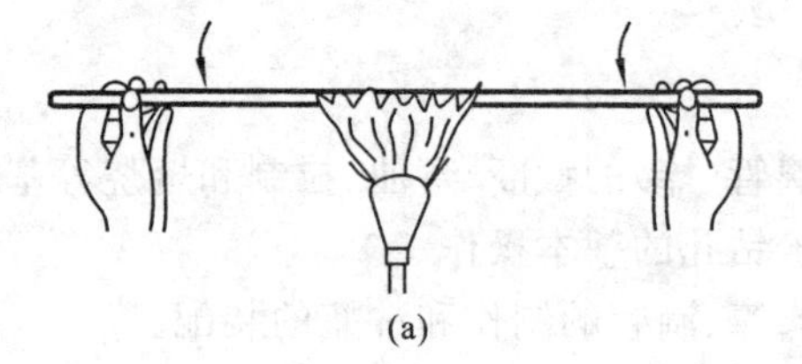

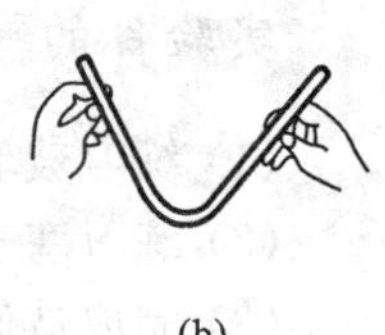

(a) (b)

图 2-1-3 玻璃管的弯曲

(2) 弯管。

将变软的玻璃管取离火焰后稍等一两秒钟，使各部温度均匀，用“V”字形手法(两手在上方，玻璃管的弯曲部分在两手中间的正下方)(图2-1-3(b))缓慢地将其弯成所需的角度。弯好后，待其冷却变硬才可撒手，将其放在石棉网上继续冷却。冷却后，应检查其角度是否准确，整个玻璃管是否处于同一个平面上。

120°以上的角度可一次弯成，但弯制较小角度的玻璃管，或灯焰较窄、玻璃管受热面积较小时，需分几次弯制(切不可一次完成，否则弯曲部分的玻璃管就会变形)。首先弯成一个较大的角度，然后在第一次受热弯曲部位稍偏左或稍偏右处进行第二次加热弯曲，如此第三次、第四次加热弯曲，直至变成所需的角度为止。弯管好坏的比较见图2-1-4。

4）制备毛细管和滴管

(1) 烧管。

拉细玻璃管时，加热玻璃管的方法与弯玻璃管时基本一样，不过烧的时间要长一些，玻璃管软化程度更大一些，烧至红黄色。

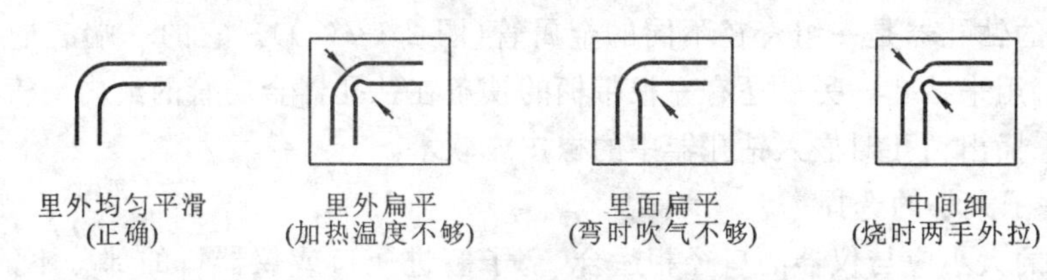

图 2-1-4 玻璃管弯曲的质量与原因

(2) 拉管。

待玻璃管烧成红黄色软化以后,取出火焰,两手顺着水平方向边拉边旋转玻璃管(图 2-1-5),拉到所需要的细度时,一手持玻璃管向下垂一会儿。冷却后,按需要长短截断,形成两个尖嘴管。如果要求细管部分具有一定的厚度,应在加热过程中当玻璃管变软后,将其轻缓向中间挤压,减短它的长度,使管壁增厚,然后按上述方法拉细。

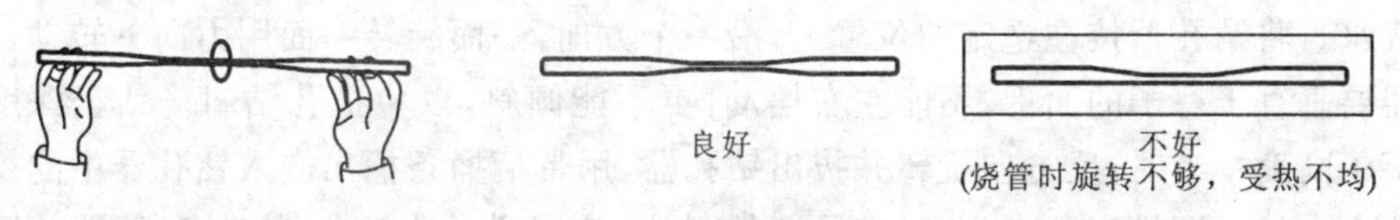

图 2-1-5 玻璃管的拉管

(3)制滴管的扩口。

将未拉细的另一端玻璃管口以 40°角斜插入火焰中加热,并不断转动。待管口灼烧至红热后,用金属锉刀柄斜放入管口内迅速而均匀地旋转(图 2-1-6),将其管口扩开。另一扩口的方法是待管口烧至稍软化后,将玻璃管口垂直放在石棉网上,轻轻向下按一下,将其管口扩开。冷却后,安上胶头即成滴管。

2. 塞子与塞子钻孔

容器上常用的塞子有软木塞、橡皮塞和玻璃磨口塞。软木塞易被酸或碱腐蚀,但与有机物的作用较小。橡皮塞可以把容器塞得很严密,但对装有机溶剂和强酸的容器并不适用。相反,盛碱性物质的容器常用橡皮塞。玻璃磨口塞不仅能把容器塞得紧密,且除氢氟酸和碱性物质外,可作为盛装一切液体或固体容器的塞子。

为了能在塞子上装置玻璃管、温度计等,塞子需预先钻孔。如果是软木塞可先经压塞机(图 2-1-7(a))压紧,或用木板在桌子上碾压(图 2-1-7(b)),以防钻孔时塞子开

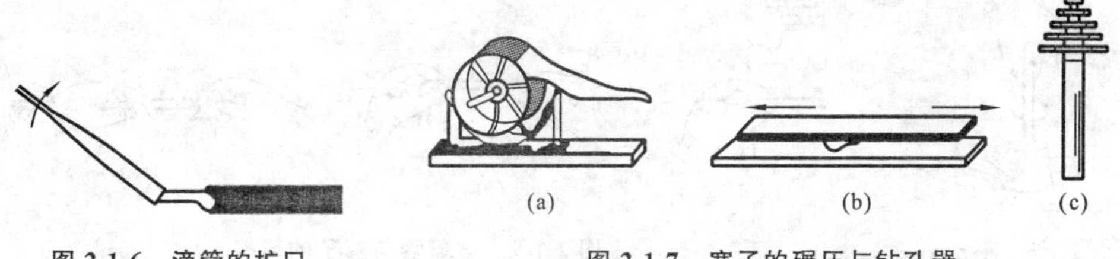

图 2-1-6 滴管的扩口　　图 2-1-7 塞子的碾压与钻孔器

裂。常用的钻孔器是一组直径不同的金属管(图 2-1-7(c))。它的一端有柄,另一端很锋利,可用来钻孔。另外还有一根带柄的铁条在钻孔器金属管的最内层管中,称为捅条,用来捅出钻孔时嵌入钻孔器中的橡皮或软木。

1）塞子大小的选择

塞子的大小应与仪器的口径相适合,塞子塞进瓶口或仪器口的部分不能少于塞子本身高度的 1/2,也不能多于 2/3。

2）钻孔器大小的选择

选择一个比要插入橡皮塞的玻璃管口径略粗一点的钻孔器,因为橡皮塞有弹性,孔道钻成后由于收缩而使孔径变小。

3）钻孔的方法

如图 2-1-8 所示,将塞子小头朝上平放在实验台上的一块垫板上(避免钻坏台面),左手用力按住塞子,不得移动,右手握住钻孔器的手柄,并在钻孔器前端涂点甘油或水。将钻孔器按在选定的位置上,沿一个方向,一面旋转一面用力向下转动。钻孔器要垂直于塞子的面上,不能左右摆动,更不能倾斜,以免把孔钻斜。钻至深度约达塞子高度一半时,反方向旋转并拔出钻孔器,用带柄捅条捅出嵌入钻孔器中的橡皮或软木。然后调换塞子大头,对准原孔的方位,按同样的方法钻孔,直到两端的圆孔贯穿为止;也可以不调换塞子的方位,仍按原孔直接钻通到垫板上为止。拔出钻孔器,再捅出钻孔器内嵌入的橡皮或软木。

孔钻好以后,检查孔道是否合适,如果选用的玻璃管可以毫不费力地插入塞孔里,说明塞孔太大,塞孔和玻璃管之间不够严密,塞子不能使用。若塞孔略小或不光滑,可用圆锉适当修整。

4）玻璃导管与塞子的连接

将选定的玻璃导管插入并穿过已钻孔的塞子,一定要使所插入导管与塞孔严密套接。

先用右手拿住导管靠近管口的部位,并用少许甘油或水将管口润湿(图 2-1-9(a)),然后左手拿住塞子(图 2-1-9(b)),将导管口略插入塞子,再用柔力慢慢地将导管转动着逐渐旋转进入塞子,并穿过塞孔至所需的长度为止(图 2-1-9(c))。也可以用布包住导管,将导管旋入塞孔。如果用力过猛或手持玻璃导管离塞子太远,都有可能将玻璃导管折断,刺伤手掌。

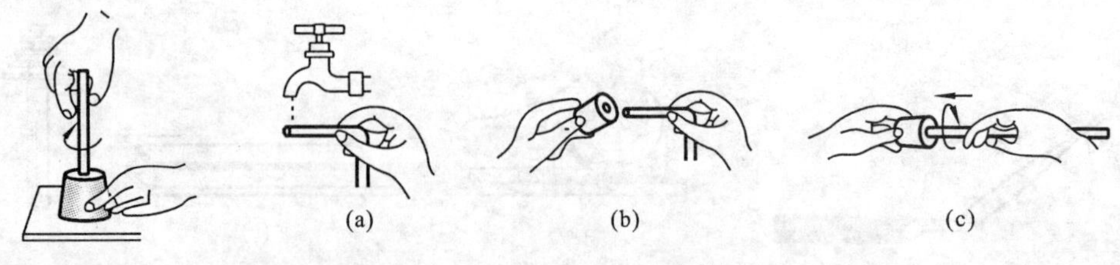

图 2-1-8　塞子打孔

图 2-1-9　玻璃管与塞子的连接

温度计插入塞孔的操作方法与上述一样，但开始插入时，要特别小心，以防温度计的水银球破裂。

3. 实验用具的制作

1) 小玻璃棒

切取 18 cm 长的玻璃棒，将中部置火焰上加热，拉细到直径约为 1.5 mm 为止。冷却后用三角锉刀在细处切断，并将断处熔成小球，将玻璃棒另一端熔光，冷却，洗净后便可使用(图 2-1-10(a))。

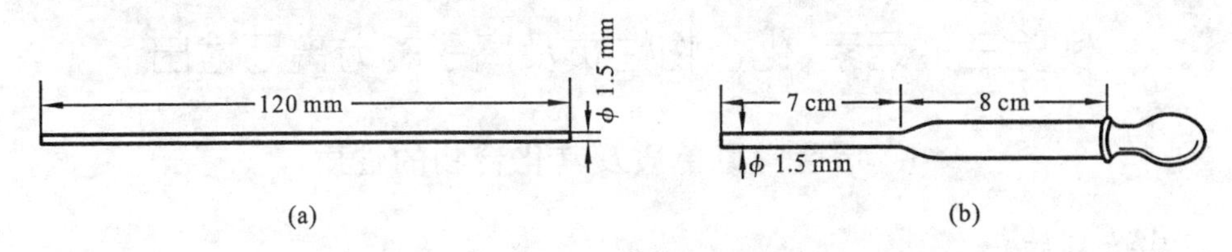

图 2-1-10　小玻璃棒与滴管

2) 乳头滴管

切取 26 cm 长(内径约 5 mm)的玻璃管，将中部置火焰上加热，拉细玻璃管。要求玻璃管细部的内径为 1.5 mm，毛细管长约 7 cm，切断并将口熔光。把尖嘴管的另一端加热至发软，然后在石棉网上压一下，使管口外卷，冷却后，套上橡胶乳头即制成乳头滴管(图 2-1-10(b))。

3) 洗瓶

准备 500 mL 聚氯乙烯塑料瓶一个，适合塑料瓶瓶口大小的橡皮塞一个，33 cm 长玻璃管一根(两端熔光)。

(1) 按前面介绍的塞子钻孔的操作方法，将橡皮塞钻孔。

(2) 按图 2-1-11 的形状，依次将 33 cm 长的玻璃管一端 5 cm 处在酒精喷灯上加热后拉一尖嘴，弯成 60°角，插入橡皮塞塞孔后，再将另一端弯成 120°角(注意两个弯角的方向)，即制成一个洗瓶。

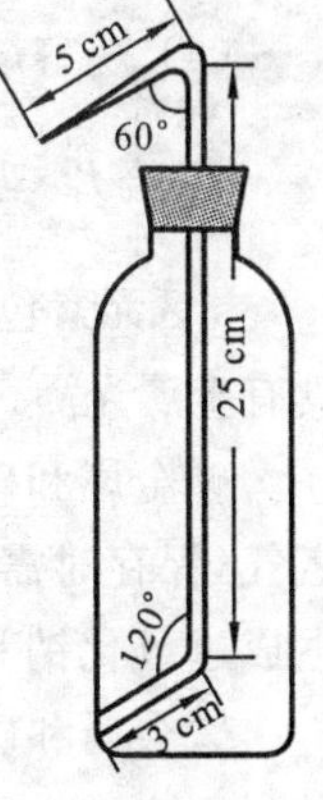

图 2-1-11　洗瓶

实验注意事项

(1) 切割玻璃管、玻璃棒时要防止划破手。

(2) 使用酒精喷灯前，必须先准备一块湿抹布备用。

(3) 灼热的玻璃管、玻璃棒，要按先后顺放在石棉网上冷却，切不可直接放在实验台上，防止烧焦台面；未冷却之前，也不要用手去摸，防止烫伤手。

(4) 装配洗瓶时，拉好玻璃管尖嘴，弯好 60°角后，先装橡皮塞，再弯 120°角，并且注意 60°角与 120°角在同一方向同一平面上。

思考题

(1) 截断玻璃管的时候要注意哪些问题?

(2) 怎样弯曲和拉细玻璃管?

(3) 在火焰上加热玻璃管时怎样才能防止玻璃管被拉歪?

(4) 弯制好的曲玻璃管如果立即和冷的物件接触会产生什么不良的后果?怎样才能避免?

实验三　元素、化合物性质及离子的分离与检出

Ⅰ　s区常见单质及其化合物的性质

实验目的

(1) 比较碱金属、碱土金属的活泼性。

(2) 比较碱土金属氢氧化物及其盐的溶解性。

(3) 比较锂、镁盐的相似性。

(4) 观察焰色反应并掌握其方法。

实验原理

s区元素包括周期表中$Ⅰ_A$、$Ⅱ_A$族元素,并称为碱金属和碱土金属。它们的单质表面具有金属光泽、有良好的导电性和延展性,除铍、镁外,其他金属可以用刀子切割。

碱金属和碱土金属密度较小,由于它们易与空气或水反应生成氢氧化物并放出氢气,保存时需浸在煤油、石蜡油中使其与空气或水隔绝。钠、钾在空气中燃烧分别生成过氧化钠和超氧化钾。

碱金属和碱土金属(除铍外)都能与水反应生成氢氧化物同时放出氢气,反应的激烈程度随金属性增加而加剧。实验时必须注意安全,防止钠、钾与皮肤接触。因为钠、钾与皮肤上的湿气作用所放出的热可能引燃金属,烧伤皮肤。碱金属的绝大多数盐类均易溶于水。碱土金属的碳酸盐均难溶于水。锂、镁的氟化物和磷酸盐也难溶于水。

实验仪器、试剂及材料

离心机;酒精灯;镊子;点滴板;坩埚;钴玻璃片。

金属钾;金属钠;金属镁;金属钙。

H_2SO_4($2\ mol\cdot L^{-1}$);HNO_3($2\ mol\cdot L^{-1}$,浓);HCl($2\ mol\cdot L^{-1}$);HAc($2\ mol\cdot L^{-1}$);NaOH($6\ mol\cdot L^{-1}$,新制);$NH_3\cdot H_2O$($2\ mol\cdot L^{-1}$,新制);Na_2HPO_4($1\ mol\cdot L^{-1}$);LiCl($1\ mol\cdot L^{-1}$);NaCl($1\ mol\cdot L^{-1}$);KCl($1\ mol\cdot L^{-1}$);NaF($1\ mol\cdot L^{-1}$);Na_2CO_3($1\ mol\cdot L^{-1}$);$CaCl_2$($1\ mol\cdot L^{-1}$);$SrCl_2$($1\ mol\cdot L^{-1}$);

$BaCl_2$(1 mol·L^{-1});K_2CrO_4(1 mol·L^{-1});$MgCl_2$(1 mol·L^{-1},0.5 mol·L^{-1});Na_2SO_4(1 mol·L^{-1});$NaHCO_3$(1 mol·L^{-1});$(NH_4)_2CO_3$(0.5 mol·L^{-1});Na_3PO_4(0.5 mol·L^{-1});NH_4Cl(饱和);$K[Sb(OH)_6]$(饱和);$NaHC_4H_4O_6$(饱和);$(NH_4)_2C_2O_4$(饱和);$KMnO_4$(0.01 mol·L^{-1})。

砂纸;镍丝;滤纸;pH 试纸。

实验步骤

1. 碱金属、碱土金属活泼性的比较

1) 钠与空气中氧的反应

用镊子取一块绿豆大小的金属钠,用滤纸吸干其表面的煤油,立即置于坩埚中加热,当钠刚刚开始燃烧时,停止加热。观察反应现象,写出反应式。产物冷却后,用玻璃棒轻轻捣碎产物,转入试管中,加入少量水令其溶解、冷却,观察有无气体放出,检验其 pH 值。以 2 mol·L^{-1} H_2SO_4酸化后加入 1 滴 0.01 mol·L^{-1} $KMnO_4$溶解,观察实验现象,写出反应式。

2) 镁与氧的反应

取一小段镁条,用砂纸除去表面氧化层,点燃,观察实验现象,写出反应式。

3) 与水的作用

(1)分别取一小块金属钾和钠,用滤纸吸干表面煤油后放入两个盛水的烧杯中,观察实验现象,检验溶液酸碱性,写出反应式。

(2)取一小块金属钙置于试管中,加入少量水,观察实验现象,检验溶液的酸碱性,写出反应式。

(3)取两小段镁条,除去表面氧化膜后分别投入盛有冷水和热水的 2 支试管中,对比反应的不同,写出反应式。

2. 锂、钠、钾盐的溶解性

1) 锂盐

取少量 1 mol·L^{-1} LiCl 溶液分别与 1 mol·L^{-1} NaF、1 mol·L^{-1} Na_2CO_3 及 1 mol·L^{-1} Na_2HPO_4溶液反应(必要时可微热试管),观察实验现象,写出反应式。

2) 钠盐

于少量 1 mol·L^{-1} NaCl 溶液中,加入饱和 $K[Sb(OH)_6]$溶液。如无晶体析出,可用玻璃棒摩擦试管壁。观察产物的颜色状态,写出反应式。

3) 钾盐

于少量 1 mol·L^{-1} KCl 溶液中加入 1 mL 饱和酒石酸氢钠($NaHC_4H_4O_6$)溶液,观察实验现象,写出反应式。

3. 碱土金属氢氧化物的溶解性

以 $MgCl_2$、$CaCl_2$、$BaCl_2$、新配制的 6 mol·L^{-1} NaOH 及 2 mol·L^{-1} $NH_3·H_2O$ 溶液作试剂,设计系列试管实验,说明碱土金属氢氧化物溶解度的大小顺序。

4. 碱土金属难溶盐

1) 碳酸盐

分别用 1 mol · L^{-1} $MgCl_2$、1 mol · L^{-1} $CaCl_2$、1 mol · L^{-1} $BaCl_2$ 溶液与 1 mol · L^{-1} Na_2CO_3溶液反应,制得的沉淀经离心分离后分别与 2 mol · L^{-1} HAc 及 2 mol · L^{-1} HCl反应,观察沉淀是否溶解。

分别取少量 1 mol · L^{-1} $MgCl_2$、1 mol · L^{-1} $CaCl_2$、1 mol · L^{-1} $BaCl_2$溶液,加入 1～2滴饱和 NH_4Cl 溶液、2 滴 2 mol · L^{-1} $NH_3 \cdot H_2O$、2 滴 0. 5 mol · L^{-1} $(NH_4)_2CO_3$,观察沉淀是否生成,写出反应式,解释现象。

2) 草酸盐

分别向 1 mol · L^{-1} $MgCl_2$、1 mol · L^{-1} $CaCl_2$、1 mol · L^{-1} $BaCl_2$溶液中滴加饱和 $(NH_4)_2C_2O_4$ 溶液,制得的沉淀经离心分离后再分别与 2 mol · L^{-1} HAc 及 2 mol · L^{-1} HCl反应,观察实验现象,写出反应式。

3) 铬酸盐

分别向 1 mol · L^{-1} $CaCl_2$、1 mol · L^{-1} $SrCl_2$、1 mol · L^{-1} $BaCl_2$ 溶液中滴加 1 mol · L^{-1} K_2CrO_4 溶液,观察沉淀是否生成,沉淀经离心分离后再分别与 2 mol · L^{-1} HAc、2 mol · L^{-1} HCl 反应,观察实验现象,写出反应式。

4) 硫酸盐

分别向 1 mol · L^{-1} $CaCl_2$、1 mol · L^{-1} $MgCl_2$、1 mol · L^{-1} $BaCl_2$ 溶液中滴加 1 mol · L^{-1} Na_2SO_4溶液,观察沉淀是否生成,沉淀经离心分离后与浓 HNO_3反应,观察实验现象,写出反应式。

5. 锂盐、镁盐的相似性

(1) 分别向 1 mol · L^{-1} LiCl、1 mol · L^{-1} $MgCl_2$溶液中滴加 1 mol · L^{-1} NaF 溶液,观察实验现象,写出反应式。

(2) 1 mol · L^{-1} LiCl 溶液与 1 mol · L^{-1} Na_2CO_3 溶液作用及 0. 5 mol · L^{-1} $MgCl_2$溶液与 1 mol · L^{-1} $NaHCO_3$溶液作用,观察实验现象,写出反应式。

(3) 在 1 mol · L^{-1} LiCl 溶液与 0. 5 mol · L^{-1} $MgCl_2$溶液中分别滴加 0. 5 mol · L^{-1} Na_3PO_4溶液,观察实验现象,写出反应式。

6. 焰色反应

用 1 根镍丝蘸取浓 HCl 溶液后在氧化焰中烧至近于无色。在点滴板上分别滴入 1～2 滴 1 mol · L^{-1} LiCl、1 mol · L^{-1} NaCl、1 mol · L^{-1} KCl、1 mol · L^{-1} $CaCl_2$、1 mol · L^{-1} $SrCl_2$、1 mol · L^{-1} $BaCl_2$,用镍丝蘸取后在氧化焰中灼烧,观察火焰颜色(观察钾离子的颜色时,应用蓝色钴玻璃滤光)。

思考题

(1) 为什么在实验比较 $Mg(OH)_2$、$Ca(OH)_2$、$Ba(OH)_2$ 的溶解度时所用的 NaOH 溶液必须是新配制的？如何配制不含 CO_3^{2-} 的 NaOH 溶液？

(2) 现有$(NH_4)_2SO_4$、HNO_3、Na_2CO_3、$BaCl_2$、NaOH、NaCl、H_2SO_4试剂，试利用它们之间的相互反应加以鉴别。

Ⅱ　水溶液中Na^+、K^+、NH_4^+、Mg^{2+}、Ca^{2+}、Ba^{2+}等离子的分离和检出

实验目的

(1) 了解碱金属、碱土金属的结构对其性质的影响。

(2) 熟悉碱金属、碱土金属微溶盐的有关性质。

实验原理

本实验的实验原理与实验"s 区常见单质及其化合物的性质"的相同。

实验仪器、试剂及材料

离心机；小坩埚；酒精灯。

HAc($2\ mol\cdot L^{-1}$)，HNO_3(浓)；NaOH($6\ mol\cdot L^{-1}$)；KOH($6\ mol\cdot L^{-1}$)；$NH_3\cdot H_2O$($6\ mol\cdot L^{-1}$)；$(NH_4)_2CO_3$($1\ mol\cdot L^{-1}$)；K_2CrO_4($1\ mol\cdot L^{-1}$)；$(NH_4)_2HPO_4$($1\ mol\cdot L^{-1}$)；$(NH_4)_2SO_4$($1\ mol\cdot L^{-1}$)；NH_4Cl($3\ mol\cdot L^{-1}$)；NH_4Ac($3\ mol\cdot L^{-1}$)；$(NH_4)_2C_2O_4$($0.5\ mol\cdot L^{-1}$)；$NaHC_4H_4O_6$(饱和)；$K[Sb(OH)_6]$(饱和)；奈斯勒试剂。

pH 试纸(pH=1～14)。

实验步骤

1. 已知混合液的分离、检出

取Na^+、K^+、NH_4^+、Mg^{2+}、Ca^{2+}、Ba^{2+}试液各 5 滴，加到离心试管中，混合均匀后，按以下步骤进行分离和检出。

(1) NH_4^+的检出。

取 3 滴混合试液加到小坩埚中，滴加 $6\ mol\cdot L^{-1}$ NaOH 溶液至显强碱性，取一表面皿，在它的凸面上贴一块湿的 pH 试纸，将此表面皿盖在坩埚上，试纸较快地变成蓝色，说明试液中有NH_4^+。

(2) Ba^{2+}、Ca^{2+}的沉淀。

在试液中加 6 滴 $3\ mol\cdot L^{-1}$ NH_4Cl 溶液，并不断加入浓度为 $6\ mol\cdot L^{-1}$ $NH_3\cdot H_2O$ 使溶液呈碱性，再多加 3 滴 $NH_3\cdot H_2O$。在搅拌下加入 10 滴 $1\ mol\cdot L^{-1}$ $(NH_4)_2CO_3$ 溶液，在 60 ℃的热水中加热几分钟，然后离心分离，把清液移到另一离心试管中，按步骤(5)操作处理，沉淀供步骤(3)用。

(3) Ba^{2+}的分离和检出。

步骤(2)的沉淀用 10 滴热水洗涤，弃去洗涤液，用 $2\ mol\cdot L^{-1}$ HAc 溶液溶解时

需加热并不断搅拌，然后加入 5 滴 3 mol·L^{-1} NH_4Ac 溶液，加热后滴加 1 mol·L^{-1} K_2CrO_4 溶液，产生黄色沉淀，表示有 Ba^{2+}，离心分离，清液留作检出 Ca^{2+} 时用。

(4) Ca^{2+} 的检出。

如果步骤(3)所得到的清液呈橘黄色，则表明 Ba^{2+} 已沉淀完全，否则还需要加 1 mol·L^{-1} K_2CrO_4 使 Ba^{2+} 沉淀完全。往此清液中加 1 滴 6 mol·L^{-1} $NH_3 \cdot H_2O$ 和几滴 0.5 mol·L^{-1} $(NH_4)_2C_2O_4$ 溶液，加热后产生白色沉淀，表示有 Ca^{2+}。

(5) 残余 Ba^{2+}、Ca^{2+} 的除去。

往步骤(2)的清液内加 0.5 mol·L^{-1} $(NH_4)_2C_2O_4$ 和 1 mol·L^{-1} $(NH_4)_2SO_4$ 各 1 滴，加热几分钟，如果溶液混浊，离心分离，弃去沉淀，把清液移到坩埚中。

(6) Mg^{2+} 的检出。

取几滴步骤(5)的清液加到试管中，再加 1 滴 6 mol·L^{-1} $NH_3 \cdot H_2O$ 和 1 滴 1 mol·L^{-1} $(NH_4)_2HPO_4$ 溶液，摩擦试管内壁，产生白色结晶形沉淀，表示有 Mg^{2+}。

(7) 铵盐的除去。

小心地将步骤(5)中坩埚内的清液蒸发至只剩下几滴，再加 8～10 滴浓 HNO_3，然后蒸发至干。在蒸发至最后一滴时，要移开酒精灯，借石棉网上的余热把它蒸发干，最后用大火灼烧至不再冒白烟，冷却后往坩埚内加 8 滴蒸馏水。取 1 滴坩埚中的溶液加在点滴板中，再加 2 滴奈斯勒试剂，若不产生红褐色沉淀，表明铵盐已被除尽，否则还需加浓 HNO_3 进行蒸发，以除尽铵盐。除尽后的溶液供步骤(8)和步骤(9)检出 K^+ 和 Na^+。

(8) K^+ 的检出。

取 2 滴步骤(7)的溶液加到试管中，再加 2 滴饱和 $NaHC_4H_4O_6$ 溶液，产生白色沉淀，表示有 K^+。

(9) Na^+ 的检出。

取 3 滴步骤(7)的溶液加到离心试管中，加 6 mol·L^{-1} KOH 溶液至呈强碱性，加热后离心分离，弃去 $Mg(OH)_2$ 沉淀，往清液中加等体积的饱和 $K[Sb(OH)_6]$ 溶液，用玻璃棒摩擦试管壁，放置后产生白色结晶形沉淀，表示有 Na^+，若没有沉淀产生，可放置较长时间再观察。

2. 未知溶液的鉴定

可考虑配制多个未知液按图 2-1-12 进行鉴定。

思考题

(1) 在用 $(NH_4)_2CO_3$ 沉淀 Ba^{2+}、Ca^{2+} 时，为什么既要加 NH_4Cl 溶液又要加 $NH_3 \cdot H_2O$? 如果 $NH_3 \cdot H_2O$ 加得太多，对分离有何影响？为什么加热至 60 ℃？

(2) 溶解 $CaCO_3$、$BaCO_3$ 沉淀时，为什么用 HAc 而不用 HCl?

(3) 若 Ca^{2+}、Ba^{2+} 沉淀不完全，对 Mg^{2+}、Na^+ 等的检出有什么影响?

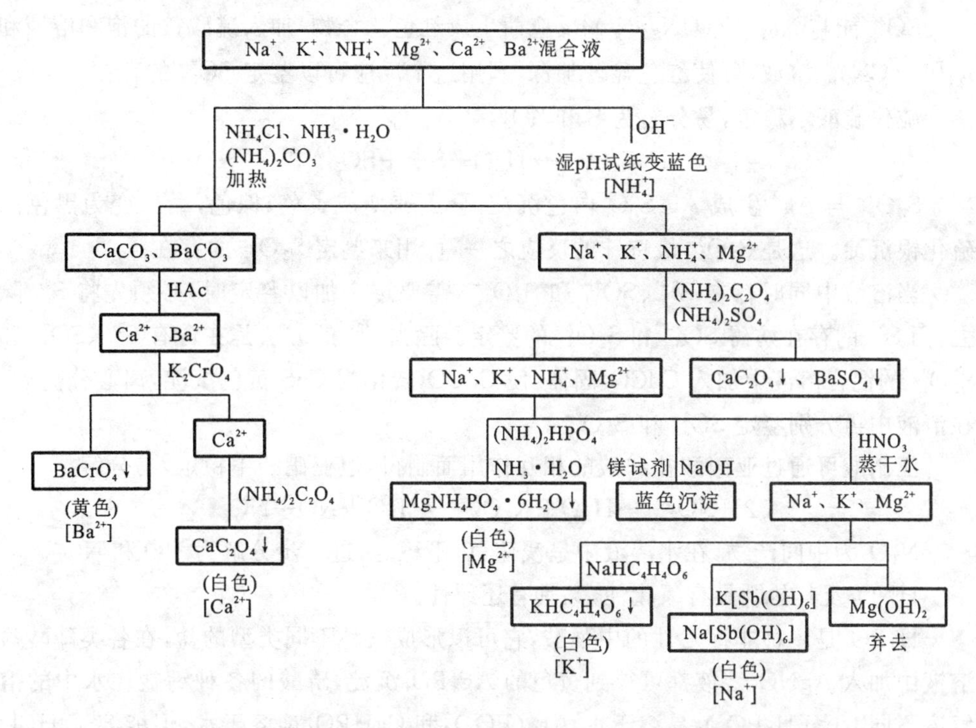

图 2-1-12 Na^+、K^+、NH_4^+、Mg^{2+}、Ca^{2+}、Ba^{2+} 的分离和检出

(4) 若在用 HNO_3 除去铵盐时不小心将坩埚上的铁锈带入坩埚中,当检验是否除净时,铁锈将干扰 NH_4^+ 的检出,为什么?

实验四 p 区元素(O、S、N、P)重要化合物的性质

实验目的

(1) 了解氧族与氮族元素单质及其化合物的结构对其性质的影响。

(2) 掌握过氧化氢的性质。

(3) 掌握氧族元素、氮族元素的含氧酸及其盐的性质。

实验原理

H_2O_2 具有极弱的酸性,酸性比 H_2O 稍强。H_2O_2 不太稳定,在室温下分解较慢,见光受热或当有 MnO_2 及其他重金属离子存在时可加速其分解。

S^{2-} 能与稀酸反应产生 H_2S 气体。可以根据 H_2S 特有的腐蛋臭味,或能使 $Pb(Ac)_2$ 试纸变黑的现象而检验出 S^{2-};此外在弱碱性条件下,它能与亚硝酰铁氰化钠 $Na_2[Fe(CN)_5NO]$ 反应生成红紫色配合物,利用这种特征反应也能鉴定 S^{2-}。

$$S^{2-}+[Fe(CN)_5NO]^{2-}\longrightarrow[Fe(CN)_5NOS]^{4-}$$

SO_3^{2-}能与$Na_2[Fe(CN)_5NO]$反应而生成红色化合物，加入硫酸锌的饱和溶液和$K_4[Fe(CN)_6]$溶液，可使红色显著加深，利用这个反应可以鉴定SO_3^{2-}的存在。

硫代硫酸不稳定，易分解为S和SO_2：

$$H_2S_2O_3 \longrightarrow H_2O + S\downarrow + SO_2\uparrow$$

$S_2O_3^{2-}$与Ag^+生成$Ag_2S_2O_3$白色沉淀，会迅速变成黄色、棕色，最后变为黑色的硫化银沉淀。这是$S_2O_3^{2-}$最特殊的反应之一，可用来鉴定$S_2O_3^{2-}$的存在。

当溶液中同时存在S^{2-}、SO_3^{2-}和$S_2O_3^{2-}$，需要逐个加以鉴定时，必须先将S^{2-}除去，因S^{2-}的存在妨碍SO_3^{2-}和$S_2O_3^{2-}$的鉴定。除去S^{2-}的方法是在含有S^{2-}、SO_3^{2-}和$S_2O_3^{2-}$的混合溶液中加入$CdCO_3$固体，使$CdCO_3$转化为CdS黄色沉淀，离心分离后，在清液中再分别鉴定SO_3^{2-}和$S_2O_3^{2-}$。

亚硝酸可通过亚硝酸盐和酸的相互作用而制得，但亚硝酸不稳定，易分解：

$$2HNO_2 \longrightarrow H_2O + N_2O_3 \longrightarrow H_2O + NO + NO_2$$

N_2O_3为中间产物，在水溶液中呈浅蓝色，不稳定，进一步分解为NO和NO_2。

HNO_2及其盐既具有氧化性，又具有还原性。

H_3PO_4是一种非挥发性的中强酸，它可以形成三种不同类型的盐，在各类磷酸盐溶液中加入$AgNO_3$溶液都可得到黄色的Ag_3PO_4沉淀，磷酸的各种钙盐在水中的溶解度不同。$Ca(H_2PO_4)_2$易溶于水，$Ca_3(PO_4)_2$和$CaHPO_4$难溶于水，但能溶于HCl。PO_4^{3-}能与钼酸铵反应，在酸性条件下生成黄色难溶的晶体，故可用钼酸铵来鉴定PO_4^{3-}：

$$PO_4^{3-} + 3NH_4^+ + 12MoO_4^{2-} + 24H^+ \longrightarrow (NH_4)_3PO_4 \cdot 12MoO_3 \cdot 6H_2O\downarrow + 6H_2O$$

NO_3^-可用棕色环法鉴定：

$$3Fe^{2+} + NO_3^- + 4H^+ \longrightarrow 3Fe^{3+} + 2H_2O + NO$$

$$NO + Fe^{2+} \longrightarrow \underset{\text{(棕色)}}{[Fe(NO)]^{2+}}$$

NO_2^-也能产生同样的反应，因此当有NO_2^-存在时，必须先将NO_2^-除去。除去NO_2^-的方法是在混合液中加饱和NH_4Cl一起加热，反应如下：

$$NH_4^+ + NO_2^- \longrightarrow N_2 + 2H_2O$$

NO_2^-和H_2SO_4在HAc溶液中能生成棕色$[Fe(NO)]SO_4$溶液，利用这个反应可以鉴定NO_2^-的存在(检验NO_2^-时，必须用浓H_2SO_4)。

$$NO_2^- + Fe^{2+} + 2HAc \longrightarrow NO + Fe^{3+} + 2Ac^- + H_2O$$

$$NO + Fe^{2+} \longrightarrow \underset{\text{(棕色)}}{[Fe(NO)]^{2+}}$$

NH_4^+常用以下两种方法鉴定。

(1) 用NaOH和NH_4^+反应生成NH_3使湿润红色石蕊试纸变蓝。

(2) 用奈斯勒试剂($K_2[HgI_4]$的碱性溶液)与NH_4^+反应产生红棕色沉淀，其反应为

$$NH_4^+ + 2[HgI_4]^{2-} + 4OH^- \longrightarrow \left[O \begin{matrix} Hg \\ \diagup \quad \diagdown \\ \diagdown \quad \diagup \\ Hg \end{matrix} NH_2 \right] I \downarrow + 3H_2O + 7I^-$$

（红棕色）

实验仪器、试剂及材料

离心机。

MnO_2(s)；$K_2S_2O_8$(s)；$FeSO_4 \cdot 7H_2O$(s)。

H_2SO_4(3 mol·L^{-1},1∶1,浓)；HCl(2 mol·L^{-1})；HNO_3(2 mol·L^{-1},浓)；HAc(2 mol·L^{-1})；NaOH(2 mol·L^{-1})；$NH_3 \cdot H_2O$(2 mol·L^{-1})；KI(0.1 mol·L^{-1})；$Pb(NO_3)_2$(0.1 mol·L^{-1})；$MnSO_4$(0.1 mol·L^{-1},0.002 mol·L^{-1})；$Na_2S_2O_3$(0.1 mol·L^{-1})；$BaCl_2$(0.1 mol·L^{-1})；$AgNO_3$(0.1 mol·L^{-1})；$NaNO_2$(0.1 mol·L^{-1})；KNO_3(0.1 mol·L^{-1})；H_3PO_4(0.1 mol·L^{-1})；$Na_4P_2O_7$(0.1 mol·L^{-1})；Na_3PO_4(0.1 mol·L^{-1})；$NaPO_3$(0.1 mol·L^{-1})；Na_2HPO_4(0.1 mol·L^{-1})；NaH_2PO_4(0.1 mol·L^{-1})；$CaCl_2$(0.1 mol·L^{-1})；Na_2S(0.1 mol·L^{-1})；$K_4[Fe(CN)_6]$(0.1 mol·L^{-1})；NH_4Cl(0.1 mol·L^{-1})；$ZnSO_4$(饱和)；$Na_2[Fe(CN)_5NO]$(1%)；$NaNO_2$溶液(0.1 mol·L^{-1},饱和)；$MnSO_4$(0.1 mol·L^{-1})；$KMnO_4$(0.1 mol·L^{-1})；H_2O_2溶液(3%)；无水乙醇；H_2S水溶液(饱和)；碘水；氯水；蛋白液；奈斯勒试剂；$(NH_4)_2MoO_4$溶液(饱和)。

红色石蕊试纸；滤纸条。

实验步骤

1. 过氧化氢的性质

(1) 酸性。

在小试管中加入少量2 mol·L^{-1} NaOH溶液、约1 mL3%H_2O_2、约1 mL无水乙醇，振荡试管，观察实验现象，写出反应式。

(2) 氧化性。

① 取5滴3%H_2O_2溶液，以H_2SO_4酸化后滴加0.5 mL0.1 mol·L^{-1} KI溶液，观察实验现象，写出反应式。

② 在少量0.1 mol·$L^{-1}$$Pb(NO_3)_2$溶液中滴加饱和$H_2S$水溶液，离心分离后吸去清液，往沉淀中逐滴加入3%$H_2O_2$溶液并用玻璃棒搅动溶液，观察实验现象，写出反应式。

(3) 还原性。

取少量3%H_2O_2溶液用3 mol·L^{-1} H_2SO_4酸化后滴加数滴0.1 mol·L^{-1} $KMnO_4$溶液，观察实验现象。用火柴余烬检验反应生成的气体，写出反应式。

(4) 介质酸碱性对H_2O_2氧化-还原性质的影响。

在少量3%H_2O_2溶液中加入2 mol·L^{-1} NaOH溶液数滴，再加入0.1 mol·L^{-1} $MnSO_4$溶液数滴，观察实验现象，写出反应式。溶液经静置后倾去清液，往沉淀中加入少量3 mol·L^{-1} H_2SO_4溶液后滴加3%H_2O_2溶液，观察又有什么变化，写出反应式并给予解释。

(5) 过氧化氢的分解。

① 加热约2 mL 3%H_2O_2溶液，有什么现象发生？用火柴余烬检验产生的气体，写出反应式。

② 在少量3%H_2O_2溶液中加入少量MnO_2固体，观察实验现象，用火柴余烬检验反应产生的气体，写出反应式。

2. 硫代硫酸盐的性质

(1) 向0.1 mol·L^{-1} $Na_2S_2O_3$溶液中滴加2 mol·L^{-1} HCl溶液，观察实验现象，写出反应式。

(2) 向0.1 mol·L^{-1} $Na_2S_2O_3$溶液中滴加碘水，观察实验现象，写出反应式。

(3) 向0.1 mol·L^{-1} $Na_2S_2O_3$溶液中滴加氯水，并证实反应后溶液中存在SO_4^{2-}，写出反应式。

3. 过二硫酸钾的氧化性

往有2滴0.002 mol·L^{-1} $MnSO_4$溶液的试管中加入约3 mL的3 mol·L^{-1} H_2SO_4、2滴0.1 mol·L^{-1} $AgNO_3$溶液，再加入少量$K_2S_2O_8$固体，水浴加热，溶液的颜色有什么变化？

另取1支试管，不加入$AgNO_3$溶液，进行同样实验。比较上述两个实验的现象有什么不同，为什么？写出反应式。

4. 亚硝酸及其盐的性质

(1) 亚硝酸的生成与分解。

把已用冰水冷冻过的约1 mL饱和$NaNO_2$溶液与约1 mL 3 mol·L^{-1} H_2SO_4混合均匀。观察实验现象，溶液放置一段时间后再观察现象，并分析其原因。

(2) 亚硝酸的氧化性。

取少量0.1 mol·L^{-1} KI溶液用H_2SO_4酸化，再加入几滴0.1 mol·L^{-1} $NaNO_2$溶液，观察反应及产物的色态。微热试管时，又有什么变化？写出反应式。

(3) 亚硝酸的还原性。

几滴$KMnO_4$溶液用硫酸酸化后滴加0.1 mol·L^{-1} $NaNO_2$溶液，观察实验现象，写出反应式。

5. 磷酸盐的性质

(1) 磷酸盐的酸碱性。

① 分别检验正磷酸盐、焦磷酸盐、偏磷酸盐水溶液的pH值。

② 分别检验Na_3PO_4、Na_2HPO_4、NaH_2PO_4水溶液的pH值，以等量的$AgNO_3$溶液分别加入到这些溶液中，检验产生沉淀后溶液的pH值的变化。

(2) 磷酸钙盐的生成与性质。

分别向 0.1 mol · L^{-1} Na_3PO_4、0.1 mol · L^{-1} Na_2HPO_4 和 0.1 mol · L^{-1} NaH_2PO_4 溶液中加入 0.1 mol · L^{-1} $CaCl_2$ 溶液,观察有无沉淀生成。再加入 2 mol · L^{-1} $NH_3 \cdot H_2O$ 后观察实验现象。继续加入 2 mol · L^{-1} HCl 后观察实验现象,写出反应式。

(3) 磷酸根、焦磷酸根、偏磷酸根的鉴别。

① 分别向 0.1 mol · L^{-1} Na_3PO_4、0.1 mol · L^{-1} $Na_4P_2O_7$、0.1 mol · L^{-1} $NaPO_3$ 水溶液中滴加 0.1 mol · L^{-1} $AgNO_3$ 溶液,观察各自的实验现象及生成的沉淀是否溶于 2 mol · L^{-1} HNO_3。

② 以 2 mol · L^{-1} HAc 溶液酸化磷酸盐溶液、焦磷酸盐溶液、偏磷酸盐溶液后分别加入蛋白液,观察各自的实验现象。

6. S^{2-}、SO_3^{2-}、$S_2O_3^{2-}$、NH_4^+、NO_2^-、NO_3^-、PO_4^{3-} 的鉴定

(1) 在点滴板上滴加 2 滴 0.1 mol · L^{-1} Na_2S,然后滴入 1% $Na_2[Fe(CN)_5NO]$,观察溶液颜色,出现紫红色表示有 S^{2-}。

(2) 在点滴板上滴加 2 滴饱和 $ZnSO_4$,然后加入 1 滴 0.1 mol · L^{-1} $K_4[Fe(CN)_6]$ 和 1 滴 1% $Na_2[Fe(CN)_5NO]$,并选用 $NH_3 \cdot H_2O$ 使溶液呈中性,再滴加 SO_3^{2-} 溶液,出现红色沉淀即表示有 SO_3^{2-}。

(3) 在点滴板上滴加 1 滴 $Na_2S_2O_3$,然后加入 2 滴 $AgNO_3$,生成沉淀,颜色变化由白色→黄色→棕色→黑色,表示有 $S_2O_3^{2-}$。

(4) 取两块干燥的表面皿,一块表面皿内滴入 NH_4Cl 与 NaOH,另一块贴上湿的红色石蕊试纸或滴有奈斯勒试剂的滤纸条,然后把两块表面皿扣在一起做成气室,若红色石蕊试纸变蓝色或奈斯勒试剂变红棕色,则表示有 NH_4^+ 存在。

(5) 取少量 0.1 mol · L^{-1} KNO_3 溶液和数粒 $FeSO_4 \cdot 7H_2O$ 晶体,振荡溶解后,在混合溶液中沿试管壁慢慢滴入浓 H_2SO_4,若浓 H_2SO_4 和液面交界处有棕色环生成,则表示有 NO_3^- 存在。

(6) 取少量 0.1 mol · L^{-1} $NaNO_2$ 溶液,用 2 mol · L^{-1} HAc 酸化,再加入数粒 $FeSO_4 \cdot 7H_2O$ 晶体,若有棕色出现,则表示有 NO_2^- 存在。

(7) 取 3 滴 0.1 mol · L^{-1} Na_3PO_4 溶液,加入 1 滴浓 HNO_3,再加入 8 滴饱和 $(NH_4)_2MoO_4$ 溶液,加热,若有黄色沉淀生成,则有 PO_4^{3-} 存在。

思考题

(1) H_2O_2 能否将 Br^- 氧化为 Br_2? H_2O_2 能否将 Br_2 还原为 Br^-?

(2) 某学生将少量 $AgNO_3$ 溶液滴入 $Na_2S_2O_3$ 溶液中,出现白色沉淀,振荡后沉淀马上消失,溶液又呈现无色透明,为什么?

(3) 在 $NaNO_2$ 与 $KMnO_4$、KI 反应中是否需要加酸酸化,为什么?选用什么酸为好,为什么?

(4) NO_2^- 在酸性介质中与 $FeSO_4$ 也能产生棕色反应，那么在 NO_3^- 与 NO_2^- 混合液中应怎样鉴出 NO_3^-？

第二节 综合性实验

实验五 p 区元素(Sn、Pb、Sb、Bi)重要化合物的性质

实验目的

(1) 了解碳族元素单质及化合物的结构对其性质的影响。

(2) 掌握锡、铅、锑、铋及其化合物的性质。

实验原理

锡、铅和锑(Ⅲ)、铋(Ⅲ)盐具有较强水解作用，因此配制盐溶液时必须溶解在相应的酸溶液中以抑制水解。$SnCl_2$ 是实验室中常用的还原剂，它可以被空气氧化，配制时应加入锡粒防止氧化。除铋外，它们的氢氧化物都呈两性，溶于碱的反应为

$$Sn(OH)_2+2OH^- \longrightarrow [Sn(OH)_4]^{2-}$$

$$Pb(OH)_2+OH^- \longrightarrow [Pb(OH)_3]^-$$

$$Sb(OH)_3+3OH^- \longrightarrow [Sb(OH)_6]^{3-}$$

锡、铅、锑、铋都能形成有色硫化物，它们都不溶于水和稀酸，除 SnS、PbS、Bi_2S_3 外都能与 Na_2S 或 $(NH_4)_2S$ 作用生成相应的硫代酸盐：

$$Sb_2S_3+3Na_2S \longrightarrow 2Na_3SbS_3$$

$$SnS_2+Na_2S \longrightarrow Na_2SnS_3$$

SnS 能溶于多硫化钠溶液中，是由于 S_2^{2-} 具有氧化作用。

$$SnS+Na_2S_2 \longrightarrow Na_2SnS_3$$

所有硫代酸盐只能存在于中性或碱性介质中，遇酸生成不稳定的硫代酸，继而分解为相应的硫化物和硫化氢。

锡(Ⅱ)是一较强的还原剂，在碱性介质中亚锡酸根能与铋(Ⅲ)进行反应：

$$3[Sn(OH)_4]^{2-}+2Bi(OH)_3 \longrightarrow 3[Sn(OH)_6]^{2-}+\underset{(黑色)}{2Bi\downarrow}$$

在酸性介质中 $SnCl_2$ 能与 $HgCl_2$ 进行反应：

$$SnCl_2+2HgCl_2 \longrightarrow SnCl_4+\underset{(白色)}{Hg_2Cl_2\downarrow}$$

$$SnCl_2+Hg_2Cl_2 \longrightarrow SnCl_4+\underset{(黑色)}{2Hg\downarrow}$$

但 Bi(Ⅲ)要在强碱性条件下选用强氧化剂 Na_2O_2、Cl_2、Br_2 等才能被氧化：

$$Bi(OH)_3 + Br_2 + 3NaOH \longrightarrow NaBiO_3 + 2NaBr + 3H_2O$$

Pb(Ⅳ)和 Bi(Ⅴ)为较强氧化剂，在酸性介质中能与 Mn^{2+}、Cl^- 等还原剂发生反应：

$$5PbO_2 + 2Mn^{2+} + 5SO_4^{2-} + 4H^+ \longrightarrow 5PbSO_4 + 2MnO_4^- + 2H_2O$$

$$5NaBiO_3 + 2Mn^{2+} + 14H^+ \longrightarrow 2MnO_4^- + 5Bi^{3+} + 5Na^+ + 7H_2O$$

在分析上常利用以下反应来鉴定这些离子。

铅能生成很多难溶化合物，例如：

$$Pb^{2+} + CrO_4^{2-} \longrightarrow PbCrO_4 \downarrow$$

Sb^{3+} 和 SbO_4^{3-} 在锡片上可以被还原为金属锑，使锡片显黑色：

$$2Sb^{3+} + 3Sn \longrightarrow 2Sb \downarrow + 3Sn^{2+}$$

铋(Ⅲ)在碱性条件下与亚锡酸钠反应生成黑色金属铋。

锡(Ⅱ)在酸性条件下与 $HgCl_2$ 反应生成 Hg。

实验仪器、试剂及材料

离心机。

PbO_2(s)；锡片；$NaBiO_3$(s)。

HCl(2 mol·L^{-1}，6 mol·L^{-1}，浓)；H_2SO_4(3 mol·L^{-1})；HNO_3(2 mol·L^{-1}，6 mol·L^{-1})；NaOH(2 mol·L^{-1}，6 mol·L^{-1})；氨水(2 mol·L^{-1}，6 mol·L^{-1})；$SnCl_2$(0.1 mol·L^{-1})；$SnCl_4$(0.1 mol·L^{-1})；$Pb(NO_3)_2$(0.1 mol·L^{-1})；$SbCl_3$(0.1 mol·L^{-1})；$Bi(NO_3)_3$(0.1 mol·L^{-1})；$HgCl_2$(0.1 mol·L^{-1})；$MnSO_4$(0.1 mol·L^{-1})；Na_2S(0.1 mol·L^{-1}，0.5 mol·L^{-1})；KI(0.1 mol·L^{-1}，0.2 mol·L^{-1}，2 mol·L^{-1})；K_2CrO_4(0.1 mol·L^{-1})；$FeCl_3$(0.1 mol·L^{-1})；KSCN(0.1 mol·L^{-1})；$AgNO_3$(0.1 mol·L^{-1})；Na_2S(0.5 mol·L^{-1})；NH_4Ac(饱和)；溴水。

滤纸条。

实验步骤

1. 氢氧化物酸碱性

制取少量 $Sn(OH)_2$、$Pb(OH)_2$、$Sb(OH)_3$、$Bi(OH)_3$，观察其颜色及在水中的溶解性，分别验证其酸碱性。将上述实验所观察到的现象及反应产物填入表 2-2-1 并对其酸碱性作出结论。

表 2-2-1　氢氧化物反应现象及结论

		Sn^{2+}	Pb^{2+}	Sb^{3+}	Bi^{3+}
盐＋NaOH(现象)					
氢氧化物	＋NaOH(现象)				
	＋酸(现象)				
结论					

2. 氧化还原性

(1) Sn(Ⅱ)的还原性。

① 在 0.1 mol·L^{-1} $FeCl_3$溶液中滴加 $SnCl_2$溶液,观察实验现象,写出反应式。试用 0.1 mol·L^{-1}KSCN 溶液检验溶液中是否存在 Fe^{3+}。

② 在 0.1 mol·L^{-1} $HgCl_2$溶液中滴加 0.1 mol·L^{-1} $SnCl_2$溶液直至过量,观察实验现象,写出反应式。

③ 向自制的 Na_2SnO_2溶液中滴加 2 滴 0.1 mol·L^{-1} $Bi(NO_3)_3$,观察实验现象,写出反应式。

(2) Pb(Ⅳ)的氧化性。

在有少量 PbO_2(s)的试管中加入 3 mol·L^{-1} H_2SO_4溶液,再加入 1 滴 0.1 mol·L^{-1} $MnSO_4$溶液,于水浴中加热,观察实验现象,写出反应式。

(3) Sb(Ⅲ)、Bi(Ⅲ)的还原性。

① 取 1 支试管制备$[Ag(NH_3)_2]^+$溶液后,加入少量自制的 Na_3SbO_3溶液,微热试管,观察现象,写出反应式。

② 取少量 0.1 mol·L^{-1} $Bi(NO_3)_3$溶液滴加 6 mol·L^{-1}NaOH 溶液,至白色沉淀生成后,加入溴水,观察实验现象,写出反应式。

(4) Bi(Ⅴ)的氧化性。

取 1 滴 0.1 mol·L^{-1} $MnSO_4$溶液和 1 mL6 mol·L^{-1} HNO_3溶液,加入少量固体 $NaBiO_3$,微热,观察溶液颜色,写出离子反应方程式。

3. 硫化物和硫代酸盐的生成和性质

(1) 分别制取少量 Sb_2S_3、Bi_2S_3、SnS、SnS_2、PbS,观察颜色。验证各种硫化物在稀 HCl、浓 HCl、稀 HNO_3、Na_2S 溶液中的溶解情况。如能溶解,写出反应方程式。

将以上实验结果归纳在表 2-2-2 中,并比较锑、铋、锡、铅硫化物的性质。

表 2-2-2 硫化物的性质

颜色和试剂	硫 化 物				
	Sb_2S_3	Bi_2S_3	SnS	SnS_2	PbS
颜色					
2 mol·L^{-1}HCl					
浓 HCl					
2 mol·L^{-1} HNO_3					
0.5 mol·L^{-1} Na_2S					

(2)制取硫代酸盐,并验证它们在酸性溶液中的稳定性,写出反应方程式。

4. 铅难溶盐的生成和性质

制取少量 $PbCl_2$、PbI_2、$PbSO_4$、$PbCrO_4$、PbS,观察颜色。

(1) 验证 $PbCl_2$ 在冷水、热水和浓 HCl 中的溶解情况。

(2) 验证 PbI_2 在 2 mol · L^{-1} KI 溶液中的溶解情况。

(3) 验证 $PbSO_4$ 在饱和 NH_4Ac 溶液中的溶解情况。

(4) 验证 $PbCrO_4$ 在稀 HNO_3 中的溶解情况。

(5) 验证 PbS 在浓 HCl、稀 HCl、稀 HNO_3 及 Na_2S 溶液中的溶解情况。

根据以上实验填写表 2-2-3。

表 2-2-3　铅难溶盐的性质

难溶盐	颜色	溶解性				解释现象,写出反应方程式
$PbCl_2$		冷水	热水	浓 HCl		
PbI_2		KI(2 mol · L^{-1})				
$PbSO_4$		饱和 NH_4Ac				
$PbCrO_4$		稀 HNO_3				
PbS		浓 HCl	稀 HCl	稀 HNO_3	Na_2S	

5. 离子鉴定

选用合适试剂鉴定 Sn^{2+}、Pb^{2+}、Sb^{3+}、Bi^{3+}。写出反应方程式。

思考题

(1) 如何配制 $SnCl_2$、$Pb(NO_3)_2$、$SbCl_3$、$BiCl_3$ 溶液?

(2) 在氢氧化物碱性实验中应如何选择酸?

(3) 哪些硫化物能溶于 Na_2S 或 $(NH_4)_2S$ 中?哪些硫化物能溶于 Na_2S_x 或 $(NH_4)_2S_x$ 中?

(4) Na_2S 中常含有少量 Na_2S_x,为什么?Na_2S_x 的存在对本实验有何影响?

实验六　ds 区元素(Cu、Ag、Zn、Cd、Hg)重要化合物的性质

实验目的

(1) 了解 ds 区元素单质及化合物的结构对其性质的影响。

(2) 掌握 ds 区元素单质的氧化物或氢氧化物的酸碱性。

(3) 掌握 ds 区元素单质的金属离子形成配合物的特征以及铜和汞的氧化态变化。

实验原理

Cu^{2+} 具有氧化性,与 I^- 反应时生成白色 CuI 沉淀:

$$2Cu^{2+} + 4I^- \longrightarrow 2CuI\downarrow + I_2$$

CuI 能溶于过量的 KI 中生成配离子$[CuI_2]^-$：

$$CuI + I^- \longrightarrow [CuI_2]^-$$

将 $CuCl_2$ 溶液和铜屑混合，加入浓 HCl，加热得棕黄色配离子$[CuCl_2]^-$：

$$Cu^{2+} + Cu + 4Cl^- \longrightarrow 2[CuCl_2]^-$$

生成的$[CuI_2]^-$与$[CuCl_2]^-$都不稳定，将溶液加水稀释时，又可得到白色 CuI 和 CuCl 沉淀。

在铜盐溶液中加入过量 NaOH，再加入葡萄糖，Cu^{2+} 能还原成 Cu_2O 沉淀：

$$2Cu^{2+} + 4OH^- + C_6H_{12}O_6 \longrightarrow Cu_2O\downarrow + C_6H_{12}O_7 + 2H_2O$$

在银盐溶液中加入过量氨水，再用甲醛或葡萄糖还原便可制得银镜：

$$2Ag^+ + 2NH_3 + H_2O \longrightarrow Ag_2O + 2NH_4^+$$

$$Ag_2O + 4NH_3 + H_2O \longrightarrow 2[Ag(NH_3)_2]^+ + 2OH^-$$

$$2[Ag(NH_3)_2]^+ + HCHO + 2OH^- \longrightarrow 2Ag\downarrow + HCOONH_4 + 3NH_3 + H_2O$$

Cu^{2+}、Ag^+、Zn^{2+}、Cd^{2+} 与过量氨水反应时，分别生成氨配合物。但 Hg^{2+} 和 Hg_2^{2+} 与过量氨水反应时，在没有大量 NH_4^+ 存在的情况下并不生成氨配离子：

$$HgCl_2 + 2NH_3 \longrightarrow \underset{(白色)}{HgNH_2Cl\downarrow} + NH_4Cl$$

$$Hg_2Cl_2 + NH_3 \longrightarrow \underset{(白色)}{HgNH_2Cl\downarrow} + \underset{(黑色)}{Hg\downarrow} + HCl$$

$$2Hg(NO_3)_2 + 4NH_3 + H_2O \longrightarrow \underset{(白色)}{HgO\cdot HgNH_2NO_3\downarrow} + 3NH_4NO_3$$

$$2Hg_2(NO_3)_2 + 4NH_3 + H_2O \longrightarrow \underset{(白色)}{HgO\cdot HgNH_2NO_3\downarrow} + \underset{(黑色)}{2Hg\downarrow} + 3NH_4NO_3$$

Hg^{2+}、Hg_2^{2+} 与 I^- 作用，分别生成难溶于水的 HgI_2 和 Hg_2I_2 沉淀。

橘红色 HgI_2 易溶于过量 KI 中生成$[HgI_4]^{2-}$：

$$HgI_2 + 2KI \longrightarrow K_2[HgI_4]$$

黄绿色 Hg_2I_2 与过量 KI 反应时，发生歧化反应生成$[HgI_4]^{2-}$和 Hg：

$$Hg_2I_2 + 2KI \longrightarrow K_2[HgI_4] + Hg$$

Cu^{2+} 能与 $K_4[Fe(CN)_6]$ 反应生成红棕色 $Cu_2[Fe(CN)_6]$ 沉淀，可以利用这个反应来鉴定 Cu^{2+}。

Zn^{2+} 在强碱性溶液中与二苯硫腙反应生成粉红色螯合物；Cd^{2+} 与 H_2S 饱和溶液反应能生成黄色 CdS 沉淀；Hg^{2+} 与 $SnCl_2$ 反应生成白色 Hg_2Cl_2，Hg_2Cl_2 与过量 $SnCl_2$ 反应能生成黑色 Hg。利用上述特征反应可鉴定 Zn^{2+}、Cd^{2+}、Hg^{2+}。

实验试剂及材料

铜屑(s)；NaCl(s)。

HCl(2 mol · L^{-1}，浓)；HNO_3(2 mol · L^{-1})；H_2SO_4(2 mol · L^{-1})；NaOH(2 mol · L^{-1}，6 mol · L^{-1})；NH_3 · H_2O(2 mol · L^{-1}，6 mol · L^{-1})；$CuSO_4$(0.1 mol · L^{-1})；$ZnSO_4$(0.1 mol · L^{-1})；$CdSO_4$(0.1 mol · L^{-1})；$Hg(NO_3)_2$(0.1 mol · L^{-1})；$Hg_2(NO_3)_2$(0.1 mol · L^{-1})；$AgNO_3$(0.1 mol · L^{-1})；$K_4[Fe(CN)_6]$(0.1 mol · L^{-1})；NH_4Cl(0.1 mol · L^{-1})；NaCl(0.1 mol · L^{-1})；KBr(0.1 mol · L^{-1})；KI(0.1 mol · L^{-1}，2 mol · L^{-1})；$Na_2S_2O_3$(0.1 mol · L^{-1})；$CoCl_2$(0.1 mol · L^{-1})；$SnCl_2$(0.1 mol · L^{-1})；KSCN(25%)；$CuCl_2$(1 mol · L^{-1})；葡萄糖(10%)；淀粉溶液。

实验步骤

1. 氢氧化物的生成与性质

分别取 1 滴浓度为 0.1 mol · L^{-1} 的 $CuSO_4$、$ZnSO_4$、$CdSO_4$、$Hg(NO_3)_2$、$Hg_2(NO_3)_2$及 $AgNO_3$溶液，制得相应的氢氧化物，记录它们的颜色，并验证其酸碱性和对热的稳定性，结果列入表 2-2-4，写出有关反应式。

表 2-2-4　氢氧化物的性质

		Cu^{2+}	Ag^+	Zn^{2+}	Cd^{2+}	Hg^{2+}	Hg_2^{2+}
盐＋NaOH(现象)							
氢氧化物或氧化物	＋NaOH(现象)						
	＋酸(现象)						
结论	酸碱性						
	热稳定性						

2. 与氨水作用

分别取 2 滴浓度均为 0.1 mol · L^{-1} 的 $CuSO_4$、$ZnSO_4$、$CdSO_4$、$Hg(NO_3)_2$、$Hg_2(NO_3)_2$及 $AgNO_3$溶液，逐滴加入 6.0 mol · L^{-1} NH_3 · H_2O，记录沉淀的颜色并验证沉淀是否溶于过量的 NH_3 · H_2O。若沉淀溶解，再加入 1 滴 2.0 mol · L^{-1} NaOH 溶液，观察是否有沉淀产生。归纳以上实验结果，填入表 2-2-5，写出反应方程式。

表 2-2-5　ds 区元素化合物与氨水作用

	$CuSO_4$	$AgNO_3$	$ZnSO_4$	$CdSO_4$	$Hg(NO_3)_2$	$Hg_2(NO_3)_2$
氨水少量时现象及产物						
氨水过量时现象及产物						

3. 配合物

(1) 银的配合物。

利用 0.1 mol · L^{-1} $AgNO_3$、0.1 mol · L^{-1} NaCl、0.1 mol · L^{-1} KBr、0.1 mol · L^{-1}KI、0.1 mol · L^{-1} $Na_2S_2O_3$、2 mol · L^{-1} NH_3 · H_2O 等试剂设计系列试管实验,比较 AgCl、AgBr 和 AgI 溶解度的大小以及 Ag^+ 与 NH_3 · H_2O、$Na_2S_2O_3$ 生成的配合物稳定性的大小。记录有关现象,写出反应式。

(2) 汞的配合物。

① 在 $Hg(NO_3)_2$ 溶液中逐滴加入 KI 溶液,观察沉淀的生成与溶解。然后往溶解后的溶液中加入 6 mol · L^{-1} NaOH 使溶液呈碱性,再加入几滴铵盐溶液,观察实验现象,写出反应式(此反应可用于检验 NH_4^+ 的存在)。

② 在 $Hg_2(NO_3)_2$ 溶液中逐滴加入 KI 溶液,观察沉淀的生成与溶解,写出反应式。

③ 在 $Hg(NO_3)_2$ 溶液中逐滴加入 25%KSCN 溶液,观察沉淀的生成与溶解,写出反应式。把溶液分成 2 份,分别加入锌盐和钴盐,并用玻璃棒摩擦试管壁,观察白色 $Zn[Hg(SCN)_4]$ 和蓝色 $Co[Hg(SCN)_4]$ 沉淀的生成(此反应可用于定性检验 Zn^{2+}、Co^{2+})。

4. Cu^{2+}、Ag^+ 的氧化性

(1) 碘化亚铜(Ⅰ)的形成。

在 $CuSO_4$ 溶液中加入 KI 溶液,观察实验现象,用实验验证反应产物,写出反应式。

(2) 氯化亚铜(Ⅰ)的形成和性质。

取 1 mL1 mol · L^{-1} $CuCl_2$ 溶液,加少量 NaCl(s)和一小片铜片,加热至沸,当溶液变为泥黄色时停止加热,将溶液迅速倒入盛有 20 mL 水的 50 mL 烧杯中,静置沉降,用倾析法分出溶液,将沉淀 CuCl 分为 2 份,分别加入 2 mol · L^{-1} NH_3 · H_2O 溶液和浓 HCl 溶液,观察实验现象,写出反应方程式。

(3) 银镜的制作。

在 1 支干净试管中加入 2 滴 0.1 mol · L^{-1} $AgNO_3$ 溶液,滴加 2 mol · L^{-1} NH_3 · H_2O 溶液至生成的沉淀刚好溶解,加入 10 滴 10% 葡萄糖溶液,微热,观察银镜的生成。倒掉溶液,加 2 mol · L^{-1} HNO_3 溶液使银溶解。

(4) 氧化亚铜(Ⅰ)的形成和性质。

在 $CuSO_4$ 溶液中加入过量的 6 mol · L^{-1} NaOH 溶液,使最初生成的沉淀完全溶解。然后再加入数滴 10% 葡萄糖溶液,摇匀,微热,观察实验现象。若生成沉淀,离心分离,并用蒸馏水洗涤沉淀。往沉淀中加入 2 mol · L^{-1} H_2SO_4 溶液,再观察现象,写出反应式。

5. 鉴定反应

(1) 利用离子的特征反应鉴定 Cu^{2+}、Ag^+、Zn^{2+}、Cd^{2+}、Hg^{2+} 等离子。

(2) 试设计 Zn^{2+}、Cd^{2+}、Hg^{2+} 混合液的分离方案并逐个进行鉴定。

思考题

(1) Cu(Ⅱ)与Cu(Ⅰ)各自稳定存在和相互转化的条件是什么？

(2) Hg_2^{2+}和Hg^{2+}与KI反应的产物有何异同？

(3) 现有5瓶没有标签的溶液：$AgNO_3$、$Zn(NO_3)_2$、$Cd(NO_3)_2$、$Hg(NO_3)_2$、$Hg_2(NO_3)_2$。试用最简单的方法鉴别它们。

(4) Hg^{2+}、Hg_2^{2+}和氨水反应，当溶液中存在大量NH_4^+时将出现怎样的变化？为什么？

实验七　d区元素(Ti、V、Cr、Mn、Fe、Co、Ni、Mo、W)重要化合物的性质

实验目的

(1) 了解d区元素单质及其化合物结构对其性质的影响。

(2) 掌握d区元素某些化合物的性质。

实验原理

钛酰离子在热水中按下式进行水解：

$$TiO^{2+} + H_2O \xlongequal{} TiO_2 + 2H^+$$

钛(Ⅲ)可用锌将钛酰离子TiO^{2+}还原而制得：

$$2TiO^{2+} + Zn + 4H^+ \xlongequal{} 2Ti^{3+} + Zn^{2+} + 2H_2O$$

$[Ti(OH)_6]^{3+}$显紫色，Ti^{3+}具有较强还原性。例如，Ti^{3+}能将Cu^{2+}还原：

$$Ti^{3+} + Cu^{2+} + Cl^- + H_2O \xlongequal{} CuCl\downarrow + TiO^{2+} + 2H^+$$

钒能生成许多低氧化数的化合物。例如，氯化钒酰(VO_2Cl)在酸性溶液中可以被锌逐步还原而使溶液颜色由蓝色变为紫色：

$$VO_3^- + 2H^+ \xlongequal{} VO_2^+ + H_2O$$

$$2VO_2Cl + 4HCl + Zn \xlongequal{} \underset{\text{(蓝色)}}{2VOCl_2} + ZnCl_2 + 2H_2O$$

$$2VOCl_2 + 4HCl + Zn \xlongequal{} \underset{\text{(暗绿色)}}{2VCl_3} + ZnCl_2 + 2H_2O$$

$$2VCl_3 + Zn \xlongequal{} \underset{\text{(紫色)}}{2VCl_2} + ZnCl_2$$

Cr^{3+}的氢氧化物具有两性，溶液中的酸碱平衡如下：

$$Cr^{3+} + 3OH^- \longrightarrow Cr(OH)_3 \underset{H^+}{\overset{OH^-}{\rightleftharpoons}} [Cr(OH)_4]^-$$

Cr^{3+}易水解生成$Cr(OH)_3$。

酸性溶液中 $Cr_2O_7^{2-}$ 为强氧化剂，易被还原为 Cr^{3+}，而碱性溶液中 $[Cr(OH)_4]^-$ 为一较强还原剂，易被氧化为 CrO_4^{2-}。

$$Cr_2O_7^{2-} + 4H_2O_2 + 2H^+ = 2CrO_5 + 5H_2O$$

$$CrO_5 + (C_2H_5)_2O = \underset{\text{(深蓝色)}}{CrO_5(C_2H_5)_2O}$$

$$4CrO_5 + 12H^+ = 4Cr^{3+} + 7O_2\uparrow + 6H_2O$$

这个反应常用来鉴定 $Cr_2O_7^{2-}$ 或 Cr^{3+}。

$KMnO_4$ 为强氧化剂，其还原产物随介质不同而不同，在酸性介质中被还原为 Mn^{2+}，在中性介质中被还原为 MnO_2，而在强碱性介质中和有少量还原剂作用时则被还原为 MnO_4^{2-}。

在 HNO_3 溶液中，Mn^{2+} 可以被 $NaBiO_3$ 氧化为紫红色的 MnO_4^-，利用这个反应来鉴定 Mn^{2+}：

$$5NaBiO_3 + 2Mn^{2+} + 14H^+ = 2MnO_4^- + 5Bi^{3+} + 5Na^+ + 7H_2O$$

Fe、Co、Ni 的 +2 价氢氧化物呈碱性。在空气中 $Fe(OH)_2$ 很快被氧化成 $Fe(OH)_3$，$Co(OH)_2$ 缓慢地被氧化为 $Co(OH)_3$，$Ni(OH)_2$ 与氧则不起作用。但 $Ni(OH)_2$ 与强氧化剂(如 Br_2)反应如下：

$$2Ni(OH)_2 + Br_2 + 2NaOH = 2Ni(OH)_3\downarrow + 2NaBr$$

除 $Fe(OH)_3$ 外，$Ni(OH)_3$、$Co(OH)_3$ 与 HCl 作用，都能产生氯气，如：

$$2Co(OH)_3 + 6HCl = 2CoCl_2 + Cl_2\uparrow + 6H_2O$$

Fe(Ⅱ、Ⅲ)盐的水溶液易水解。

Fe、Co、Ni 都能生成不溶于水而易溶于稀酸的硫化物，自溶液中析出 FeS、CoS、NiS，经放置后，由于结构改变成为不再溶于稀酸的难溶物质。

实验仪器、试剂及材料

离心机。

锌粒(或锌粉)；$NaBiO_3$(s)；MnO_2(s)。

HCl(2 mol·L^{-1}，6 mol·L^{-1})；H_2SO_4(2 mol·L^{-1})；H_2S(饱和)；NaOH(2 mol·L^{-1}，6 mol·L^{-1})；$NH_3\cdot H_2O$(2 mol·L^{-1})；$TiOSO_4$(0.1 mol·L^{-1})；$KMnO_4$(0.01 mol·L^{-1})；$(NH_4)_2MoO_4$(饱和)；$(NH_4)_2Fe(SO_4)_2$(0.1 mol·L^{-1}，1 mol·L^{-1})；Na_2WO_4(饱和)；NH_4VO_3(饱和)；$FeCl_3$(1 mol·L^{-1})；$MnSO_4$(0.1 mol·L^{-1})；$CoCl_2$(0.1 mol·L^{-1})；$NiSO_4$(0.1 mol·L^{-1})；$Cr_2(SO_4)_3$(1 mol·L^{-1})；H_2O_2(3%)；溴水。

KI-淀粉试纸。

实验步骤

1. 氢氧化物的酸碱性

① 分别向 $TiOSO_4$、$Cr_2(SO_4)_3$、$MnSO_4$溶液中滴加几滴溴水，观察实验现象，写出反应式。

② 分别向$(NH_4)_2Fe(SO_4)_2$、$FeCl_3$、$CoCl_2$和 $NiSO_4$溶液中滴加 2 mol · L^{-1} NaOH 溶液，观察实验现象，并验证沉淀分别在酸、碱中的溶解性。

2. 某些化合物的氧化-还原性

(1) +2 价铁、钴、镍的还原性。

① 分别在$(NH_4)_2Fe(SO_4)_2$、$CoCl_2$、$NiSO_4$溶液中加入几滴溴水，观察实验现象，写出反应式。

② 分别在$(NH_4)_2Fe(SO_4)_2$、$CoCl_2$、$NiSO_4$溶液中加入 6 mol · L^{-1}NaOH，观察实验现象。将沉淀放置一段时间后观察实验现象。再将 Co(Ⅱ)、Ni(Ⅱ)生成的沉淀各分成 2 份，分别加入 3%(质量分数)H_2O_2和溴水，观察实验现象，写出反应式。

根据实验结果比较 Fe(Ⅱ)、Co(Ⅱ)、Ni(Ⅱ)还原性的差异。

(2) +3 价铁、钴、镍的氧化性。

制取 $Fe(OH)_3$、CoO(OH)、NiO(OH)沉淀，并分别加入浓盐酸，观察实验现象，检查是否有氯气生成，写出反应式。

比较 Fe(Ⅲ)、Co(Ⅲ)、Ni(Ⅲ)氧化性的差异。

(3) 锰化合物的氧化-还原性。

① Mn(Ⅳ)、Mn(Ⅶ)氧化性的比较。用固体 MnO_2、浓 HCl、0.01 mol · L^{-1} $KMnO_4$、0.1 mol · $L^{-1}$$MnSO_4$设计一组实验，验证 MnO_2、$KMnO_4$的氧化性，写出反应式。

② Mn(Ⅶ)的氧化性。分别验证 Na_2SO_3溶液在酸性、中性和碱性介质中与 $KMnO_4$的作用，写出反应式。

(4) 铬、钼、钨化合物的氧化-还原性。

① 铬的不同氧化态的氧化-还原性。利用 $Cr_2(SO_4)_3$、3%(质量分数)H_2O_2、2 mol · L^{-1}NaOH、2 mol · L^{-1} H_2SO_4等试剂设计系列试管实验，说明在不同介质下，铬的不同氧化态的氧化-还原性和它们之间相互转化的条件，写出反应式。

② 钼(Ⅵ)和钨(Ⅵ)的氧化性。取少量饱和$(NH_4)_2MoO_4$溶液用 6 mol · L^{-1} HCl 酸化后，加 1 粒锌粒(或锌粉)，摇荡，观察溶液颜色变化。放置一段时间后(在进一步的反应过程中可补加几滴 HCl)，观察实验现象，写出反应式。

取饱和 Na_2WO_4溶液，进行同样的实验，观察实验现象，写出反应式。

(5) 钛、钒的氧化-还原性

① 钛(Ⅳ)和钛(Ⅲ)的氧化-还原性。往 $TiOSO_4$溶液中加入 1 粒锌粒，观察实验现象。反应一段时间后，将溶液分装于 2 支试管中，分别验证它们在空气中及少量

$CuCl_2$溶液中的反应，观察实验现象，写出反应式。

② 钒的常见氧化态的水合离子颜色及其氧化-还原性。取饱和 NH_4VO_3 溶液，用 6 mol·L^{-1} HCl 酸化后加入少量锌粉，放置片刻，仔细观察溶液颜色的变化。分别验证 V^{2+} 在不同量 $KMnO_4$ 溶液中反应氧化成 V^{3+}、VO^{2+}、VO_2^+，观察它们在溶液中的颜色，写出反应式。

3. 某些化合物的硫化物的性质

在 3 支试管中分别加入 1 mL0.1 mol·L^{-1} $(NH_4)_2Fe(SO_4)_2$、0.1 mol·L^{-1} $CoCl_2$ 和 0.1 mol·L^{-1} $NiSO_4$，酸化后滴加饱和 H_2S 溶液，观察是否有沉淀生成。再加入 2 mol·L^{-1} $NH_3·H_2O$ 溶液，观察实验现象。离心分离，在各沉淀中滴加2 mol·L^{-1} HCl 溶液，观察沉淀的溶解。

4. 金属离子的水解作用

(1) Fe(Ⅱ)、Fe(Ⅲ)盐的水解性。

在 2 支试管中分别加入 1 mol·L^{-1} $(NH_4)_2Fe(SO_4)_2$溶液和 $FeCl_3$溶液，再各加入 1 mL 去离子水，加热煮沸，有何现象？写出反应式。

(2) Cr(Ⅲ)盐的水解。

向 $Cr_2(SO_4)_3$溶液中滴加 Na_2CO_3，观察实验现象，写出反应式并解释现象。

(3) Ti(Ⅳ)盐的水解。

取 1～2 滴 $TiOSO_4$溶液，加入适量蒸馏水，加热煮沸，观察实验现象，写出反应式。

思考题

(1) 为什么制取 $Fe(OH)_2$时要先将有关溶液煮沸？

(2) 钛和钒各有几种常见氧化态？指出它们在水溶液中的状态和颜色。

(3) 在水溶液中能否制取 Cr_2S_3？若不能，应该用什么方法制取？

实验八　d 区元素(Ti、Cr、Mn、Fe、Co、Ni)重要配合物的性质

实验目的

(1) 观察和掌握 d 区某些元素水合离子的颜色。

(2) 了解 d 区元素的配合物的形成及形成配合物后对其性质的影响。

实验原理

钒的一种鉴定方法为

$$NH_4VO_3+H_2O_2+4HCl \longrightarrow [V(O_2)]Cl_3+NH_4Cl+3H_2O$$

(棕红色)

Fe、Co、Ni 能生成很多配合物，其中常见的有 $K_4[Fe(CN)_6]$、$K_3[Fe(CN)_6]$、$[Co(NH_3)_6]Cl_3$、$K_3[Co(NO_2)]_6$、$[Ni(NH_3)_4]SO_4$ 等。Co(Ⅱ)的配合物不稳定，易

被氧化为 Co(Ⅲ)的配合物：

$$4[Co(NH_3)_6]^{2+} + O_2 + 2H_2O \longrightarrow 4[Co(NH_3)_6]^{3+} + 4OH^-$$

而 Ni 的配合物则以 +2 价的为稳定。

在 Fe^{3+} 溶液中加入 $K_4[Fe(CN)_6]$ 溶液、在 Fe^{2+} 溶液中加入 $K_3[Fe(CN)_6]$ 溶液都能产生“铁蓝”沉淀：

$$Fe^{3+} + [Fe(CN)_6]^{4-} + K^+ + H_2O \longrightarrow KFe[Fe(CN)_6] \cdot H_2O$$

$$Fe^{2+} + [Fe(CN)_6]^{3-} + K^+ + H_2O \longrightarrow KFe[Fe(CN)_6] \cdot H_2O$$

在 Co^{2+} 溶液中加入饱和 KSCN 溶液生成蓝色配合物 $[Co(SCN)_4]^{2-}$，其在水溶液中不稳定，易溶于有机溶剂(如丙酮)中，使蓝色更为显著。Ni^{2+} 溶液与丁二酮肟在氨性溶液中作用，生成鲜红色螯合物沉淀：

$$Ni^{2+} + 2\ \begin{matrix} H_3C-C=NOH \\ | \\ H_3C-C=NOH \end{matrix} \longrightarrow \begin{matrix} & OH & & O & \\ & | & & \uparrow & \\ H_3C-C= & N & & N & =C-CH_3 \\ & \searrow & Ni & \swarrow & \\ H_3C-C= & N & & N & =C-CH_3 \\ & \downarrow & & | & \\ & O & & OH & \end{matrix}\downarrow + 2H^+$$

利用形成配合物的特征颜色可以来鉴定 Fe^{2+}、Co^{2+}、Ni^{2+}、Fe^{3+}。

实验试剂

NaF(s)；$Na_2C_2O_4$(s)；EDTA(s)。

HCl(2 mol·L^{-1})；H_2SO_4(6 mol·L^{-1})；$NH_3 \cdot H_2O$(2 mol·L^{-1}，6 mol·L^{-1})；NaOH(2 mol·L^{-1}，6 mol·L^{-1})；$Cr(NO_3)_3$(1 mol·L^{-1})；$TiOSO_4$(0.1 mol·L^{-1})；NH_4VO_3(0.1 mol·L^{-1})；KSCN(饱和)；H_2O_2(3%)；$K_4[Fe(CN)_6]$(0.1 mol·L^{-1})；$K_3[Fe(CN)_6]$(0.1 mol·L^{-1})；乙醚；戊醇；丙酮；四氯化碳；乙二胺(1%)；丁二酮肟(1%)。

实验步骤

1. 观察下列离子颜色(以表格形式写出结果)

(1) 水合阳离子。

$[Ti(H_2O)_6]^{3+}$、$[Mn(H_2O)_6]^{2+}$、$[Cr(H_2O)_6]^{3+}$、$[Fe(H_2O)_6]^{2+}$、$[Co(H_2O)_6]^{2+}$、$[Ni(H_2O)_6]^{2+}$。

(2) 阴离子。

CrO_4^{2-}、$Cr_2O_7^{2-}$、MnO_4^-、MnO_4^{2-}、VO_3^-、WO_4^{2-}。

2. 某些金属元素离子的颜色变化

(1) Cr^{3+} 的水合异构现象。

取少量 1 mol·L^{-1} $Cr(NO_3)_3$ 溶液进行加热，观察加热前、后溶液颜色的变化。

$$[Cr(H_2O)_6](NO_3)_3 \longrightarrow [Cr(H_2O)_5NO_3](NO_3)_2 + H_2O$$

(2) 观察不同配体的Co(Ⅱ)配合物的颜色。

向饱和KSCN溶液滴加$CoCl_2$溶液至呈蓝紫色，将此溶液分装在3支试管中，在其中2支试管溶液中分别加入蒸馏水和丙酮，对比3支试管溶液颜色差异，并解释。

$$[Co(SCN)_4]^{2-} + 6H_2O \longrightarrow [Co(H_2O)_6]^{2+} + 4SCN^-$$

3. 某些金属离子配合物

(1) 氨合物。

分别向$Cr_2(SO_4)_3$、$MnSO_4$、$FeCl_3$、$(NH_4)_2Fe(SO_4)_2$、$CoCl_2$和$NiSO_4$溶液中滴加6 mol·$L^{-1}$$NH_3$·$H_2O$，观察实验现象，写出反应式，总结上述金属离子形成氨合物的能力。

(2) 配合物的形成对氧化-还原性的影响。

① 往KI和CCl_4混合溶液中加入$FeCl_3$溶液，观察实验现象。若上述试液在加入$FeCl_3$之前先加入少量固体NaF，观察实验现象，解释并写出反应式。

② 在室温下分别对比0.1 mol·$L^{-1}$$(NH_4)_2Fe(SO_4)_2$溶液在有EDTA存在下与没有EDTA存在下和$AgNO_3$溶液的反应，并解释现象。

(3) 配合物的稳定性与配体的关系。

① 在$Cr_2(SO_4)_3$溶液中加入少量固体$Na_2C_2O_4$振荡，观察溶液颜色的变化，再逐滴加入2 mol·L^{-1}NaOH，观察实验现象，写出反应式。

② 在$FeCl_3$溶液中加入少量KSCN溶液，观察实验现象。然后加入少量固体$Na_2C_2O_4$，观察溶液颜色变化，解释并写出反应式。

③ 在$NiSO_4$溶液中加入过量2 mol·$L^{-1}$$NH_3$·$H_2O$，观察实验现象。然后逐滴加入1%(质量分数)乙二胺溶液，观察实验现象，写出反应式。

(4) 铁的配合物。

① 在点滴板的圆穴内加入1滴$FeCl_3$溶液和1滴$K_4[Fe(CN)_6]$溶液，观察实验现象。

② 用$FeSO_4$溶液与$K_3[Fe(CN)_6]$溶液作用，观察实验现象。

4. 配合物的应用——金属离子的鉴定

(1) 利用生成配合物的反应设计一组实验来鉴定下列离子。

① Fe^{2+}； ②Fe^{3+}； ③Fe^{3+}和Co^{2+}混合液中的Co^{2+}。

实验过程中有以下提示。

(a) 用生成$[Co(SCN)_4]^{2-}$的方法来鉴定Co^{2+}时，应除去Fe^{3+}对Co^{2+}鉴定的干扰。

(b) 由于$[Co(SCN)_4]^{2-}$在水溶液中不稳定，鉴定时要加饱和KSCN溶液或固体KSCN，并加入乙醚萃取，使$[Co(SCN)_4]^{2-}$更稳定，蓝色更显著。

(2) 镍(Ⅱ)的鉴定。

$NiSO_4$溶液中加入2 mol·$L^{-1}$$NH_3$·$H_2O$至呈弱碱性，再加入1滴1%(质量分

数)丁二酮肟溶液,观察实验现象。

(3) 铬(Ⅲ)的鉴定。

$Cr_2(SO_4)_3$溶液中加入过量 6 mol·L^{-1} NaOH,再加入 3%(质量分数)H_2O_2溶液,观察实验现象。以稀 H_2SO_4酸化,再加入少量乙醚(或戊醇),继续滴加 3%(质量分数) H_2O_2溶液,观察实验现象,写出反应式。

(4) 钛(Ⅳ)的鉴定。

向少量 $TiOSO_4$溶液中滴加 3%(质量分数)H_2O_2溶液,观察实验现象。再加入少量 6 mol·L^{-1} $NH_3\cdot H_2O$,观察实验现象,反应式为

$$TiO^{2+} + H_2O_2 \longrightarrow \underset{\text{(橙红色)}}{[TiO(H_2O_2)]^{2+}}$$

$$[TiO(H_2O_2)]^{2+} + NH_3\cdot H_2O \longrightarrow \underset{\text{(黄色)}}{H_2Ti(O_2)O_2}\downarrow + NH_4^+ + H^+$$

(5) 钒(Ⅴ)的鉴定。

取少量 NH_4VO_3溶液用盐酸酸化,再加入几滴 3%(质量分数) H_2O_2溶液,观察实验现象。反应式为

$$NH_4VO_3 + H_2O_2 + 4HCl \longrightarrow [V(O_2)]Cl_3 + NH_4Cl + 3H_2O$$

5. 分离并鉴定 Fe^{2+}、Co^{2+}、Ni^{2+}的混合液

请根据已知试剂自行设计实验方案。

思考题

(1) 为什么 d 区元素水合离子具有颜色?

(2) 钛、钴、镍是否都能生成+2 价和+3 价的配合物?

(3) $FeCl_3$的水溶液呈黄色,当它与什么物质作用时,会呈现下列现象?

① 棕红色沉淀;

② 血红色;

③ 无色;

④ 深蓝色沉淀。

实验九　硫酸亚铁铵的制备

实验目的

(1) 了解硫酸亚铁铵的制备方法。

(2) 练习在水浴上加热、减压过滤等操作。

(3) 了解检验产品中杂质含量的一种方法——目测比色法。

实验原理

铁屑与稀硫酸作用,制得硫酸亚铁溶液,硫酸亚铁溶液与硫酸铵溶液作用,生成

溶解度较小的硫酸亚铁铵复盐晶体：

$$FeSO_4+(NH_4)_2SO_4+6H_2O = FeSO_4 \cdot (NH_4)_2SO_4 \cdot 6H_2O$$

硫酸亚铁铵又称莫尔盐，它在空气中不易被氧化，比硫酸亚铁稳定。它能溶于水，但难溶于乙醇。

目测比色法是确定杂质含量的一种常用方法，在确定杂质含量后便能定出产品的级别。将产品配成溶液，与各标准溶液进行比色，如果产品溶液的颜色比某一标准溶液的颜色浅，就确定杂质含量低于该标准溶液中的含量，即低于某一规定的限度，所以这种方法又称为限量分析。本实验仅做硫酸亚铁铵中 Fe^{3+} 的限量分析。

实验室配制 Fe^{3+} 的标准溶液时，一般先配制 0.01 mg·mL^{-1}的 Fe^{3+} 标准溶液。用吸量管吸取 Fe^{3+} 的标准溶液 5.00 mL、10.00 mL、20.00 mL 分别放入 3 支比色管中，然后各加入 2.00 mL2.0 mol·L^{-1} HCl 溶液和 0.5 mL1.0 mol·L^{-1}KSCN 溶液。用备用的含氧较少的去离子水将溶液稀释到 25.00 mL，摇匀，得到符合三个级别含 Fe^{3+} 量的标准溶液：25 mL 溶液中含 Fe^{3+} 0.05 mg、0.10 mg 和 0.20 mg 分别为Ⅰ级、Ⅱ级、Ⅲ级试剂中 Fe^{3+} 的最高允许含量。

若 1.00 g 硫酸亚铁铵试样溶液的颜色与Ⅰ级试剂的标准溶液的颜色相同或略浅，便可确定为Ⅰ级产品，其中 Fe^{3+} 的质量分数＝0.05/(1.00×1 000)×100%＝0.005%，Ⅱ级和Ⅲ级产品以此类推。

有关盐类的溶解度(每 100 g 水中的含量)如表 2-2-6 所示。

表 2-2-6 几种盐的溶解度数据

盐	温度/℃			
	10	20	30	40
$(NH_4)_2SO_4$	73.0	75.4	78.0	81.0
$FeSO_4 \cdot 7H_2O$	37	48.0	60.0	73.3
$FeSO_4 \cdot (NH_4)_2SO_4 \cdot 6H_2O$	—	36.5	45.0	53

实验仪器、试剂及材料

锥形瓶(150 mL)；烧杯(150 mL，60 mL)；台秤；漏斗；漏斗架；布氏漏斗；抽滤瓶(400 mL)；量筒(10 mL)；抽气管(或真空泵)；蒸发皿；表面皿；比色管；比色管架；水浴锅。

$(NH_4)_2SO_4$(s)；铁屑。

HCl(2.0 mol·L^{-1})；H_2SO_4(3.0 mol·L^{-1})；NaOH (1.0 mol·L^{-1})；Na_2CO_3(1.0 mol·L^{-1})；KSCN (1.0 mol·L^{-1})；乙醇 (95%)；Fe^{3+} 的标准溶液(3 份)。

pH 试纸；滤纸。

实验步骤

1. 硫酸亚铁铵的制备

(1) 铁屑油污的除去。

称取 2 g 铁屑，放入 150 mL 锥形瓶中，加入 20 mL1.0 mol · L^{-1} Na_2CO_3 溶液，小火加热约 10 min，以除去铁屑表面的油污。倾析除去碱液，并用水将铁屑洗净。

(2) 硫酸亚铁的制备。

在盛有洗净铁屑的锥形瓶中，加入 15 mL3.0 mol · L^{-1} H_2SO_4 溶液，放在水浴上加热，使铁屑与稀硫酸发生反应(在通风橱中进行)。在反应过程中，要适当地添加去离子水，以补充蒸发掉的水分。当反应进行到不再产生气泡时，表示反应基本完成。用普通漏斗趁热过滤，滤液盛于蒸发皿中。将锥形瓶和滤纸上的残渣洗净，收集在一起，用滤纸吸干后称其质量(如残渣量极少，可不收集)，计算出已作用的铁屑的质量。

(3) $(NH_4)_2SO_4$ 饱和溶液的配制。

根据已作用的铁的质量和反应式中的物量关系，计算出所需 $(NH_4)_2SO_4(s)$ 的质量和室温下配制 $(NH_4)_2SO_4$ 饱和溶液所需要水的体积。根据计算结果在烧杯中配制 $(NH_4)_2SO_4$ 的饱和溶液。

(4) 硫酸亚铁铵的制备。

将 $(NH_4)_2SO_4$ 饱和溶液倒入盛 $FeSO_4$ 溶液的蒸发皿中，混匀后，用 pH 试纸检验溶液的 pH 值是否为 1～2，若酸度不够，用 3.0 mol · L^{-1} H_2SO_4 调节。

蒸发混合溶液，浓缩至表面出现晶体膜为止(注意蒸发过程中不宜搅动)。静置，让溶液自然冷却，冷至室温时，便析出硫酸亚铁铵晶体。抽滤至干，再用 5 mL 乙醇溶液淋洗晶体，以除去晶体表面上附着的水分。继续抽干，取出晶体，在表面皿上晾干。称其质量，并计算产率。

2. Fe^{3+} 的限量分析

用烧杯将去离子水煮沸 5 min，以除去溶解的氧，盖好，冷却后备用。称取 1.00 g 的产品，置于比色管中，加 10.0 mL 备用的去离子水，以溶解之，再加入 2.00 mL 2.0 mol · L^{-1} HCl 溶液和 0.5 mL1.0 mol · L^{-1} KSCN 溶液，最后以备用的去离子水稀释到 25.00 mL，摇匀。与标准溶液进行目测比色，以确定产品等级。

数据记录和处理

将实验相关数据记入表 2-2-7 中。

表 2-2-7　硫酸亚铁铵的制备

已作用的铁质量/g	$(NH_4)_2SO_4$ 饱和溶液		$FeSO_4 \cdot (NH_4)_2SO_4 \cdot 6H_2O$			
	$(NH_4)_2SO_4$ 质量/g	水体积/mL	理论产量/g	实际产量/g	产率/(%)	级别

思考题

(1) 为什么硫酸亚铁溶液和硫酸亚铁铵溶液都要保持较强的酸性?

(2) 进行目测比色时,为什么用含氧较少的去离子水来配制硫酸亚铁铵溶液?

(3) 制备硫酸亚铁铵时,为什么采用水浴加热法?

实验十　氯化钠的提纯

实验目的

(1) 学会用化学方法提纯粗食盐,同时为进一步精制成试剂级纯度的氯化钠提供原料。

(2) 熟练台秤的使用以及常压过滤、减压过滤、蒸发浓缩、结晶和干燥等基本操作。

实验原理

粗食盐中含有泥沙等不溶性杂质及溶于水中的 K^+、Ca^{2+}、Mg^{2+}、SO_4^{2-} 等离子。将粗食盐溶于水后,用过滤的方法可以除去不溶性杂质。Ca^{2+}、Mg^{2+}、SO_4^{2-} 等离子需要用化学方法除去。有关的离子方程式如下:

$$SO_4^{2-} + Ba^{2+} = BaSO_4 \downarrow$$

$$Ca^{2+} + CO_3^{2-} = CaCO_3 \downarrow$$

$$Ba^{2+} + CO_3^{2-} = BaCO_3 \downarrow$$

$$2Mg^{2+} + CO_3^{2-} + 2OH^- = Mg(OH)_2 \cdot MgCO_3 \downarrow$$

实验仪器、试剂及材料

台秤;烧杯(250 mL);普通漏斗;漏斗架;布氏漏斗;抽滤瓶;蒸发皿;量筒(10 mL,50 mL);泥三角;坩埚钳。

粗食盐;镁试剂。

HCl(2.0 mol·L^{-1});$NaOH$(2.0 mol·L^{-1});Na_2CO_3(1.0 mol·L^{-1});$(NH_4)_2C_2O_4$(0.50 mol·L^{-1});$BaCl_2$(1.0 mol·L^{-1})。

pH 试纸;滤纸。

实验步骤

1. 粗食盐的提纯

(1) 粗食盐的溶解。

在台秤上称量 8.0 g 粗食盐,放入 250 mL 烧杯中,加 30 mL 去离子水。加热、搅拌使盐溶解。

(2) SO_4^{2-} 的除去。

在煮沸的粗食盐溶液中,边搅拌边逐滴加入 1.0 mol·L^{-1} $BaCl_2$ 溶液(约需加

2 mL$BaCl_2$溶液)。为了检验沉淀是否完全，可将煤气灯移开，待沉淀下降后，在上层清液中加入1～2滴$BaCl_2$溶液，观察是否有混浊现象，如无混浊，说明SO_4^{2-}已沉淀完全，如有混浊，则要继续滴加$BaCl_2$溶液，直到沉淀完全为止。然后小火加热5 min，以使沉淀颗粒长大而便于过滤。用普通漏斗过滤，保留滤液，弃去沉淀。

(3) Ca^{2+}、Mg^{2+}、Ba^{2+}等离子的除去。

在滤液中加入1 mL2.0 mol·L^{-1}NaOH溶液和3 mL1.0 mol·$L^{-1}$$Na_2CO_3$溶液，加热至沸。同上法用$Na_2CO_3$溶液检验沉淀是否完全。继续煮沸5 min。用普通漏斗过滤，保留滤液，弃去沉淀。

(4) 调节溶液的pH值。

在滤液中逐滴加入2.0 mol·L^{-1} HCl溶液，充分搅拌，并用玻璃棒蘸取滤液在pH试纸上试验，直到溶液呈微酸性(pH=4～5)为止。

(5) 蒸发浓缩。

将溶液转移到蒸发皿中，用小火加热，蒸发浓缩至溶液呈稀粥状为止，但切不可将溶液蒸干。

(6) 结晶、减压过滤、干燥。

让浓缩液冷却至室温。用布氏漏斗减压过滤。再将晶体转移到蒸发皿中，在石棉网上用小火加热，以干燥之。冷却后，称其质量，计算收率。

2. 产品纯度的检验

取粗食盐和提纯后的食盐各1.0 g，分别溶解于5 mL去离子水中，然后各分成3份，盛于试管中。按下面的方法对照检验它们的纯度。

(1) SO_4^{2-}的检验：加入8滴1.0 mol·$L^{-1}$$BaCl_2$溶液，观察有无白色$BaSO_4$沉淀产生。

(2) Ca^{2+}的检验：加入2滴0.50 mol·$L^{-1}$$(NH_4)_2C_2O_4$溶液，观察有无白色的$CaC_2O_4$沉淀生成。

(3) Mg^{2+}的检验：加入2～3滴2.0 mol·L^{-1}NaOH溶液，使呈碱性，再加入几滴镁试剂(对硝基偶氮间苯二酚)。如有蓝色沉淀产生，表示有Mg^{2+}存在。

思考题

(1) 过量的Ba^{2+}如何除去？

(2) 粗食盐提纯过程中，为什么要加HCl溶液？

(3) 在混合溶液中，怎样检验Ca^{2+}、Mg^{2+}？

实验十一　三草酸合铁(Ⅲ)酸钾的制备及其配阴离子电荷的测定

实验目的

(1) 用硫酸亚铁铵制备三草酸合铁(Ⅲ)酸钾。

(2) 用离子交换法测定三草酸合铁(Ⅲ)酸钾配阴离子的电荷数。

实验原理

三草酸合铁(Ⅲ)酸钾 $K_3[Fe(C_2O_4)_3]\cdot 3H_2O$ 是一种翠绿色的单斜晶体，溶于水而不溶于乙醇，受光照易分解。本实验制备纯的三草酸合铁(Ⅲ)酸钾晶体，首先用硫酸亚铁铵与草酸反应制备草酸亚铁：

$$(NH_4)_2Fe(SO_4)_2\cdot 6H_2O + H_2C_2O_4 \longrightarrow FeC_2O_4\cdot 2H_2O\downarrow + (NH_4)_2SO_4 + H_2SO_4 + 4H_2O$$

草酸亚铁在草酸钾和草酸的存在下，被过氧化氢氧化为草酸高铁配合物：

$$2FeC_2O_4\cdot 2H_2O + H_2O_2 + 3K_2C_2O_4 + H_2C_2O_4 \longrightarrow 2K_3[Fe(C_2O_4)_3] + 6H_2O$$

加入乙醇后，便析出三草酸合铁(Ⅲ)酸钾晶体。

本实验用阴离子交换法来确定三草酸合铁(Ⅲ)酸根离子的电荷数。将准确称量的三草酸合铁(Ⅲ)酸钾晶体溶解于水，使其通过装有国产 717 型苯乙烯强碱性阴离子交换树脂 $R{\equiv}N^+Cl^-$ 的交换柱，三草酸合铁(Ⅲ)酸钾溶液中的配阴离子 X^{z-} 与阴离子树脂上的 Cl^- 进行交换：

$$zR{\equiv}N^+Cl^- + X^{z-} =\!=\!= (R{\equiv}N^+)_zX + zCl^-$$

只要收集交换出来的含 Cl^- 的溶液，用标准硝酸银溶液滴定(莫尔法)，测定氯离子的含量，就可以确定配阴离子的电荷数 z。

$$z = Cl^-\text{的物质的量}/\text{配合物的物质的量} = z_{Cl^-}/z_{K_3[Fe(C_2O_4)_3]\cdot 3H_2O}$$

实验仪器、试剂及材料

托盘天平；分析天平；酸式滴定管；称量瓶；移液管；温度计(373 K)；交换柱(400 mm)；容量瓶(100 mL)。

$(NH_4)_2Fe(SO_4)_2\cdot 6H_2O(s)$。

$H_2SO_4(1\ mol\cdot L^{-1})$；$H_2C_2O_4$ 溶液(饱和)；$K_2C_2O_4$ 溶液(饱和)；NaCl 溶液($1\ mol\cdot L^{-1}$)；$AgNO_3$溶液($0.1\ mol\cdot L^{-1}$，标准)；K_2CrO_4(5%)；H_2O_2(3%)；乙醇(95%)。

滤纸；国产 717 型苯乙烯强碱性阴离子交换树脂。

实验步骤

1. 草酸亚铁的制备

在 200 mL 烧杯中加入 5.0 g $(NH_4)_2Fe(SO_4)_2\cdot 6H_2O$ 固体、15 mL 蒸馏水和几滴 $3\ mol\cdot L^{-1}\ H_2SO_4$，加热溶解后再加入 25 mL 饱和 $H_2C_2O_4$溶液，加热至沸，搅拌片刻，停止加热，静置。待黄色晶体 $FeC_2O_4\cdot 2H_2O$ 沉降后，倾析弃去上层清液，加入 20～30 mL 蒸馏水，搅拌并温热，静置，弃去上层清液。

2. 三草酸合铁(Ⅲ)酸钾的制备

在上述沉淀中加入 10 mL 饱和 $K_2C_2O_4$ 溶液，水浴加热。用滴管慢慢加入 20 mL 3%(质量分数)的 H_2O_2，恒温在 40 ℃左右，观察实验现象，边加边搅拌，然后将溶液加热煮沸，并分 2 次加入 8 mL 饱和 $H_2C_2O_4$ 溶液(第一次加 5 mL，第二次慢慢加入 3 mL)，趁热过滤。滤液中加入 10 mL 95%(质量分数)乙醇，温热溶液使析出的晶体再溶解后用表面皿盖好烧杯，静置，自然冷却(避光静置过夜)，晶体完全析出后抽滤，称其质量，计算产率。产品留作测定用。

3. 三草酸合铁(Ⅲ)酸根离子电荷的测定

(1) 装柱。

将预先处理好的国产 717 型苯乙烯强碱性阴离子交换树脂(氯型) $R\equiv N^+Cl^-$ 装入 1 支 20 mm×400 mm 的交换柱中，要求树脂高度约为 20 cm，注意树脂顶部应保留 0.5 cm 的水，放入一小团玻璃丝，以防止注入溶液时将树脂冲起，装好的交换柱应该均匀无裂缝、无气泡。

(2) 交换。

用蒸馏水淋洗树脂床至检查流出的水不含 Cl^- 为止，再使水面下降至距树脂顶部 0.5 cm 左右，即用螺旋夹夹紧柱下部的胶管。

准确称取 1 g 三草酸合铁(Ⅲ)酸钾，用 10～15 mL 蒸馏水溶解，全部移入交换柱。松开螺旋夹，控制 3 $mL\cdot min^{-1}$ 的速度流出，用 100 mL 容量瓶收集流出液，当柱中液面下降离树脂顶部 0.5 cm 左右时，用少量蒸馏水(约 5 mL)洗涤小烧杯并移入交换柱，重复 2～3 次后，再用滴管吸取蒸馏水洗涤交换柱上部管壁上残留的溶液，使样品溶液尽量全部流过树脂床。待容量瓶收集的流出液达 60～70 mL 时，检查流出液至不含 Cl^- 为止(与开始淋洗时比较)，将螺旋夹夹紧。用蒸馏水稀释容量瓶内溶液至刻度，摇匀，作滴定用。

准确吸取 25.00 mL 淋洗液于锥形瓶内，加入 1 mL 5%(质量分数)K_2CrO_4 溶液，以 0.1 $mol\cdot L^{-1}$ $AgNO_3$ 标准溶液滴定至终点，记录数据。重复滴定 1～2 次。

用 1 $mol\cdot L^{-1}$ NaCl 溶液淋洗树脂床，直至流出液酸化后检不出 Fe^{3+} 为止，树脂回收。

4. 记录与结果

(1) 以表格形式记录本实验的有关数据。

(2) 计算出收集到的 Cl^- 的物质的量和配阴离子的电荷数。

思考题

(1) 影响三草酸合铁(Ⅲ)酸钾产量的主要因素有哪些？

(2) 三草酸合铁(Ⅲ)酸钾见光易分解，应如何保存？

(3) 用离子交换法测定三草酸合铁(Ⅲ)酸钾的配阴离子的电荷时，如果交换后的流出速度过快，对实验结果有什么影响？

第三节 设计性实验

实验十二 p区元素(Cl、Br、I)重要化合物的性质

实验目的

(1) 了解卤素单质及其化合物的结构对其性质的影响。

(2) 掌握卤素的氧化性和卤素离子的还原性。

(3) 掌握次卤酸盐及卤酸盐的氧化性。

实验原理

氯酸盐在中性溶液中没有明显的氧化性,但在酸性介质中能表现出明显的氧化性。

Cl^-、Br^-和I^-能与Ag^+反应生成难溶于水的AgCl(白色)、AgBr(淡黄色)、AgI(黄色)沉淀,它们的溶度积常数依次减小,都不溶于稀HNO_3。AgCl在稀氨水或$(NH_4)_2CO_3$溶液中,因生成配离子$[Ag(NH_3)_2]^+$而溶解,再加HNO_3时,AgCl会重新沉淀出来:

$$[Ag(NH_3)_2]^+ + Cl^- + 2H^+ \longrightarrow AgCl(s) + 2NH_4^+$$

AgBr和AgI则不溶。

如用锌在HAc介质中还原AgBr、AgI中的Ag^+为Ag,会使Br^-和I^-转入溶液中,如遇氯水则被氧化为单质。Br_2和I_2易溶于CCl_4中,分别呈现橙黄色和紫色。

实验仪器、试剂及材料

离心机。

KCl(s);KBr(s);KI(s);$KClO_3$(s);Zn粉。

H_2SO_4(2 mol·L^{-1},6 mol·L^{-1},浓);HNO_3(6 mol·L^{-1});浓氨水;NaOH(2 mol·L^{-1});KI(0.1 mol·L^{-1},0.5 mol·L^{-1});KBr(0.1 mol·L^{-1});$FeCl_3$(0.1 mol·L^{-1});KIO_3(0.1 mol·L^{-1});Na_2SO_3(0.1 mol·L^{-1});$MnSO_4$(0.1 mol·L^{-1});$AgNO_3$(0.1 mol·L^{-1});$KBrO_3$(饱和);$(NH_4)_2CO_3$(12%);氯水;溴水;CCl_4;品红;碘水。

$Pb(Ac)_2$试纸;KI-淀粉试纸;pH试纸。

实验步骤

1. 卤素的氧化性

(1) 分别以0.1 mol·L^{-1}KBr、0.1 mol·L^{-1}KI、CCl_4、氯水、溴水等试剂,设计

一系列实验，说明氯、溴、碘的置换次序，记录有关实验现象。写出反应式。

(2) 验证氯水对溴、碘离子混合液的氧化顺序。在试管内加入 0.5 mL(约 10 滴)0.1 $mol \cdot L^{-1}$ KBr 溶液及 1 滴 0.1 $mol \cdot L^{-1}$ KI 溶液，然后再加入 0.5 mLCCl_4，逐滴加入氯水，仔细观察 CCl_4层颜色的变化，写出有关反应式。

通过以上实验说明卤素氧化性的强弱顺序。

2. 卤素离子的还原性

(1) 分别向 3 支盛有少量(绿豆大小)KCl、KBr、KI 固体的试管中加入约 0.5 mL 浓硫酸。

观察实验现象并选用合适的试纸或试剂检验各试管中逸出的气体产物。提供选择的试纸或试剂分别有 $Pb(Ac)_2$ 试纸、KI-淀粉试剂、pH 试纸、浓氨水，写出反应式。

(2) Br^-、I^- 还原性的比较。分别利用 KBr、KI、$FeCl_3$、CCl_4溶液之间的反应，说明 Br^-、I^- 还原性的差异，写出反应式。

通过以上实验比较卤素离子还原性的相对强弱。

3. 次卤酸盐及卤酸盐的氧化性

(1) 取 2 mL 氯水，逐滴加入 NaOH 溶液至呈碱性(pH=8～9)。取 3 份 NaClO 溶液分别与 0.1 $mol \cdot L^{-1}$ $MnSO_4$溶液、品红溶液及用 2 $mol \cdot L^{-1}$ H_2SO_4酸化了的 KI-淀粉溶液反应。观察实验现象，写出反应式。

(2) 取少量 $KClO_3$晶体，用 1～2 mL 水溶解后，加入少量 CCl_4及 0.1 $mol \cdot L^{-1}$ KI 溶液数滴，摇动试管，观察试管内水相及有机相的变化情况。再加入 6 $mol \cdot L^{-1}$ H_2SO_4酸化溶液，观察其变化情况，写出反应式。

(3) 取 0.5 mL 饱和 $KBrO_3$溶液，酸化后加入数滴 0.5 $mol \cdot L^{-1}$ KBr 溶液，摇荡，观察溶液颜色的变化，并用 KI-淀粉试纸检验逸出的气体。写出离子反应方程式。

(4) 0.1 $mol \cdot L^{-1}$ KIO_3溶液经 2 $mol \cdot L^{-1}$ H_2SO_4酸化后加入几滴淀粉溶液，再滴加 1 $mol \cdot L^{-1}$ Na_2SO_3溶液，观察实验现象，写出反应式。

思考题

(1) 在氧化-还原反应中，能否用 HNO_3、HCl 作为反应的酸性介质？为什么？

(2) 用 KI-淀粉试纸检验 Cl_2时，试纸呈蓝色，当在 Cl_2中时间较长时，蓝色又褪去。为什么？

(3) 在制备 NaClO 溶液时，为什么溶液的碱性不能太强？

(4) 溶液 A 中加入 NaCl 溶液后有白色沉淀 B 析出，B 可溶于氨水，得溶液 C，把 NaBr 溶液加入 C 中则产生浅黄色沉淀 D，D 见光后易变黑，D 可溶于 $Na_2S_2O_3$ 中得到 E，在 E 中加 NaI 则有黄色沉淀 F 析出，自溶液中分离出 F，加少量 Zn 粉煮沸，加 HCl 除去 Zn 粉得固体 G，将 G 自溶液中分离出来，加 HNO_3得溶液 A。判断 A～G 各为何物，写出有关反应方程式。

实验十三 水溶液中 Fe^{3+}、Co^{2+}、Ni^{2+}、Mn^{2+}、Al^{3+}、Cr^{3+}、Zn^{2+} 等离子的分离和检出

实验目的

(1) 掌握分离、检出这些离子的条件。

(2) 熟悉以上各离子的有关性质(如氧化-还原性、两性、配位性等)。

实验原理

实验原理可用图 2-3-1 表示。

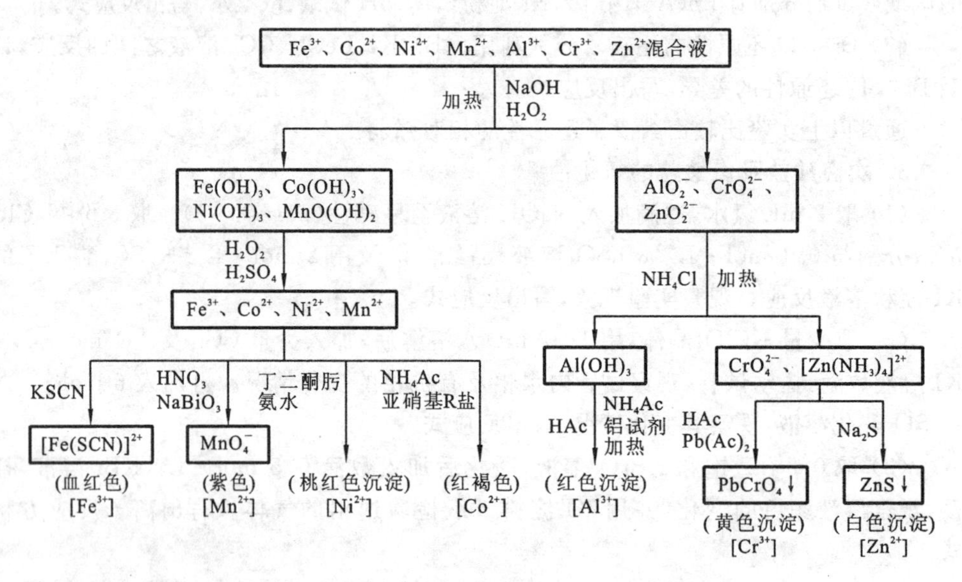

图 2-3-1 Fe^{3+}、Co^{2+}、Ni^{2+}、Mn^{2+}、Al^{3+}、Cr^{3+}、Zn^{2+} **的分离和检出**

实验仪器及试剂

离心机。

$NaBiO_3$(s);NH_4F(s);NH_4Cl(s);$NaBiO_3$(s);NaF(s);铝试剂。

H_2SO_4(2 mol·L^{-1});HNO_3(3 mol·L^{-1});HAc(2 mol·L^{-1},6 mol·L^{-1});NaOH(6 mol·L^{-1});$NH_3·H_2O$(2 mol·L^{-1});$FeCl_3$(0.1 mol·L^{-1});$CoCl_2$(0.1 mol·L^{-1});$NiCl_2$(0.1 mol·L^{-1});$MnCl_2$(0.1 mol·L^{-1});$Al_2(SO_4)_3$(0.1 mol·L^{-1});$CrCl_3$(0.1 mol·L^{-1});$ZnCl_2$(0.1 mol·L^{-1});$K_4[Fe(CN)_4]$(0.1 mol·L^{-1});KSCN(1 mol·L^{-1});NH_4Ac(3 mol·L^{-1});NH_4SCN(饱和);$Pb(Ac)_2$(0.5 mol·L^{-1});Na_2S(2 mol·L^{-1});H_2O_2(3%);亚硝基 R 盐溶液;戊醇;丁二酮肟。

实验步骤

根据上述原理和试剂,设计实验步骤进行实验。可先配制已知溶液进行分离和检出,再对未知溶液进行分离和检出,并对实验过程出现的现象进行分析。

思考题

(1) 在分离 Fe^{3+}、Co^{2+}、Ni^{2+}、Mn^{2+}、Al^{3+}、Cr^{3+}、Zn^{2+} 时,为什么要加过量的 NaOH,同时还要加 H_2O_2?反应完全后,过量的 H_2O_2 为什么要完全分解?

(2) 在使 $Fe(OH)_3$、$Co(OH)_3$、$Ni(OH)_3$、$MnO(OH)_2$ 等沉淀溶解时,除了加 H_2SO_4 外,为什么还要加 H_2O_2?H_2O_2 在这里起的作用与生成沉淀时起的作用是否一样?过量的 H_2O_2 为什么也要分解?

(3) 分离 $[Al(OH)_4]^-$、CrO_4^{2-}、$[Zn(OH)_4]^{2-}$ 时加入 NH_4Cl 的作用是什么?

(4) 用 $Pb(Ac)_2$ 溶液检出 Cr^{3+} 时,为什么要用 HAc 酸化溶液?

实验十四 三氯化六氨合钴(Ⅲ)的合成和组成的测定

实验目的

制备三氯化六氨合钴(Ⅲ)并测定其组成,加深理解配合物的形成对三价钴稳定性的影响。

实验原理

氯化钴(Ⅲ)的氨合物有许多种,主要有三氯化六氨合钴(Ⅲ)$[Co(NH_3)_6]Cl_3$(橙黄色晶体)、三氯化一水五氨合钴(Ⅲ)$[Co(NH_3)_5H_2O]Cl_3$(砖红色晶体)、二氯化一氯五氨合钴(Ⅲ)$[Co(NH_3)_5Cl]Cl_2$(紫红色晶体)等。它们的制备条件各不相同,例如,在没有活性炭存在下制得的是二氯化一氯五氨合钴(Ⅲ),在活性炭存在下制得的主要是三氯化六氨合钴(Ⅲ)。本实验就是用活性炭作催化剂,在过量氨和氯化铵存在下,用过氧化氢氧化氯化亚钴溶液来制备三氯化六氨合钴(Ⅲ)的。其总反应式为

$$2CoCl_2 + 2NH_4Cl + 10NH_3 + H_2O_2 \longrightarrow 2[Co(NH_3)_6]Cl_3 + 2H_2O$$

得到的固体产物中混有大量活性炭,可以将其溶解在酸性溶液中,过滤掉活性炭以后,在高浓度的盐酸下令其结晶出来。

三氯化六氨合钴(Ⅲ)为橙黄色单斜晶体,20 ℃时在水中的溶解度为 0.26 mol·L^{-1}。固态的$[Co(NH_3)_6]Cl_3$ 在 488 K 转变为$[Co(NH_3)_5Cl]Cl_2$,高于 523 K 则被还原为 $CoCl_2$。

在$[Co(NH_3)_6]^{3+}$ 溶液中存在如下的平衡:

$$[Co(NH_3)_6]^{3+} \rightleftharpoons Co^{3+} + 6NH_3 \qquad K_{不稳} = 2.2 \times 10^{-34}$$

$$[Co(NH_3)_6]^{3+} + H_2O \rightleftharpoons [Co(NH_3)_5H_2O]^{3+} + NH_3$$

$$[Co(NH_3)_5H_2O]^{3+} \rightleftharpoons [Co(NH_3)_5OH]^{2+} + H^+$$

从 $K_{不稳}$ 可以看出，$[Co(NH_3)_6]^{3+}$ 是很稳定的，因此在强碱或强酸的作用下基本上不被分解，只有加入强碱并在沸腾的条件下才分解：

$$2[Co(NH_3)_6]Cl_3 + 6NaOH \longrightarrow 2Co(OH)_3 + 12NH_3 + 6NaCl$$

实验仪器、试剂及材料

托盘天平；分析天平；烘箱；锥形瓶(250 mL，100 mL)；抽滤瓶；布氏漏斗；量筒(100 mL，10 mL)；烧杯(400 mL，100 mL)；试管；酸式滴定管(50 mL)；碱式滴定管(50 mL)；普通漏斗；研钵；玻璃管。

$CoCl_2 \cdot 6H_2O(s)$；$NH_4Cl(s)$；$KI(s)$；冰；活性炭。

HCl 溶液(6 $mol \cdot L^{-1}$，浓，0.5 $mol \cdot L^{-1}$，标准)；NaOH 溶液(10%，0.5 $mol \cdot L^{-1}$，标准)；氨水(浓)；$Na_2S_2O_3$ 溶液(0.1 $mol \cdot L^{-1}$，标准)；$AgNO_3$ 溶液(0.1 $mol \cdot L^{-1}$，标准)；K_2CrO_4(5%)；H_2O_2(6%)；乙醇；甲基红(1%)。

胶塞。

实验步骤

根据上述原理和试剂，设计实验步骤进行实验，并对实验过程出现的现象进行分析。

实验十五　无机颜料(铁黄)的制备

实验目的

(1) 了解用亚铁盐制备铁黄的原理和方法。

(2) 熟练掌握恒温水浴加热方法、溶液 pH 值的调节、沉淀的洗涤、结晶的干燥和减压过滤等基本操作。

实验原理

本实验制取铁黄是采用湿法亚铁盐氧化法。除空气参加氧化外，用氯酸钾($KClO_3$)作为主要的氧化剂可以大大加速反应的进程。制备过程分为两步。

1. 晶种的形成

铁黄是晶体结构，要得到它的结晶，必须先形成晶核，晶核长大成为晶种。晶种生成过程的条件决定着铁黄的颜色和质量，所以制备晶种是关键的一步。形成铁黄晶种的过程大致分为两步。

(1) 生成氢氧化亚铁胶体。

在一定温度下，向硫酸亚铁铵(或硫酸亚铁)溶液中加入碱液(主要是氢氧化钠，用氨水也可)，立刻有胶状氢氧化亚铁生成，反应如下：

$$FeSO_4 + 2NaOH \longrightarrow Fe(OH)_2 \downarrow + Na_2SO_4$$

由于氢氧化亚铁溶解度非常小,晶核生成的速度相当迅速。为使晶种粒子细小而均匀,反应要在充分搅拌下进行,溶液中要留有硫酸亚铁晶体。

(2) FeO(OH)晶核的形成。

要生成铁黄晶种,需将氢氧化亚铁进一步氧化,反应如下:

$$4Fe(OH)_2 + O_2 \longrightarrow 4FeO(OH) \downarrow + 2H_2O$$

由于氢氧化亚铁(Ⅱ)氧化成铁(Ⅲ)是一个复杂的过程,所以反应温度和 pH 值必须严格控制在规定范围内。此步温度控制在 20～25 ℃,调节溶液 pH 值保持在 4～4.5。如果溶液 pH 值接近中性或略偏碱性,可得到由棕黄到棕黑,甚至黑色的一系列过渡色。$pH > 9$ 则形成红棕色的铁红晶种。若 $pH > 10$,则又产生一系列过渡色相的铁氧化物,失去作为晶种的作用。

2. 铁黄的制备(氧化阶段)

氧化阶段的氧化剂主要为 $KClO_3$。另外,空气中的氧也参加氧化反应。氧化时必须升温,温度保持在 80～85 ℃,控制溶液的 pH 值为 4～4.5。氧化过程的化学反应如下:

$$4FeSO_4 + O_2 + 6H_2O \longrightarrow 4FeO(OH) \downarrow + 4H_2SO_4$$

$$6FeSO_4 + KClO_3 + 9H_2O \longrightarrow 6FeO(OH) \downarrow + 6H_2SO_4 + KCl$$

氧化反应过程中,沉淀的颜色由灰绿色→中墨绿色→红棕色→淡黄色(或赭黄色)。

实验仪器、试剂及材料

恒温水浴槽;台秤;水泵。

硫酸亚铁铵(s);氯酸钾(s)。

$NaOH(2\ mol \cdot L^{-1})$;$BaCl_2(0.1\ mol \cdot L^{-1})$。

pH 试纸($pH = 1 \sim 14$)。

实验步骤

根据上述原理和试剂,设计实验步骤进行实验,并对实验过程出现的现象进行分析。

主要参考文献

[1] 北京师范大学无机化学教研室.无机化学实验[M].3 版.北京:高等教育出版社,2007.

[2] 大连理工大学无机化学教研室.无机化学实验[M].2 版.北京:高等教育出版社,2004.

[3] 蔡炳新,陈贻文.基础化学实验[M].北京:科学出版社,2001.

第三章　基本实验(Ⅱ)

第一节　基础性实验

实验一　分析天平的称量练习

实验目的

(1) 了解分析天平的构造,学会正确的称量方法。

(2) 初步掌握指定质量称量法和递减称量法。

(3) 了解在称量中如何运用有效数字。

实验仪器及试剂

分析天平;台秤和砝码;小烧杯;称量瓶;牛角匙;锥形瓶。

重铬酸钾(化学纯)。

实验步骤

1. 指定质量称量练习

(1) 预称洁净干燥的称量瓶,在称量瓶中初称 1.8 g 试样。

(2) 准确称量洁净干燥的小烧杯,记录称量数据 m_1(g),去皮为 0.000 0 g。

(3) 用牛角匙将试样加到小烧杯中央,使天平砝码读数为 0.500 0 g,记录数据 m_2(g)。

(4) 以 m_2(g)为起点,去皮为 0.000 0 g,再用牛角匙添加试样,使天平砝码读数为 0.500 0 g,记录称量数据 m_3(g)。

2. 递减称量练习

(1) 预称洁净干燥的称量瓶(带盖),在称量瓶中加入约 1.5 g 试样,用分析天平准确称量(准确至 0.1 mg),记下质量 m_1(g),去皮为 0.000 0 g。

(2) 转移试样 0.3～0.4 g 于一锥形瓶中,准确称量出称量瓶和剩余试样的准确质量,记下质量 m_2(g),去皮为 0.000 0 g;再转移试样 0.3～0.4 g 于锥形瓶中,准确称量,记下质量 m_3(g),去皮为 0.000 0 g;再转移试样 0.3～0.4 g 于锥形瓶中,准确称量,记下质量 m_4(g)。

数据记录及处理

(1) 请将指定质量称量法的相关数据记入表 3-1-1 中。

表 3-1-1　指定质量称量法数据

称量名称	Ⅰ	Ⅱ	Ⅲ
准确称样品重/g	$m_1=$	$m_2=$	$m_3=$

(2) 请将递减称量法的相关数据记入表 3-1-2 中。

表 3-1-2　递减称量法数据

称量名称	Ⅰ	Ⅱ	Ⅲ
称量瓶+样品重/g(倾样前)	$m_1=$	$m_2=$	$m_3=$
称量瓶+样品重/g(倾样后)	$m_2=$	$m_3=$	$m_4=$
倾出试样重/g	$m_1-m_2=$	$m_2-m_3=$	$m_3-m_4=$

思考题

(1) 递减称量法称量是怎样进行的?增量称量法的称量是怎样进行的?它们各有什么优缺点?宜在何种情况下采用?

(2) 电子分析天平的"去皮"称量是怎样进行的?

(3) 在称量的记录和计算中,如何正确运用有效数字?

实验二　酸碱标准溶液的配制和浓度的比较

实验目的

(1) 练习酸碱标准溶液的配制。

(2) 练习滴定操作,掌握准确地确定终点的方法。

(3) 熟悉甲基橙和酚酞指示剂的使用和终点的变化。

实验原理

滴定分析是将一种已知准确浓度的标准溶液滴加到被测试样溶液中,直到反应完全为止,然后根据标准溶液的浓度和体积求得被测试样中组分含量的一种方法。在酸碱滴定中,浓盐酸易挥发,固体 NaOH 容易吸收空气中的水分和 CO_2,因此不能直接配制准确浓度的 HCl 和 NaOH 标准溶液,只能先配制近似浓度的溶液,然后用基准物质标定其准确浓度。也可用另一已知准确浓度的标准溶液滴定该溶液,再根据它们的体积比求得该溶液的浓度。

实验试剂

盐酸(分析纯);NaOH 固体(分析纯);甲基橙溶液(1 g · L^{-1});酚酞的乙醇溶液(2 g · L^{-1})。

实验步骤

1. 0.1 mol · L^{-1} HCl 溶液的配制

用小量筒量取一定量的(1∶1)盐酸,加入水中,并稀释成 500 mL,贮于 500 mL 试剂瓶中,充分摇匀。

2. 0.1 mol · L^{-1} NaOH 溶液的配制

在台秤上迅速称出一定量的 NaOH,置于烧杯中,立即用 500 mL 水溶解,配制成溶液,贮于具橡皮塞的试剂瓶中,充分摇匀。

3. NaOH 溶液与 HCl 溶液的浓度比较

(1) 洗净酸、碱式滴定管各 1 支(检查是否漏水)。先用蒸馏水将滴定管内壁冲洗2~3次。用配制好的盐酸标准溶液将酸式滴定管润洗 2~3 次,再于管内装满该酸溶液;用 NaOH 标准溶液将碱式滴定管润洗 2~3 次,再于管内装满该碱溶液。然后排出两滴定管管尖空气泡。最后将两滴定管液面调节至 0.00 刻度。

(2) 由碱式滴定管中准确放出 NaOH 溶液 20 mL 于锥形瓶中,放出时以每分钟约 10 mL 的速度,即每秒滴入 3~4 滴溶液,加入 1 滴甲基橙指示剂,用 0.1 mol · L^{-1} HCl 溶液滴定至黄色转变为橙色[①]。记下读数。平行滴定 3 份。记录相关数据。计算体积比 V_{HCl}/V_{NaOH},要求相对偏差在±0.3%以内。

(3) 用移液管吸取 25.00 mL 0.1 mol · L^{-1} HCl 溶液于 250 mL 锥形瓶中,加2~3滴酚酞指示剂,用 0.1 mol · L^{-1} NaOH 溶液滴定溶液呈微红色,保持30 s不褪色即为终点。

如此平行测定 3 份,要求 3 次之间所消耗 NaOH 溶液的体积的最大差值不超过±0.04 mL。

数据记录及处理

(1) 请将 HCl 溶液滴定 NaOH 溶液(指示剂甲基橙)的相关数据记入表 3-1-3 中。

① 如果甲基橙由黄色转变为橙色,终点不好观察,可用三个锥形瓶比较:一锥形瓶中放入 50 mL 水,滴入 1 滴甲基橙,呈现黄色;另一锥形瓶中加入 50 mL 水,滴入 1 滴甲基橙,滴入 1/4 或 1/2 滴 0.1 mol · L^{-1} HCl 溶液,则为橙色;另取一锥形瓶,其中加入 50 mL 水,滴入 1 滴甲基橙,滴入 1 滴 0.1 mol · L^{-1} NaOH,则呈现深黄色。比较后有助于确定橙色。

表 3-1-3　HCl 溶液滴定 NaOH 溶液数据

记录项目	滴定编号		
	Ⅰ	Ⅱ	Ⅲ
V_{NaOH}/mL			
V_{HCl}/mL			
V_{HCl}/V_{NaOH}			
$\overline{V_{HCl}/V_{NaOH}}$(平均值)			
相对偏差/(%)			
相对平均偏差/(%)			

(2) 请将 NaOH 溶液滴定 HCl 溶液(指示剂酚酞)的相关数据记入表 3-1-4 中。

表 3-1-4　NaOH 溶液滴定 HCl 溶液数据

记录项目	滴定编号		
	Ⅰ	Ⅱ	Ⅲ
V_{HCl}/mL			
V_{NaOH}/mL			
$\overline{V_{NaOH}}$/mL(平均值)			
n 次间 V_{NaOH} 最大绝对差值/mL			

思考题

(1) 滴定管在装入标准溶液前为什么要用此溶液润洗？用于滴定的锥形瓶或烧杯是否需要干燥？要不要用标准溶液润洗？为什么？

(2) 为什么不能用直接法配制 NaOH 标准溶液？

(3) 配制 HCl 溶液及 NaOH 溶液所用水的体积，是否需要准确量取？

(4) 用 HCl 溶液滴定 NaOH 标准溶液时是否可用酚酞作指示剂？

(5) 在每次滴定完成后，为什么要将标准溶液加至滴定管零点，然后进行第二次滴定？

第二节　综合性实验

实验三　有机酸试样摩尔质量的测定

实验目的

(1) 进一步熟悉递减称量法及滴定操作。
(2) 掌握有机酸的测定原理。
(3) 熟悉甲基橙和酚酞指示剂的使用和终点的变化。

实验原理

有机弱酸和 NaOH 溶液的反应为

$$n\mathrm{NaOH}+\mathrm{H}_n\mathrm{A} = \mathrm{Na}_n\mathrm{A}+n\mathrm{H_2O}$$

当有机酸的解离常数 $K \geqslant 10^{-7}$,且多元有机酸中的氢均能被准确滴定时,用酸碱滴定法,可以测定有机酸的摩尔质量。测定时,n 值须已知。

试样是强碱弱酸盐,其滴定突跃在碱性范围内,可选用酚酞等指示剂。

实验试剂

NaOH 溶液(0.1 mol·L^{-1});酚酞指示剂(2 g·L^{-1});邻苯二甲酸氢钾 $KHC_8H_4O_4$ 基准物质(在 100～125 ℃干燥 1 h 后,放入干燥器中备用);有机酸试样(如草酸、酒石酸、柠檬酸、乙酰水杨酸、苯甲酸等)。

实验步骤

1. 0.1 mol·L^{-1}NaOH 溶液的标定

在称量瓶中称量 $KHC_8H_4O_4$ 基准物质,采用递减称量法,平行称 3 份,每份 0.4～0.6 g,分别置于 250 mL 锥形瓶中,加入 40～50 mL 水使之溶解后,加入 1 滴酚酞指示剂,用待标定的 NaOH 溶液滴定至呈现微红色,保持 30 s 内不褪色,即为终点。平行测定 3 份,求得 NaOH 溶液的浓度,其各次相对偏差应不大于±0.5%。否则需重新标定。

2. 有机酸试样摩尔质量的测定

用指定质量称量法准确称取有机酸试样 1 份于 100 mL 干燥的烧杯中,加水溶解,定量转入 250 mL 容量瓶中,用水稀释至刻度,摇匀。用 25.00 mL 移液管平行移取 3 份,分别放入 250 mL 锥形瓶中,加 1 滴酚酞指示剂,用 NaOH 溶液滴定至由无色变为微红色,30 s 内不褪色,即为终点。计算有机酸试样的摩尔质量 $M_{有机酸}$。

数据记录及处理

(1) 请将 NaOH 溶液的标定的相关数据记入表 3-2-1 中。

表 3-2-1　NaOH 溶液的标定数据

记录项目	编号		
	Ⅰ	Ⅱ	Ⅲ
称量瓶质量＋$m_{基}$/g(倾样前)			
称量瓶质量＋$m_{基}$/g(倾样后)			
$m_{基}$/g			
V_{NaOH}/mL			
c_{NaOH}/$(mol \cdot L^{-1})$			
$\overline{c_{NaOH}}$/$(mol \cdot L^{-1})$(平均值)			
相对偏差/(%)			
相对平均偏差/(%)			

(2) 请将有机酸摩尔质量的测定数据记入表 3-2-2 中。

表 3-2-2　有机酸摩尔质量的测定数据

记录项目	编号		
	Ⅰ	Ⅱ	Ⅲ
50 mL 空烧杯质量/g			
烧杯＋有机酸质量/g			
有机酸质量/g			
移取有机酸试液体积/mL			
V_{NaOH}/mL			
$M_{有机酸}$/$(g \cdot mol^{-1})$			
$\overline{M_{有机酸}}$/$(g \cdot mol^{-1})$(平均值)			
相对偏差/(%)			
相对平均偏差/(%)			

思考题

(1) 草酸、柠檬酸、酒石酸等多元有机酸能否用 NaOH 溶液分步滴定?

(2) $Na_2C_2O_4$ 能否作为酸碱滴定的基准物质？为什么？

(3) 称取 0.4 g 邻苯二甲酸氢钾溶于 50 mL 水中,问此时 pH 值为多少?

(4) NaOH 滴定有机酸时能否使用甲基橙作为指示剂?为什么?

实验四　工业碱的测定

实验目的

(1) 学习用容量瓶把固体试样制备成试液的方法。

(2) 了解双指示剂法测定碱液中 NaOH 和 Na_2CO_3 含量的原理。

实验原理

混合碱是 Na_2CO_3 与 NaOH 或 $NaHCO_3$ 与 Na_2CO_3 的混合物,可以在同一份试剂中选用两种不同的指示剂来测定,即常称为“双指示剂法”。此法简便、快速,在生产实际中应用广泛。

在混合碱试液中加入酚酞指示剂,此时呈现红色。用 HCl 标准溶液滴定时,滴定溶液由红色恰变为无色,则试液中所含 NaOH 完全被中和,所含 Na_2CO_3 则被中和一半,消耗 HCl 溶液体积为 V_1(mL)。再加入甲基橙指示剂(变色 pH 值范围为 3.1～4.4),继续用 HCl 标准溶液滴定,使溶液由黄色转变为橙色即为终点。消耗 HCl 溶液的体积为 V_2(mL)。

当 $V_1>V_2$ 时,试样为 Na_2CO_3 与 NaOH 的混合物。中和 Na_2CO_3 所需 HCl 是由两次滴定加入的,两次用量应该相等。

当 $V_1<V_2$ 时,试样为 Na_2CO_3 与 $NaHCO_3$ 的混合物,此时 V_1 为中和 Na_2CO_3 至 $NaHCO_3$ 时所消耗的 HCl 溶液体积,故 Na_2CO_3 所消耗 HCl 溶液体积为 $2V_1$,中和 $NaHCO_3$ 所用 HCl 的量应为 V_2-V_1。

实验试剂

HCl 标准溶液(0.1 mol · L^{-1});无水 Na_2CO_3 基准物质;酚酞指示剂;甲基橙指示剂。

实验步骤

1. 0.1 mol · L^{-1} HCl 溶液的标定

准确称取已烘干的无水碳酸钠(其质量按消耗 20～30 mL 0.1 mol · L^{-1} HCl 标准溶液计算)3 份,置于 3 只 250 mL 锥形瓶中,加水约 30 mL,温热,摇动使之溶解,以甲基橙为指示剂,以 0.1 mol · L^{-1} HCl 标准溶液滴定至溶液由黄色转变为橙色。记下 HCl 标准溶液的耗用量,计算出 HCl 标准溶液的浓度。

2. 混合碱的分析

准确称取试样约 2.0 g 于 100 mL 烧杯中,加水使之溶解后,定量转入 250 mL

容量瓶中,用水稀释至刻度,充分摇匀。平行移取试液 25.00 mL 3 份于 250 mL 锥形瓶中,加酚酞或混合指示剂 1～2 滴,用 HCl 标准溶液滴定溶液由红色恰好褪至无色,记下所消耗 0.1 mol·L^{-1} HCl 标准溶液的体积 V_1,再加入甲基橙指示剂 1～2 滴,继续用 0.1 mol·L^{-1} HCl 标准溶液滴定溶液由黄色恰变为橙色,消耗 HCl 的体积记为 V_2。根据所消耗 HCl 的体积分别计算混合碱中各组分的含量。

思考题

(1) 采用双指示剂法测定混合碱,在同一份溶液中测定,试判断下列五种情况下,混合碱中存在的成分是什么。

① $V_1=0$;　② $V_2=0$;　③ $V_1>V_2$;　④ $V_1<V_2$;　⑤ $V_1=V_2$。

(2) 无水 Na_2CO_3 保存不当,吸水 1%,用此基准物质标定盐酸溶液浓度时,其结果有何影响? 用此基准物质测定试样,其影响如何?

(3) 测定混合碱时,到达第一化学计量点前,由于滴定速度太快,摇动锥形瓶不均匀,致使滴入 HCl 局部过浓,使 $NaHCO_3$ 迅速转变为 H_2CO_3 后分解为 CO_2 而损失,此时采用酚酞为指示剂,记录 V_1,问对测定有何影响?

实验五　硫酸铵肥料中含氮量的测定

实验目的

(1) 了解酸碱滴定的应用及弱酸强化的基本原理。

(2) 掌握甲醛法测定铵态氮的原理与操作方法。

(3) 了解大样的取用原则。

实验原理

氮在自然界中的存在形式比较复杂,测定物质中氮含量时,可以用总氨、铵态氮、硝酸态氮、酰胺态氮等表示。

硫酸铵是常用的氮肥之一,由于铵盐中 NH_4^+ 的酸性很弱 ($K_a=5.6\times10^{-10}$),不能用 NaOH 标准溶液直接滴定,而采用甲醛法进行测定。

甲醛与 NH_4^+ 作用生成质子化的六次甲基四胺和 H^+,反应式为

$$4NH_4^+ + 6HCHO = (CH_2)_6N_4H^+ + 3H^+ + 6H_2O$$

生成的 $(CH_2)_6N_4H^+$ 的 K_a 为 7.1×10^{-6},可以被 NaOH 溶液准确滴定,以酚酞为指示剂,滴定溶液呈现微红色即为终点,因而该反应称为弱酸的强化。由强化反应式可知,氮与 NaOH 的化学计量数之比为 1∶1。

若试样中含有游离酸,在加入甲醛之前,应先以甲基红为指示剂,用 NaOH 溶液预中和至甲基红变为黄色 (pH≈6),然后加入甲醛,以酚酞为指示剂,用 NaOH 标准溶液滴定强化后的产物,以免影响测定的结果。

实验试剂

NaOH 溶液 (0.1 mol · L^{-1});酚酞指示剂;$KHC_8H_4O_4$基准试剂;铵盐试样。

甲醛溶液(1∶1,18%):将三聚甲醛用少量浓 H_2SO_4加热解聚制成。

实验步骤

1. 0.1 mol · L^{-1} NaOH 溶液的标定

具体操作方法参照本章实验三。

2. 甲醛溶液的处理

甲醛中常含有微量酸,应采用下述方法事先中和。取原装瓶中的甲醛上层清液于烧杯中,加水稀释 1 倍,加入 2~3 滴酚酞指示剂,用标准碱溶液滴定甲醛溶液至微红色。

3. $(NH_4)_2SO_4$试样中氮含量的测定

用递减称量法准确称取$(NH_4)_2SO_4$试样 2~3 g 于小烧杯中,加入少量蒸馏水溶解,然后定量转移至 250 mL 容量瓶中,稀释至刻度,摇匀。

移取 25.00 mL 试液 3 份,分别置于 250 mL 锥形瓶中,加入 1 滴甲基红指示剂,用 0.1 mol · L^{-1}NaOH 溶液中和至试液呈黄色。加入 10 mL 甲醛溶液(1∶1),再加 1~2 滴酚酞指示剂,充分摇匀,放置 1 min 后,用 0.1 mol · L^{-1}NaOH 溶液滴定至溶液呈微橙红色,30 s 内不褪色即为终点。平行测定 3 份,计算试样中氮的含量。

思考题

(1) NH_4^+ 为 NH_3的共轭酸,为什么不能直接用 NaOH 溶液滴定?

(2) 本法中加入甲醛的作用是什么?

(3) $(NH_4)_2SO_4$试液中含有磷酸、铁、铝等离子,对测定结果有何影响?

(4) NH_4NO_3、NH_4Cl 或 NH_4HCO_3中的含氮量能否用甲醛法测定?

实验六 蛋壳中碳酸钙含量的测定

实验目的

(1) 了解实际试样的处理方法,如研碎、过筛等。

(2) 掌握返滴定的方法原理。

实验原理

蛋壳的主要成分为 $CaCO_3$,将蛋壳研碎并加入已知浓度的过量 HCl 标准溶液中,发生下列反应:

$$CaCO_3 + 2HCl \xlongequal{} CaCl_2 + CO_2\uparrow + H_2O$$

其中,过量的 HCl 标准溶液用 NaOH 标准溶液返滴定,由加入 HCl 的物质的量与返滴定所消耗的 NaOH 的物质的量之差,求得试样中 $CaCO_3$的含量。蛋壳中含有少量 $MgCO_3$,以酸碱滴定法测得的 $CaCO_3$含量为近似值。

实验试剂

HCl 溶液 (0.1 mol · L^{-1});NaOH 溶液 (0.1 mol · L^{-1});甲基橙指示剂。

实验步骤

将蛋壳去内膜并洗净,烘干后研碎,使其通过 80～100 目标准筛。准确称取 0.1 g 所制试样 3 份,分别置于 250 mL 锥形瓶中,用滴定管逐滴加入 0.1 mol · L^{-1} HCl 溶液 40.00 mL,并放置 30 min,再加入甲基橙指示剂,以 0.1 mol · L^{-1} NaOH 溶液返滴定其中的过量 HCl 至溶液由红色恰变为黄色即为终点。计算蛋壳试样中 $CaCO_3$的质量分数。

思考题

(1) 本实验能否使用酚酞指示剂?

(2) 为什么向试样中加入 HCl 溶液时要逐滴加入? 加入 HCl 溶液后为什么要放置 30 min 再进行 NaOH 返滴定?

(3) 研碎后的蛋壳试样为什么要通过标准筛? 通过 80～100 目标准筛后试样粒度为多少?

实验七　水质检测中总硬度的测定

实验目的

(1) 学习配位滴定法的原理及其应用。

(2) 掌握配位滴定法中的直接滴定法。

(3) 掌握铬黑 T 和钙指示剂的应用,了解金属指示剂的特点。

实验原理

一般含有钙、镁盐类的水称为硬水,水的硬度的测定可分为水的总硬度和钙镁硬度的测定两种,前者是测定 Ca、Mg 总量,后者是分别测定 Ca 和 Mg 的含量。

水的硬度各国有不同的表示方法。德国硬度(°d)每度相当于 1 L 水中含有 10 mgCaO;法国硬度(°f)每度相当于 1 L 水中含 10 mg$CaCO_3$;英国硬度(°e)每度相当于 0.7 L 水中含 10 mg$CaCO_3$;美国硬度每度等于法国硬度的 1/10。

我国采用德国硬度单位制。

本实验是用 EDTA 配位滴定法测定水的总硬度。在 pH＝10 的氨缓冲溶液中,以铬黑 T 为指示剂,用三乙醇胺和 Na_2S 掩蔽 Fe^{3+}、Al^{3+}、Cu^{2+}、Pb^{2+}、Zn^{2+} 等共存离子。为了提高滴定终点的敏锐性,氨缓冲溶液中可加入一定量的 Mg-EDTA,由于 Mg-EBT 的稳定性大于 Ca-EBT 的稳定性,故使终点明显。计算水的总硬度可用下面公式:

$$\text{水的总硬度} = \frac{c_{\text{EDTA}} V_{\text{EDTA}} M_{\text{CaO}}}{V_{\text{水样}}}$$

实验试剂

EDTA 溶液(0.005 $mol \cdot L^{-1}$):称取 1 g EDTA 钠盐,加热溶解后稀释至 500 mL,贮存于试剂瓶中。

氨缓冲溶液(pH≈10):称取 20 g NH_4Cl,溶解后,加 100 mL 浓氨水,加 Mg-EDTA盐全部溶解,用水稀释至 1 L。

Mg-EDTA 盐溶液:称取 0.25 g $MgCl_2 \cdot 6H_2O$ 于 100 mL 烧杯中,加少量水溶解后移入 100 mL 容量瓶中,用水稀释至刻度;用干燥的移液管移取 50.00 mL 溶液,加 5 mLpH≈10 的氨缓冲溶液、4~5 滴铬黑 T 指示剂,用 0.1 $mol \cdot L^{-1}$EDTA 溶液滴定至溶液由紫红色变为蓝色,即为终点;取此同量的 EDTA 溶液加入容量瓶剩余的镁溶液中,即成 Mg-EDTA 盐。

铬黑 T 指示剂;三乙醇胺(20%);HCl(1∶1)。

实验步骤

1. 0.005 $mol \cdot L^{-1}$EDTA 的标定

EDTA 溶液可用 3 种方法标定。

(1) 以金属锌为基准。准确称取 0.20~0.25 g 金属锌,置于 100 mL 烧杯中,加入 5 mL(1∶1)HCl 溶液,盖上表面皿,待完全溶解后,用水吹洗表面皿和烧杯壁,将溶液转入 100 mL 容量瓶中,用水稀释至刻度,摇匀。

用移液管移取 10.00 mL Zn^{2+} 标准溶液于 250 mL 锥形瓶中,加约 10 mL 蒸馏水,加入 1~2 滴二甲酚橙指示剂,滴加 20%六次甲基四胺溶液至溶液呈现稳定的紫红色后,再过量加入 5 mL,用 EDTA 溶液滴定至溶液由紫红色变为亮黄色,即为终点。平行测定 3 份,根据滴定时用去的 EDTA 体积和金属锌的质量,计算 EDTA 溶液的准确浓度。

(2) 以 ZnO 为基准。准确称取在 800 ℃灼烧至恒重的基准 ZnO 0.4 g,先用少量水润湿,加 10 mL HCl (1∶1),盖上表面皿,使其溶解。待溶解完全后,吹洗表面皿,将溶液转移至 250 mL 容量瓶中,用水稀释至刻度。

用移液管移取 25.00 mLZn^{2+} 标准溶液于 250 mL 锥形瓶中,加 1 滴甲基红指示剂,滴加氨水至呈微黄色,再加 25 mL 蒸馏水、10 mL 氨缓冲溶液,摇匀。加入 5 滴铬黑 T 指示剂,用 EDTA 溶液滴定至溶液由紫红色变为纯蓝色,即为终点。根据滴定用去的 EDTA 体积和 ZnO 质量,计算 EDTA 溶液的准确浓度。

(3) 以 $CaCO_3$ 为基准。准确称取 0.15～0.20 g$CaCO_3$ 于 100 mL 烧杯中,先用少量水润湿,盖上表面皿,缓慢滴加 HCl (1∶1),使之溶解。溶解后用蒸馏水吹洗表面皿,将溶液转入 250 mL 容量瓶中,用水稀释至刻度,摇匀。

用移液管移取 25.00 mLCa^{2+} 溶液于 250 mL 锥形瓶中,加入 10 mL pH≈10 的氨缓冲溶液和 3～4 滴铬黑 T 指示剂,用 EDTA 溶液滴定至溶液由紫红色变为蓝绿色,即为终点。根据滴定用去的 EDTA 体积和 $CaCO_3$ 质量,计算 EDTA 溶液的准确浓度。

在本实验中,为了使标定和测定的介质一致,宜用 pH≈10 的氨缓冲溶液对 EDTA标定。

2.水样分析

取 100 mL 自来水于 250 mL 锥形瓶中,加入 1～2 滴 HCl 使试液酸化。加入 3 mL三乙醇胺溶液、5 mL 氨缓冲溶液、3～4 滴铬黑 T 指示剂,用 EDTA 溶液滴至由红色变为蓝色,即为终点。平行测定 3 份,计算水样的总硬度,以(°d)和 mg · L^{-1} 表示结果。

思考题

(1) 如果对硬度测定中的数据要求保留两位有效数字,应如何量取 100 mL 水样?

(2) 用 EDTA 法测定水的硬度时,哪些离子的存在有干扰?如何消除?

(3) 已知水质分类是:0～4 °d 为很软的水;4～8 °d 为软水;8～16 °d 为中等硬水;16～30 °d 为硬水。本实验的结果属何种类型?

(4) 测定水的硬度时,介质中的 Mg-EDTA 盐的作用是什么?对测定有无影响?

实验八　混合试样中 Pb^{2+}、Bi^{3+} 含量的连续测定

实验目的

(1) 掌握用控制酸度法来进行多种金属离子连续滴定的配位滴定方法和原理。

(2) 熟悉二甲酚橙指示剂的应用。

实验原理

混合离子的滴定常采用控制酸度法、掩蔽法进行,可根据有关副反应系数论证它们分别滴定的可能性。

Pb^{2+}、Bi^{3+} 均能与 EDTA 形成稳定的 1∶1 配合物,$\lg K$ 值分别为 18.04 和 27.94。由于两者的 $\lg K$ 值相差很大,故可利用酸效应,控制不同的酸度,分别进行滴定。通常在 pH≈1 时滴定 Bi^{3+},在 pH≈5～6 时滴定 Pb^{2+}。

在测定时,调节溶液的酸度 pH≈1,以二甲酚橙为指示剂,用 EDTA 标准溶液滴定 Bi^{3+}。此时,Bi^{3+} 与指示剂形成紫红色配合物(Pb^{2+} 在此条件下不形成紫红色配合物),然后用 EDTA 标准溶液滴定 Bi^{3+},至溶液由紫红色变为亮黄色,即为滴定 Bi^{3+} 的终点。

在滴定 Bi^{3+} 后的溶液中,加入六次甲基四胺溶液,调节溶液的酸度 pH=5～6,此时 Pb^{2+} 与二甲酚橙形成紫红色配合物,溶液再呈现紫红色,然后用 EDTA 标准溶液继续滴定,至溶液由紫红色变为亮黄色时,即为滴定 Pb^{2+} 的终点。

实验试剂

EDTA 标准溶液(0.015 mol·L^{-1});二甲酚橙水溶液(0.2%);六次甲基四胺溶液(20%);HCl(1∶1)。

Pb^{2+}-Bi^{3+} 混合液(含 Pb^{2+}、Bi^{3+} 各约为 0.1 mol·L^{-1}):称 $Pb(NO_3)_2$ 333.21 g、$Bi(NO_3)_3$ 485.07 g,将它们加入含 1 300 mLHNO_3 的烧杯中,在电炉上微热溶解后,稀释至 10 L。

实验步骤

1. EDTA 溶液的标定

具体操作方法参照本章实验七。

2. Pb^{2+}-Bi^{3+} 混合液的测定

用移液管移取 25.00 mL 酸度为 2 mol·L^{-1} 的 Pb^{2+}-Bi^{3+} 混合溶液于 250 mL 容量瓶中,稀释至刻度,摇匀。取 25.00 mL 稀释后的混合液 3 份,分别注入 250 mL 锥形瓶中,加 1～2 滴 0.2%二甲酚橙指示剂,用 EDTA 标准溶液滴定至溶液由紫红色变为亮黄色,即为 Bi^{3+} 的终点。根据消耗的 EDTA 体积,计算混合液中 Bi^{3+} 的含量(g·L^{-1})。

在滴定 Bi^{3+} 后的溶液中,补加 1 滴指示剂,滴加 20%六次甲基四胺溶液,至呈现稳定的紫红色后,再过量加入 5 mL,此时溶液的 pH 值为 5～6,再用 EDTA 标准溶液滴定至溶液由紫红色变为亮黄色,即为终点。平行测定 3 份,根据滴定结果,计算混合液中 Pb^{2+} 的含量(g·L^{-1})。

思考题

(1) 滴定 Bi^{3+} 与 Pb^{2+} 时溶液的酸度控制在什么范围?如何控制?为什么?

(2) 本实验中,能否在同一份试液中先滴定 Pb^{2+} 再滴定 Bi^{3+}?

(3) 试分析本实验中,金属指示剂由滴定 Bi^{3+} 到调节 pH=5～6,又到滴定 Pb^{2+} 后终点变色的过程和原因。

(4) 控制酸度时为何用 HNO_3,而不用 HCl 或 H_2SO_4?

(5) 本实验为什么不用氨或碱调节 pH=5～6,而用六次甲基四胺来调节溶液

pH 值呢？用 HAc-NaAc 缓冲溶液代替六次甲基四胺行吗？

实验九　铝合金中铝含量的测定

实验目的

(1) 了解返滴定的原理。
(2) 掌握置换滴定的原理和步骤。
(3) 接触复杂试样，提高分析问题、解决问题的能力。

实验原理

由于 Al^{3+} 易水解，形成一系列多核羟基配合物，其与 EDTA 配位反应速度缓慢，在较高温度下煮沸则容易配位完全，故通常采用返滴定法和置换滴定法测定铝。

返滴定法：预先定量地加入过量的 EDTA 溶液，并在 pH 值约为 3.5 时煮沸几分钟，使 Al^{3+} 与 EDTA 配位反应完全，在 pH 值为 5～6 时，以二甲酚橙为指示剂，用 Zn^{2+} 溶液返滴定过量的 EDTA，从而得到铝的含量。

置换滴定法：在用 Zn^{2+} 返滴过量的 EDTA 后，加入过量的 NH_4F，加热至沸，AlY^- 与 F^- 发生置换反应，使得与 Al^{3+} 配位的 EDTA 全部释放，即

$$AlY^- + 6F^- + 2H^+ = AlF_6^{3-} + H_2Y^{2-}$$

再用 Zn^{2+} 标准溶液滴定释放出来的 EDTA 而得到铝的含量。

若试样中含 Ti^{4+}、Zr^{4+}、Sn^{4+} 等离子，与 Al^{3+} 一样，也将发生置换反应，干扰 Al^{3+} 的测定。这时，需将上述干扰离子掩蔽，如用苦杏仁酸掩蔽 Ti^{4+} 等。

铝合金所含杂质元素较多，通常用 HNO_3-HCl 混合酸溶解样品后进行测定。

实验试剂

NaOH 溶液 (200 g·L^{-1})；HCl 溶液，(1∶1，1∶3)；EDTA 溶液 (0.02 mol·L^{-1})；二甲酚橙指示剂(2 g·L^{-1})；氨水 (1∶1)；六次甲基四胺 (200 g·L^{-1})；Zn^{2+} 标准溶液 (0.02 mol·L^{-1})。

NH_4F 溶液(200 g·L^{-1})：贮于塑料瓶中。

铝合金试样。

实验步骤

准确称取 0.10～0.11 g 铝合金试样，置于 50 mL 塑料烧杯中，加入 10 mL NaOH 溶液，在沸水浴中使其完全溶解，稍冷后加入 HCl(1∶1)溶液至有絮状沉淀产生，再多加 10 mL HCl 溶液(1∶1)，定量转移试液于 250 mL 容量瓶中，稀释至刻度，摇匀。

移取上述试液 25.00 mL 于 250 mL 锥形瓶中，加入 30 mLEDTA 溶液、2 滴二

甲酚橙指示剂,此时试液为黄色,用氨水调至溶液呈紫红色,再加 HCl 溶液(1∶3),使溶液呈现黄色。煮沸 3 min,冷却。加入 20 mL 六次甲基四胺,此时溶液为黄色,如果溶液呈红色,继续滴加 HCl 溶液(1∶3)至溶液变黄色。在锥形瓶中滴加 Zn^{2+} 标准溶液,用以结合多余的 EDTA,当溶液由黄色恰变为紫色时停止滴定。

然后,向上述溶液中加入 10 mL NH_4F 溶液,加热至微沸,流水冷却,再补加 2 滴二甲酚橙,此时溶液应为黄色,若为红色,应滴加 HCl 溶液(1∶3)使其变为黄色。再用 Zn^{2+} 标准溶液滴定,当溶液由黄色恰变为红色时即为终点,根据所消耗 Zn^{2+} 标准溶液的体积,计算铝的质量分数。

思考题

(1) 铝的测定为什么一般不采用 EDTA 直接滴定法?

(2) 试述返滴定和置换滴定各适用于哪些含 Al 的试样。

(3) 对于复杂的铝合金试样,不用置换滴定,而用返滴定,所得结果是偏高还是偏低?

(4) 返滴定与置换滴定中所使用的 EDTA 有什么不同?

实验十　试样中过氧化氢含量的测定

实验目的

(1) 掌握 $KMnO_4$ 溶液的配制及标定。

(2) 掌握 $KMnO_4$ 自身指示剂的特点。

(3) 学习高锰酸钾法测定过氧化氢的原理与方法。

实验原理

工业产品过氧化氢俗名双氧水,在工业、生物、医药等方面应用很广泛。其含量可用高锰酸钾法进行测定。

$KMnO_4$ 是最常用的氧化剂之一。市售的 $KMnO_4$ 常含有少量杂质,如硫酸盐、氯化物及硝酸盐等,因此不能用精确称量的 $KMnO_4$ 来直接配制准确浓度的溶液,用 $KMnO_4$ 配制的溶液要在暗处放置数天,待 $KMnO_4$ 把还原性杂质充分氧化后再除去生成的二氧化锰沉淀,用草酸钠基准物质来标定其浓度。

H_2O_2 分子中有一个过氧键—O—O—,在酸性溶液中它是一个强氧化剂。但遇 $KMnO_4$ 时表现为还原剂。过氧化氢的含量是在稀硫酸溶液中,于室温条件下用高锰酸钾法测定,其反应式为

$$5H_2O_2 + 2MnO_4^- + 6H^+ \longrightarrow 2Mn^{2+} + 5O_2\uparrow + 8H_2O$$

开始时反应速度慢,滴入第一滴溶液不容易褪色,待 Mn^{2+} 生成后,由于 Mn^{2+} 的催化作用,加快了反应速度,故能顺利地滴定到呈现稳定的微红色(即为终点)。稍过

量的滴定剂本身的紫红色(10^{-5} mol·L^{-1})即显示终点。

根据 H_2O_2的摩尔质量和 c_{KMnO_4} 以及滴定中消耗 $KMnO_4$的体积计算 H_2O_2的含量。如 H_2O_2试样系工业产品,用上述方法测定误差较大,因产品中常加入少量乙酰苯胺等有机物作稳定剂,此类有机物也消耗 $KMnO_4$。遇此情况应采用碘量法等方法测定。利用 H_2O_2和 KI 作用,析出 I_2,然后用 $S_2O_3^{2-}$溶液滴定。

实验试剂

H_2SO_4(1∶5);$KMnO_4$溶液(0.02 mol·L^{-1});$MnSO_4$(1 mol·L^{-1})。

$Na_2C_2O_4$基准物质:于 105 ℃干燥 2 h 后备用。

H_2O_2(30%,3%):定量量取原装的 H_2O_2,稀释 10 倍,贮存在棕色试剂瓶中。

实验步骤

1. 0.02 mol·L^{-1} $KMnO_4$溶液的配制

称取稍多于理论量的 $KMnO_4$固体置于 500 mL 水中,盖上表面皿,加热至沸并保持微沸状态 1 h,冷却后,用微孔玻璃漏斗过滤。滤液贮存于棕色试剂瓶中。将溶液在室温条件下静置 2～3 天后过滤备用。

2. $KMnO_4$溶液的标定

准确称取 0.15～0.20 g 基准物质 $Na_2C_2O_4$ 3 份,分别置于 250 mL 锥形瓶中,加入 60 mL 水使之溶解,加入 15 mL H_2SO_4(1∶5),在水浴上加热到 75～85 ℃,趁热用 $KMnO_4$溶液滴定。开始滴定时反应速度慢,待溶液中产生了 Mn^{2+}后,滴定速度可加快,直到溶液呈现微红色并持续 30 s 内不褪色即为终点。根据所消耗 $KMnO_4$的体积计算 $KMnO_4$的浓度。

3. H_2O_2含量的测定

用吸量管吸取 10.00 mL3%H_2O_2置于 250 mL 容量瓶中,加水稀释至刻度,充分摇匀。用移液管移取 25.00 mL 溶液置于 250 mL 锥形瓶中,加 60 mL 水、30 mL H_2SO_4,用 0.02 mol·L^{-1} $KMnO_4$溶液滴定溶液至微红色在 30 s 内不消失即为终点。根据 $KMnO_4$溶液的浓度和滴定过程中消耗滴定剂的体积,计算试样中 H_2O_2的含量。

思考题

(1) 配制 $KMnO_4$溶液应注意些什么?

(2) 用 $Na_2C_2O_4$标定 $KMnO_4$溶液时,应注意哪些重要的反应条件呢?

(3) 用高锰酸钾法测定 H_2O_2时,能否用 HNO_3、HCl 和 HAc 控制酸度?为什么?

(4) 配制 $KMnO_4$溶液时,过滤后的滤器上沾污的产物是什么?应选用什么物质清洗干净?

(5) H_2O_2有些什么重要性质？使用时应注意些什么？试分析 H_2O_2与 I^- 和 Cl_2 反应的实质，并分别写出反应式。

实验十一　重铬酸钾法测定铁矿石中铁的含量

实验目的

(1) 掌握 $K_2Cr_2O_7$标准溶液的配制及使用。

(2) 学习矿石试样的酸溶法。

(3) 学习重铬酸钾法测定铁的原理。

实验原理

铁矿石的种类主要是磁铁矿(Fe_3O_4)、赤铁矿(Fe_2O_3)和菱铁矿($FeCO_3$)等。试样用盐酸分解后，用 $SnCl_2$将 Fe^{3+}还原为 Fe^{2+}，过量的 $SnCl_2$用 $HgCl_2$氧化除去。此时，溶液中有白色丝状氯化亚汞沉淀生成，然后在 1～2 mol · L^{-1} 硫-磷混酸介质中，以二苯胺磺酸钠为指示剂，用 $K_2Cr_2O_7$标准溶液滴定至溶液呈现紫红色，即为终点。主要反应式如下：

$$2FeCl_4^- + SnCl_4^{2-} + 2Cl^- = 2FeCl_4^{2-} + SnCl_6^{2-}$$

$$SnCl_4^{2-} + 2HgCl_2 = SnCl_6^{2-} + \underset{(白色)}{Hg_2Cl_2}\downarrow$$

$$6Fe^{2+} + Cr_2O_7^{2-} + 14H^+ = 6Fe^{3+} + 2Cr^{3+} + 7H_2O$$

滴定过程中不断有黄色的 Fe^{3+}生成，干扰终点的观察，故加入磷酸，与 Fe^{3+}生成稳定的无色配合物[$Fe(HPO_4)_2$]$^-$，消除了 Fe^{3+} 的黄色影响。同时由于生成[$Fe(HPO_4)_2$]$^-$配合物，降低了溶液中 Fe^{3+}的浓度，从而降低 Fe^{3+}/Fe^{2+}电极电位，使化学计量点的电位突跃增大，$Cr_2O_7^{2-}$ 与 Fe^{2+}之间的反应更完全，使二苯胺磺酸钠指示剂较好地在突跃范围内显色，减小了终点误差。

实验试剂

$HgCl_2$溶液(5%)；二苯胺磺酸钠指示剂水溶液(0.2%)；HCl(分析纯)。

$SnCl_2$溶液(10%)：称取 10 g$SnCl_2 \cdot 2H_2O$ 溶于 40 mL 浓热 HCl 中，加水稀释至 100 mL。

硫-磷混酸：将 150 mL 浓 H_2SO_4缓缓加入 700 mL 水中，冷却后加入 150 mL 浓 H_3PO_4混匀。

$K_2Cr_2O_7$标准溶液($c_{1/6K_2Cr_2O_7}$ = 0.100 0 mol · L^{-1})：将 $K_2Cr_2O_7$在 150～180 ℃电烘箱中干燥 2 h，稍冷却后装入广口(磨口)玻璃瓶中，放入干燥器中冷却至室温。采用指定质量称量法，在小烧杯中准确称取 1.225 8 g $K_2Cr_2O_7$于小烧杯中，加水溶解，定量转入 250 mL 容量瓶中，加水稀释至刻度，充分摇匀。

铁矿石试样。

实验步骤

准确称取 0.15～0.20 g 铁矿石试样 3 份，分别置于 250 mL 锥形瓶中，加几滴水使试样润湿并摇动使其散开，以免溶样时黏底。然后加入 10 mL 浓盐酸，盖上表面皿，在通风橱中低温加热试样，试样分解完全时，剩余残渣应为白色或几乎接近白色。样品分解完全后，试样可以放置。用 $SnCl_2$ 还原 Fe^{3+} 至 Fe^{2+} 时，应特别强调，预处理 1 份就立即滴定 1 份，而不能同时预处理几份，再一份一份地滴定。

取已经分解完全的试样 1 份，用少量的水吹洗表面皿和瓶内壁，加热至沸，马上滴加 10% $SnCl_2$ 溶液还原 Fe^{3+} 到黄色刚消失，再过量加 1～2 滴 $SnCl_2$。迅速用流水冷却至室温。立即加入 10 mL 5% $HgCl_2$ 摇匀，此时应有白色丝状的 Hg_2Cl_2（俗称甘汞）沉淀，放置 3～5 min，加水稀释至 100～150 mL，加入 15 mL 硫-磷混酸，滴加5～6 滴二苯胺磺酸钠指示剂，立即用 $K_2Cr_2O_7$ 标准溶液滴定至溶液呈现稳定的紫色，即为终点。平行测定 3 份，计算铁矿石中铁的含量（质量分数）。

思考题

(1) 为什么 $K_2Cr_2O_7$ 能直接称量并配制准确浓度的溶液呢?

(2) 用重铬酸钾法测定铁矿石中铁的质量分数的反应过程如何？指出测定过程中各步的注意事项。

(3) 重铬酸钾法测定铁矿石中全铁时，滴定前为什么要加入 H_3PO_4？加入 H_3PO_4 后为什么要立即滴定?

(4) 测定铁矿石中铁的主要原理是什么？写出计算 Fe 和 Fe_2O_3 质量分数的计算式。

实验十二　碘量法测定铜含量

Ⅰ　铜合金中铜的测定

实验目的

(1) 掌握 $Na_2S_2O_3$ 标准溶液的配制及标定。

(2) 了解间接碘量法测定铜的原理。

实验原理

铜合金中铜的测定，一般采用碘量法。在弱酸溶液中，Cu^{2+} 与过量的 KI 作用，生成 CuI 沉淀，同时析出 I_2，反应式如下：

$$2Cu^{2+} + 4I^- = 2CuI\downarrow + I_2$$

或

$$2Cu^{2+} + 5I^- = 2CuI\downarrow + I_3^-$$

析出的I_2以淀粉为指示剂,用$Na_2S_2O_3$标准溶液滴定:

$$I_2+2S_2O_3^{2-}=\!=\!=2I^-+S_4O_6^{2-}$$

Cu^{2+}与I^-之间的反应是可逆的,任何引起Cu^{2+}浓度减小(如形成配合物等)或引起CuI溶解度增加的因素均使反应不完全。加入过量KI,可使Cu^{2+}的还原趋于完全,但是,CuI沉淀强烈地吸附I_3^-,又会使结果偏低。通常的办法是加入硫氰酸盐,将CuI($K_{sp}=1.1\times10^{-12}$)转化为溶解度更小的CuSCN沉淀($K_{sp}=4.8\times10^{-15}$),把吸附的碘释放出来,使反应更趋于完全。但SCN^-只能在临近终点时加入,否则有可能直接将Cu^{2+}还原为Cu^+,致使计量关系发生变化。反应式如下:

$$CuI+SCN^-=\!=\!=CuSCN\downarrow+I^-$$

$$6Cu^{2+}+7SCN^-+4H_2O=\!=\!=6CuSCN\downarrow+SO_4^{2-}+CN^-+8H^+$$

溶液的pH值一般应控制在3.0～4.0之间。酸度过低,Cu^{2+}易水解,使反应不完全,结果偏低,而且反应速度慢,终点拖长;酸度过高,则I^-被空气中的氧氧化为I_2(Cu^{2+}催化此反应),使结果偏高。

Fe^{3+}能氧化I^-,对测定有干扰,但可加入NH_4HF_2掩蔽。NH_4HF_2(即$NH_4F\cdot HF$)是一种很好的缓冲溶液,因HF的$K_a=6.6\times10^{-4}$($pK_a=3.18$),故能使溶液的pH值控制在3.0～4.0之间。

实验试剂

KI溶液(20%);淀粉溶液(0.5%);NH_4SCN溶液(10%);H_2O_2(30%,原装);$K_2Cr_2O_7$标准溶液($c_{1/6K_2Cr_2O_7}=0.1000\ mol\cdot L^{-1}$);$H_2SO_4$($1\ mol\cdot L^{-1}$);HCl(1∶1);$NH_4HF_2$溶液(20%);HAc(1∶1);氨水(1∶1)。

$Na_2S_2O_3$溶液($0.1\ mol\cdot L^{-1}$):称取12.5 g$Na_2S_2O_3\cdot5H_2O$于烧杯中,加入100～200 mL新煮沸经冷却的蒸馏水,溶解后,加入约0.1 gNa_2CO_3溶液,用新煮沸且冷却的蒸馏水稀释至500 mL,贮存于棕色试剂瓶中,在暗处放置3～5天后标定。

Na_2CO_3(s);纯铜(含量99.9%以上);KIO_3基准物质;铜合金试样。

实验步骤

1. $Na_2S_2O_3$溶液的标定

1) 用$K_2Cr_2O_7$标准溶液标定

准确移取25.00 mL $K_2Cr_2O_7$标准溶液于锥形瓶中,加入10 mL2 $mol\cdot L^{-1}$ H_2SO_4溶液、20%KI溶液10 mL,摇匀放在暗处5 min,待反应完全后,加入80 mL蒸馏水,用待标定的$Na_2S_2O_3$溶液滴定至淡黄色,然后加入5 mL1%淀粉指示剂,继续滴定至溶液呈现亮绿色为终点。记下$V_{Na_2S_2O_3}$,计算$c_{Na_2S_2O_3}$。

2) 用纯铜标定

准确称取0.2 g左右纯铜,置于250 mL烧杯中,加入约10 mL盐酸(1∶1)、

2～3 mL30％H_2O_2溶样，加 H_2O_2时要边滴加边摇动，尽量少加，只要能使金属铜溶解完全即可。加热，使铜溶解完全并将多余的 H_2O_2分解赶尽，然后定量转入250 mL容量瓶中，加水稀释至刻度，摇匀。

准确移取 25.00 mL$K_2Cr_2O_7$标准溶液于 250 mL 锥形瓶中，滴加氨水(1∶1)至溶液刚刚有沉淀生成，然后加入 8 mLHAc(1∶1)、10 mL 20％NH_4HF_2溶液、10 mL20％KI溶液，用 $Na_2S_2O_3$溶液滴定至呈淡黄色，再加入 3 mL0.5％淀粉溶液，继续滴定至浅蓝色，然后加入 10 mL10％NH_4SCN 溶液，继续滴定至溶液的蓝色消失即为终点，记下所消耗的 $Na_2S_2O_3$溶液的体积，计算 $Na_2S_2O_3$溶液的浓度。

3) 用 KIO_3基准物质标定

$c_{1/6KIO_3}=0.100\ 0\ mol \cdot L^{-1}$溶液的配制：准确称取 0.891 7 g KIO_3于烧杯中，加水溶解后，定量转入 250 mL 容量瓶中，加水稀释至刻度，充分摇匀。

吸取 KIO_3 标准溶液 25.00 mL 3 份，分别置于 500 mL 锥形瓶中，然后加入20 mL10％KI溶液、5 mL1 $mol \cdot L^{-1}$ H_2SO_4溶液，加水稀释至约 200 mL，立即用待标定的 $Na_2S_2O_3$溶液滴定，当溶液滴定到由棕色转变为淡黄色时，加入 5 mL 淀粉溶液，继续滴定至溶液由蓝色变为无色即为终点。

2. 铜合金中铜含量的测定

准确称取黄铜试样(含 80％～90％的铜)0.10～0.15 g，置于 250 mL 锥形瓶中，加入 10 mLHCl(1∶1)，滴加约 2 mL 30％H_2O_2，加热使试样溶解完全后，再加热使H_2O_2分解赶尽，再煮沸 1～2 min。但不要使溶液蒸干。冷却后，加约 60 mL 水，滴加氨水(1∶1)直到溶液中刚刚有稳定的沉淀发生，然后加入 8 mL HAc(1∶1)、10 mL 20％NH_4HF_2缓冲溶液、10 mL 20％KI 溶液，然后用 0.1 $mol \cdot L^{-1}$ $Na_2S_2O_3$溶液滴定至浅黄色，加入 3 mL 0.5％淀粉指示剂，继续滴定溶液至浅灰色(或浅蓝色)，加入 10 mL 10％NH_4SCN 溶液，继续滴定至溶液的蓝色消失，此时因有白色沉淀物存在，终点颜色呈现灰白色(或浅肉色)。根据滴定时所消耗的 $Na_2S_2O_3$ 以及试样质量 m 等，计算铜的含量。

思考题

(1) 碘量法测定铜时，为什么常要加入 NH_4HF_2？为什么临近终点时加入 NH_4SCN(或 KSCN)？

(2) 标定 $Na_2S_2O_3$溶液时应注意哪些问题？

(3) 碘量法测定铜为什么要在弱酸性介质中进行？而用 $K_2Cr_2O_7$标定 $Na_2S_2O_3$溶液时，先加入 5 mL 6 $mol \cdot L^{-1}$ HCl，而用 $Na_2S_2O_3$溶液滴定时却要加入 100 mL 蒸馏水稀释，为什么？

(4) 用纯铜标定 $Na_2S_2O_3$溶液时，如用 HCl 和 H_2O_2分解铜，最后 H_2O_2未分解尽，对标定 $Na_2S_2O_3$的浓度会有什么影响？

Ⅱ　胆矾($CuSO_4 \cdot 5H_2O$)中铜的测定

实验目的

(1) 了解淀粉指示剂的作用原理。

(2) 了解碘量法测定铜的原理。

实验原理

胆矾中铜的含量可用碘量法测定。

为了防止 I^- 的氧化(Cu^{2+} 催化此反应)，反应不能在强酸性溶液中进行。由于 Cu^{2+} 的水解及 I_2 易被碱分解，反应也不能在碱性溶液中进行。一般控制反应在 pH 值为 3～4 的弱酸介质中进行。

本方法常用于铜合金、矿石(铜矿)及农药等试样中铜的测定。

实验试剂

H_2SO_4(2 mol · L^{-1})；KI(20%)；KSCN(10%)；Na_2CO_3(s，分析纯)。

淀粉溶液(0.5%)：称取 0.5 g 马铃薯淀粉(山芋粉)于烧杯中，先加少量水润湿，然后加沸水约 100 mL，加热溶解呈透明溶液，冷却后取上层清液使用。

$CuSO_4 \cdot 5H_2O$ 样品：置广口瓶中备用。

$Na_2S_2O_3$ 标准溶液(0.10 mol · L^{-1})：称取 12.5 g $Na_2S_2O_3 \cdot 5H_2O$，溶于刚煮沸并冷却后的 500 mL 水中，再加入约 0.1 g Na_2CO_3，将溶液保存在棕色瓶中，于暗处放置几天后进行标定。

$K_2Cr_2O_7$ 标准溶液($c_{1/6K_2Cr_2O_7}$ = 0.100 0 mol · L^{-1})。

实验步骤

1. $Na_2S_2O_3$ 溶液的标定

$Na_2S_2O_3$ 溶液用 $K_2Cr_2O_7$ 溶液标定，具体操作同“Ⅰ铜合金中铜的测定”。

2. 胆矾中铜的测定

准确称取 0.5～0.6 g $CuSO_4 \cdot 5H_2O$ 样品 3 份，分别置于 250 mL 锥形瓶中，加 12 滴 2 mol · L^{-1} H_2SO_4，溶解，加 80 mL 水、5 mL 20%KI 溶液，用 $Na_2S_2O_3$ 标准溶液滴定至淡黄色，然后加入 5 mL 淀粉溶液继续滴定至溶液呈浅蓝色，再加入 10 mL 10%KSCN 溶液，用 $Na_2S_2O_3$ 溶液滴定至蓝色刚好消失即为终点，此时溶液呈肉红色。平行滴定 3 次，记下每次消耗的 $Na_2S_2O_3$ 溶液体积，计算试样中 Cu 的含量。

思考题

(1) 溶解胆矾试样时，为什么加 H_2SO_4 溶液？能否用 HCl 溶液呢？

(2) 碘量法测定铜时，为什么要在弱酸性介质中进行？

(3) 分析矿石或合金中的铜时，其中含有 Fe(Ⅲ)、NO_3^- 等干扰离子，应如何消除？

实验十三　水样中化学需氧量(COD)的测定

实验目的

(1) 了解环境分析的重要性及水样的采集和保存方法。

(2) 了解水中 COD 与水体污染的关系。

(3) 掌握高锰酸钾法测定水中 COD 的原理。

实验原理

化学需氧量(COD)是指在一定条件下，用强氧化剂处理水样中还原性物质所消耗的氧化剂的量，换算成氧的含量（以 $mg \cdot L^{-1}$计)。化学需氧量反映水体受还原性物质(主要是有机物)污染的程度。测定时，向水样中加入 H_2SO_4 及一定量的$KMnO_4$溶液，在沸水浴中加热，使水样中还原性物质氧化，剩余的 $KMnO_4$用过量的 $Na_2C_2O_4$还原，再以 $KMnO_4$标准溶液返滴定剩余的 $Na_2C_2O_4$。Cl^- 对此法有干扰，故本法仅适合地表水、地下水、饮用水和生活污水中 COD 的测定，含 Cl^- 高的工业废水则应采用重铬酸钾法测定。

测定的反应式为

$$4MnO_4^- + 5C + 12H^+ \xlongequal{} 4Mn^{2+} + 5CO_2\uparrow + 6H_2O$$

$$2MnO_4^- + 5C_2O_4^{2-} + 16H^+ \xlongequal{} 2Mn^{2+} + 10CO_2\uparrow + 8H_2O$$

测定结果计算式为

$$\text{高锰酸盐指数}(O_2, mg \cdot L^{-1}) = \frac{\left[\frac{5}{4}c_{MnO_4^-}(V_1+V_2) - \frac{1}{2}c_{C_2O_4^{2-}}V_{C_2O_4^{2-}}\right] \times 32.00 \times 1\,000}{V_{水样}}$$

式中：V_1——第一次加入 $KMnO_4$溶液的体积；

V_2——第二次加入 $KMnO_4$溶液的体积。

实验试剂

$KMnO_4$溶液 ($0.02\ mol \cdot L^{-1}$)；H_2SO_4溶液(1∶3)。

$KMnO_4$溶液 ($0.002\ mol \cdot L^{-1}$)：吸取 25.00 mL0.02 $mol \cdot L^{-1}$ $KMnO_4$标准溶液于 250 mL 容量瓶中，以新煮沸且冷却的蒸馏水稀释至刻度。

$Na_2C_2O_4$标准溶液 ($0.005\ mol \cdot L^{-1}$)：将 $Na_2C_2O_4$ 于 100～105 ℃干燥 2 h，在干燥器中冷却至室温，准确称取 0.17 g 左右干燥原试样，置于小烧杯中，加水溶解，并定量转移至 250 mL 容量瓶中，加水稀释至刻度。

水样：采集水样后，应加入 H_2SO_4 溶液使水样 pH＜2，抑制微生物繁殖，必要时在 0～5 ℃保存，应在 48 h 内测定。

实验步骤

根据水质污染程度取水样 10～100 mL，由外观可初步判断取样量：洁净透明的水样取 100 mL；污染严重、混浊的水样取 10～30 mL，补蒸馏水至 100 mL。将水样置于 250 mL 锥形瓶中，加 10 mL H_2SO_4 后，准确加入 10 mL 0.002 mol · L^{-1} $KMnO_4$ 溶液，立即加热至沸，若此时红色褪去，说明水中有机物含量较多，应补加适量 $KMnO_4$ 溶液，直至试样溶液呈现稳定的红色。从冒第一个大泡开始计时，用小火准确煮沸 10 min，取下锥形瓶，趁热加入 10.00 mL 0.005 mol · L^{-1} $Na_2C_2O_4$ 标准溶液，摇匀，溶液由红色转为无色。用 0.002 mol · L^{-1} $KMnO_4$ 溶液滴定至稳定的淡红色为终点。平行测定 3 份，取平均值。

另取 100 mL 蒸馏水代替水样，同上操作，求得空白值，计算化学需氧量时将空白值减去。

思考题

(1) 水样的采集及保存应注意哪些事项？

(2) 水样中加入 $KMnO_4$ 溶液煮沸后，若紫红色消失说明什么？应采取什么措施？

(3) 当水样中 Cl^- 含量高时，能否用该法测定？为什么？

(4) 测定水中 COD 的意义何在？有哪些方法测定 COD？

实验十四　直接碘量法测定水果中维生素 C 的含量

实验目的

(1) 掌握碘标准溶液的配制与标定。

(2) 了解直接碘量法测定维生素 C 的原理及操作过程。

实验原理

维生素 C(VC)即 L-抗坏血酸，分子式为 $C_6H_8O_6$，因为其分子中的烯二醇基具有还原性，能被 I_2 定量氧化成二酮基而生成脱氢维生素 C：

```
   ┌────O─────────┐       H  OH                   ┌────O──────────┐       H    OH
   │              │       |  |                    │               │       |    |
   C──C═══C───C───C───CH + I2  ──→           C──C──C───C───C────CH + 2HI
   ‖  |   |   |   |   |                      ‖  ‖  ‖   |   |    |
   O  OH  OHH     OHH                         O  O  O   H   OH   H
```

维生素 C 的半反应为

$$C_6H_8O_6 \rightleftharpoons C_6H_6O_6 + 2H^+ + 2e^- \qquad E^\ominus \approx +0.18\ V$$

由于维生素C还原性很强，极易被空气中的氧氧化，特别是在碱性介质中更易发生歧化反应，因此测定时加入乙酸使溶液呈弱酸性，以降低氧化速度，减少维生素C的损失。

实验试剂

淀粉溶液(5 g · L^{-1})；乙酸溶液 (2 mol · L^{-1})。

I_2溶液 ($c_{\frac{1}{2}I_2}$ = 0.10 mol · L^{-1})：称取 3.3 g I_2和 5 gKI，置于研钵中，在通风橱中加入少量水研磨，待I_2全部溶解后，将溶液转入棕色试剂瓶中，加水稀释至 250 mL，充分摇匀，置于暗处保存。

I_2标准溶液($c_{\frac{1}{2}I_2}$ = 0.010 mol · L^{-1})：将上述I_2溶液稀释 10 倍即可。

$Na_2S_2O_3$标准溶液(0.01 mol · L^{-1})：将实验十二中的 0.1 mol · L^{-1} $Na_2S_2O_3$溶液稀释 10 倍即可。

果浆：取水果可食部分捣碎制成。

$NaHCO_3$(s)。

实验步骤

1. I_2溶液的标定

吸取 25.00 mL $Na_2S_2O_3$标准溶液 3 份，分别置于 250 mL 锥形瓶中，加 50 mL 水、2 mL 淀粉溶液，用I_2溶液滴定至溶液呈稳定的蓝色，且 30 s 内不褪色即为终点。计算I_2溶液的浓度。

2. 水果中维生素C含量的测定

于 100 mL 小烧杯中准确称取新制得的果浆 (橙、橘、番茄等的果浆)30～50 g，立即加入 10 mL 2 mol · L^{-1}乙酸，定量转入 250 mL 锥形瓶中，加入 2 mL 淀粉溶液，立即用I_2标准溶液滴定至溶液呈现稳定的蓝色。计算果浆中维生素C的含量。

思考题

(1) 果浆中加入乙酸的作用是什么？

(2) 配制I_2溶液时加入 KI 的目的是什么？

实验十五　试样中游离氯含量的测定

Ⅰ　莫尔(Mohr)法

实验目的

(1) 学习 $AgNO_3$标准溶液的配制和标定。

(2) 掌握莫尔法进行沉淀滴定的原理、方法和实验操作。

实验原理

某些可溶性氯化物中氯含量的测定常采用莫尔法。在中性或弱碱性溶液中，以K_2CrO_4为指示剂，用$AgNO_3$标准溶液进行滴定。因AgCl沉淀的溶解度比Ag_2CrO_4小，所以溶液中首先析出AgCl沉淀，当AgCl定量沉淀后，过量加1滴$AgNO_3$，溶液即与CrO_4^{2-}生成砖红色Ag_2CrO_4沉淀，指示达到终点。主要反应式如下：

$$Ag^+ + Cl^- = AgCl\downarrow \quad \text{(白色)} \qquad K_{sp}=1.8\times10^{-10}$$

$$2Ag^+ + CrO_4^{2-} = Ag_2CrO_4\downarrow \quad \text{(砖红色)} \qquad K_{sp}=2.0\times10^{-12}$$

滴定必须在中性或弱碱性溶液中进行，最适宜pH值范围为6.5～10.5。如果有铵盐存在，溶液的pH值需控制在6.5～7.2之间。

指示剂的用量对滴定有影响，一般以$5\times10^{-3}\ mol\cdot L^{-1}$为宜。凡是能与$Ag^+$生成难溶性化合物或配合物的阴离子都干扰测定，如$PO_4^{3-}$、$AsO_4^{3-}$、$SO_3^{2-}$、$S^{2-}$、$CO_3^{2-}$、$C_2O_4^{2-}$等。其中$H_2S$可加热煮沸除去，将$SO_3^{2-}$氧化成$SO_4^{2-}$后不再干扰测定。大量$Cu^{2+}$、$Ni^{2+}$、$Co^{2+}$等有色离子将影响终点观察。凡是能与$CrO_4^{2-}$指示剂生成难溶化合物的阳离子也干扰测定，如$Ba^{2+}$、$Pb^{2+}$能与$CrO_4^{2-}$分别生成$BaCrO_4$和$PbCrO_4$沉淀。$Ba^{2+}$的干扰可加入过量的$Na_2SO_4$消除。

Al^{3+}、Fe^{3+}、Bi^{3+}、Sn^{4+}等高价金属离子在中性或弱碱性溶液中易水解产生沉淀，会干扰测定。

实验试剂

NaCl基准试剂：在500～600 ℃高温炉中灼烧半小时后，置于干燥器中冷却。也可将NaCl置于带盖的瓷坩埚中，加热，并不断搅拌，待爆炸声停止后，继续加热15 min，将坩埚放入干燥器中冷却后使用。

$AgNO_3$标准溶液(0.1 mol·L^{-1})：称8.5 g $AgNO_3$溶解于500 mL不含Cl^-的蒸馏水中，将溶液转入棕色试剂瓶中，置暗处保存，以防光照分解。

K_2CrO_4溶液(5%)。

实验步骤

1. $AgNO_3$溶液的标定

准确称取0.5～0.65 g基准NaCl于小烧杯中，转入100 mL容量瓶中，稀释至刻度，摇匀。

用移液管移取25.00 mL NaCl于250 mL锥形瓶中，加入25 mL水，用吸量管加入1 mL5% K_2CrO_4溶液，在不断摇动下，用$AgNO_3$溶液滴定至呈现砖红色，即为终点。平行标定 3 份。根据所消耗 $AgNO_3$ 的体积和 NaCl 的质量，计算 $AgNO_3$ 的浓度。

2. 试样分析

准确称取 1.5 g NaCl 试样置于烧杯中，加水溶解后，转入 250 mL 容量瓶中，用水稀释至刻度，摇匀。

用移液管移取 25.00 mL 试液于 250 mL 锥形瓶中，加 25 mL 水，用 1 mL 吸量管加入 1 mL 5% K_2CrO_4 溶液，在不断摇动下，用 $AgNO_3$ 标准溶液滴定至溶液出现砖红色，即为终点。平行测定 3 份，计算试样中氯的含量。

实验完毕后，将装有 $AgNO_3$ 溶液的滴定管先用蒸馏水冲洗 2～3 次，再用自来水洗净，以免 AgCl 残留于管内。

思考题

(1) 莫尔法测氯时，为什么溶液的 pH 值须控制在 6.5～10.5？

(2) 以 K_2CrO_4 作指示剂时，指示剂浓度过大或过小对测定有何影响？

Ⅱ　佛尔哈德(Volhard)法

实验目的

(1) 学习 NH_4SCN 标准溶液的配制和标定。

(2) 掌握用佛尔哈德法测定氯化物中氯含量的原理与操作。

实验原理

在含 Cl^- 的酸性试液中，加入一定量过量的 Ag^+ 标准溶液，定量生成 AgCl 沉淀后，过量 Ag^+ 以铁铵矾为指示剂，用 NH_4SCN 标准溶液回滴，由 $[Fe(SCN)]^{2+}$ 配离子的红色指示滴定终点。主要反应式为

$$Ag^+ + Cl^- = AgCl\downarrow \quad K_{sp} = 1.8\times10^{-10}$$

(白色)

$$Ag^+ + SCN^- = AgSCN\downarrow \quad K_{sp} = 1.0\times10^{-12}$$

(白色)

$$Fe^{3+} + SCN^- = [Fe(SCN)]^{2+} \quad K_1 = 138$$

(红色)

指示剂用量大小对滴定有影响，一般控制 Fe^{3+} 浓度为 0.015 $mol\cdot L^{-1}$ 为宜。

滴定时，控制氢离子浓度为 0.1～1 $mol\cdot L^{-1}$，剧烈摇动溶液，并加入硝基苯（有毒！）或石油醚保护 AgCl 沉淀，使其与溶液隔开，防止 AgCl 沉淀与 SCN^- 发生交换反应而消耗滴定剂。

测定时，能与 SCN^- 生成沉淀，或生成配合物，或能氧化 SCN^- 的物质均有干扰。PO_4^{3-}、AsO_4^{3-}、CrO_4^{2-} 等离子，由于酸效应的作用而不影响测定。

佛尔哈德法常用于直接测定银合金和矿石中银的质量分数。

实验试剂

$AgNO_3$标准溶液(0.1 mol·L^{-1});铁铵矾指示剂(40%);硝基苯。

NH_4SCN标准溶液(0.1 mol·L^{-1}):称取3.8 g NH_4SCN(分析纯),用500 mL水溶解后转入试剂瓶中。

HNO_3(1∶1):若含有氮的氧化物而呈黄色时,应煮沸驱除氮氧化物。

NaCl试样(s)。

实验步骤

1. NH_4SCN溶液的标定

用移液管移取25.00 mL $AgNO_3$标准溶液于250 mL锥形瓶中,加入5 mL HNO_3(1∶1)、1.0 mL铁铵矾指示剂,然后用NH_4SCN溶液滴定。滴定时,剧烈振荡溶液,当滴至溶液颜色为淡红色稳定不变时,即为终点。平行标定3份。计算NH_4SCN溶液的浓度。

2. 试样分析

准确称取约2 gNaCl试样于50 mL烧杯中,加水溶解后,转入250 mL容量瓶中,稀释至刻度,摇匀。用移液管移取25.00 mL试样溶液于250 mL锥形瓶中,加25 mL水、5 mLHNO_3(1∶1),由滴定管加入$AgNO_3$标准溶液至过量5~10 mL(加入$AgNO_3$溶液时,生成白色AgCl沉淀,接近计量点时,氯化银要凝聚,振荡溶液,再让其静置片刻,使沉淀沉降,然后加入几滴$AgNO_3$到清液层,如不生成沉淀,说明$AgNO_3$已过量,这时,再适当加至过量5~10 mL$AgNO_3$即可)。然后,加入2 mL硝基苯,用橡皮塞塞住瓶口,剧烈振荡30 s,使AgCl沉淀进入硝基苯层而与溶液隔开。再加入1.0 mL铁铵矾指示剂,用NH_4SCN标准溶液滴至出现淡红色的$[Fe(SCN)]^{2+}$配合物且稳定不变时,即为终点。平行测定3份。计算NaCl试样中氯的含量。

思考题

(1) 用佛尔哈德法测氯时,为什么要加入石油醚或硝基苯?当用此法测定Br^-、I^-时,还需加入石油醚或硝基苯吗?

(2) 试讨论酸度对佛尔哈德法测定卤素离子含量时的影响。

(3) 本实验为什么用HNO_3酸化?用HCl或H_2SO_4行吗?为什么?

实验十六　邻二氮菲分光光度法测定铁

实验目的

(1) 学习分光光度计的使用方法。

(2) 通过分光光度法测定铁的条件实验,学会如何选择光度分析的条件。

(3) 掌握邻二氮菲分光光度法测定铁的原理和方法。

实验原理

邻二氮菲(Phen)又称邻菲啰啉、菲绕林,是测定铁的一种良好试剂。在 pH＝2～9的溶液中,Fe^{2+} 与邻二氮菲生成稳定的橘红色配合物$[Fe(Phen)_3]^{2+}$,其 $\lg\beta_3=21.3$,摩尔吸光系数 $\varepsilon_{508}=1.1\times10^4\ L\cdot mol^{-1}\cdot cm^{-1}$。当铁为三价状态时,可用盐酸羟胺还原:

$$2Fe^{3+}+2NH_2OH\cdot HCl=\!=\!=2Fe^{2+}+N_2\uparrow+4H^++2H_2O+2Cl^-$$

测定时,控制溶液的酸度在 pH＝5 左右较好。酸度高,反应进行较慢;酸度太低,则 Fe^{2+} 水解,影响显色。

Cu^{2+}、Co^{2+}、Ni^{2+}、Cd^{2+}、Hg^{2+}、Mn^{2+}、Zn^{2+} 等离子也能与邻二氮菲生成稳定配合物,在少量情况下,不影响 Fe^{2+} 的测定,量大时可用 EDTA 掩蔽或预先分离。

分光光度法的实验条件,如测量波长、溶液酸度、显色剂用量、显色时间、温度、溶剂以及共存离子干扰及其消除等,都是通过实验来确定的。本实验在测定试样中铁含量之前,先做部分条件实验,以便初学者掌握确定实验条件的方法。

实验仪器及试剂

分光光度计。

邻二氮菲水溶液(0.15%);NaAc($1\ mol\cdot L^{-1}$);NaOH ($0.1\ mol\cdot L^{-1}$);HCl ($6\ mol\cdot L^{-1}$)。

铁标准溶液($100\ \mu g\cdot mL^{-1}$):准确称取 0.863 4 g $NH_4Fe(SO_4)_2\cdot12H_2O$(分析纯)于 200 mL 烧杯中,加入 20 mL 6 $moL\cdot L^{-1}$ HCl 和少量水,溶解后转移至 1 L 容量瓶中,稀释至刻度,摇匀。

盐酸羟胺水溶液(10%):用时配制。

实验步骤

1. 调节仪器

按照仪器说明书调节仪器,设定参数,备用。

2. 实验条件的选择

(1) 吸收曲线的测绘。

用吸量管吸取 0.0 mL、1.0 mL 铁标准溶液分别注入 2 个 50 mL 容量瓶(或比色管)中,各加入 1 mL 盐酸羟胺溶液、2 mL 邻二氮菲、5 mLNaAc,用水稀释至刻度,摇匀。放置 10 min 后,用 1 cm 比色皿,以试剂空白(即 0.0 mL 铁标准溶液)为参比溶液,在 440～560 nm 之间,每隔 10 nm 测一次吸光度,在最大吸收峰附近,每隔

2 nm 测定一次吸光度。在坐标纸上,以波长 λ 为横坐标,吸光度 A 为纵坐标,绘制 A 与 λ 关系的吸收曲线。从吸收曲线上选择测定 Fe 的适宜波长,一般选用最大吸收波长 λ_{max}。

(2) 溶液酸度的选择。

取 7 个编好号的 50 mL 容量瓶(或比色管),分别加入 1 mL 铁标准溶液、1 mL 盐酸羟胺、2 mL 邻二氮菲,摇匀。然后,用滴定管分别加入 0.0 mL、2.0 mL、5.0 mL、10.0 mL、15.0 mL、20.0 mL、30.0 mL 0.10 mol · L^{-1} NaOH 溶液,用水稀释至刻度,摇匀。放置 10 min。用 1 cm 比色皿,以蒸馏水为参比溶液,在选择的波长下测定各溶液的吸光度。同时,用 pH 计测量各溶液的 pH 值。以 pH 值为横坐标,吸光度 A 为纵坐标,绘制 A 与 pH 值关系的酸度影响曲线,得出测定铁的适宜酸度范围。

(3) 显色剂用量的选择。

取 7 个编好号的 50 mL 容量瓶(或比色管),各加入 1 mL 铁标准溶液、1 mL 盐酸羟胺,摇匀。再分别加入 0.10 mL、0.30 mL、0.50 mL、0.80 mL、1.0 mL、2.0 mL、4.0 mL 邻二氮菲和 5 mLNaAc 溶液,以水稀释至刻度,摇匀。放置 10 min。用 1 cm 比色皿,以蒸馏水为参比溶液,在选择的波长下测定各溶液的吸光度。以所取邻二氮菲溶液体积 V 为横坐标,吸光度 A 为纵坐标,绘制 A 与 V 关系的显色剂用量影响曲线。得出测定铁时显色剂的最适宜用量。

(4) 显色时间。

在一个 50 mL 容量瓶(或比色管)中,加入 1 mL 铁标准溶液、1 mL 盐酸羟胺溶液,摇匀。再加入 2 mL 邻二氮菲、5 mLNaAc,以水稀释至刻度,摇匀。立刻用 1 cm 比色皿,以蒸馏水为参比溶液,在选择的波长下测量吸光度。然后依次测量放置 5 min、10 min、30 min、60 min、120 min……后的吸光度。以时间 t 为横坐标,吸光度 A 为纵坐标,绘制 A 与 t 的显色时间影响曲线。得出铁与邻二氮菲显色反应完全所需要的适宜时间。

3. 铁含量的测定

(1) 标准曲线的制作。

用移液管吸取 10 mL 100 μg · mL^{-1} 铁标准溶液于 100 mL 容量瓶中,加入 2 mLHCl,用水稀释至刻度,摇匀。此液为每毫升含 Fe^{3+} 10 μg。

在 6 个编好号的 50 mL 容量瓶(或比色管)中,用吸量管分别加入 0.0 mL、2.0 mL、4.0 mL、6.0 mL、8.0 mL、10.0 mL 10 μg · mL^{-1} 铁标准溶液,分别加入 1 mL盐酸羟胺、2 mL 邻二氮菲、5 mL NaAc 溶液,每加入一种试剂后都要摇匀。然后,用水稀释至刻度,摇匀后放置 10 min。用 1 cm 比色皿,以试剂为空白(即 0.0 mL 铁标准溶液),在所选择的波长下,测量各溶液的吸光度。以含铁量为横坐标,吸光度 A 为纵坐标,绘制标准曲线。

由绘制的标准曲线,重新查出相应铁浓度的吸光度,计算 Fe^{2+}-Phen 配合物的摩

尔吸光系数 ε。

(2) 试样中铁含量的测定。

准确吸取 2 mL 试液于 50 mL 容量瓶(或比色管)中,按标准曲线的制作步骤,加入各种试剂,测量吸光度。从标准曲线上查出和计算试样中铁的含量($\mu g \cdot mL^{-1}$)。

(3) 数据处理说明。

手工绘制各种条件实验曲线、标准曲线以及计算试样中物质的含量,是学生应该掌握的实验基本功。

思考题

(1) 本实验各项测定中,量取体积用什么器皿?为什么?

(2) 吸收曲线和标准曲线的测绘有何意义?

(3) 邻二氮菲分光光度法测铁的适宜条件是什么?

(4) 制作标准曲线和进行其他条件实验时,加入试剂的顺序能否任意改变?为什么?

实验十七　钢铁中镍含量的测定

实验目的

(1) 了解重量法的原理。

(2) 熟悉沉淀和过滤过程的操作。

实验原理

丁二酮肟是二元弱酸 H_2D,其分子式为 $C_4H_8O_2N_2$,摩尔质量为 116.2 $g \cdot mol^{-1}$。HD^- 能在氨性溶液中与 Ni^{2+} 发生沉淀反应。经过滤、洗涤、在 120 ℃下烘干至恒重,称得丁二酮肟镍沉淀的质量 $m_{Ni(HD)_2}$。

本法沉淀介质为 pH=8～9 的氨性溶液。酸度大,生成 H_2D,使沉淀溶解度增大;酸度小,由于生成 D^{2-},同样将增加沉淀的溶解度。氨浓度太高,会生成 Ni^{2+} 的氨配合物。

丁二酮肟是一种高选择性的有机沉淀剂,它只与 Ni^{2+}、Pd^{2+}、Fe^{2+} 生成沉淀。Co^{2+}、Cu^{2+} 与其生成水溶性配合物,不仅会消耗 H_2D,而且会引起共沉淀现象。若 Co^{2+}、Cu^{2+} 含量高时,最好进行二次沉淀或预先分离。

由于 Fe^{3+}、Al^{3+}、Cr^{3+}、Ti^{4+} 等离子在氨性溶液中生成氢氧化物沉淀,干扰测定,故在溶液加氨水前,需加入柠檬酸或酒石酸等配位剂,使其生成水溶性的配合物。

实验仪器、试剂及材料

G4 微孔玻璃坩埚(2 个)。

酒石酸或柠檬酸溶液(50%);丁二酮肟 1%-乙醇溶液;氨水(1∶1);HCl(1∶1);HNO_3(2 mol·L^{-1});$AgNO_3$(0.1 mol·L^{-1})。

氨-氯化铵洗涤液:每 100 mL 水中加 1 mL 氨水和 1 gNH_4Cl。

混合酸:HCl+HNO_3+H_2O(3∶1∶2)。

钢铁试样。

实验步骤

准确称取试样 2 份,分别置于 500 mL 烧杯中,加入 20～40 mL 混合酸,盖上表面皿,低温加热溶解后,煮沸除去氮的氧化物,加入 5～10 mL50%酒石酸溶液(每克试样加入 10 mL),然后,在不断搅动下,滴加氨水(1∶1)至溶液 pH=8～9,此时溶液转变为蓝绿色。如有不溶物,应将沉淀过滤,并用热的氨-氯化铵洗涤液洗涤沉淀数次(洗涤液与滤液合并)。滤液用 HCl(1∶1)酸化,用热水稀释至约 300 mL,加热至 70～80 ℃,在不断搅动下,加入 1%丁二酮肟-乙醇溶液沉淀 Ni^{2+}(每毫克 Ni^{2+} 约需 1 mL 1%丁二酮肟-乙醇溶液),最后再多加 20～30 mL,但所加试剂的总量不要超过试液体积的 1/3,以免增大沉淀的溶解度。然后在不断搅拌下,滴加氨水(1∶1),使溶液的 pH 值为 8～9。在 60～70 ℃下保温 30～40 min。取下,稍冷后,用已恒重的 G4 微孔玻璃坩埚进行减压过滤,用微氨性的 50%酒石酸溶液洗涤烧杯和沉淀 8～10 次,再用温热水洗涤沉淀至无 Cl^- 为止(检查 Cl^- 时,可将滤液以稀 HNO_3 酸化,用 $AgNO_3$ 检查)。将装有沉淀的微孔玻璃坩埚在 130～150 ℃烘箱中烘 1 h,冷却,称重,再烘干、称重,直至恒重为止。根据丁二酮肟镍的质量,计算试样中镍的含量。

实验完毕后,坩埚用稀 HCl 洗涤干净。

思考题

(1) 溶解试样时加入 HNO_3 起什么作用?

(2) 为了得到纯丁二酮肟镍沉淀,应选择和控制好哪些条件?

(3) 本法测定 Ni 含量时,也可将 $Ni(HD)_2$ 沉淀灼烧至恒重。试比较两种方法的优缺点。

实验十八　$BaCl_2 \cdot 2H_2O$ 中钡含量的测定

实验目的

(1) 了解晶形沉淀的生成原理和沉淀条件。

(2) 练习沉淀的生成、过滤、洗涤和灼烧的操作技术。

实验原理

称取一定量 $BaCl_2 \cdot 2H_2O$,用水溶解,加稀 HCl 酸化,加热至微沸,在不断搅动下，慢慢地加入稀、热的 H_2SO_4，Ba^{2+} 与 SO_4^{2-} 反应，形成晶形沉淀。沉淀经陈化、过滤、洗涤、烘干、炭化、灰化、灼烧后，以 $BaSO_4$ 形式称重，可求出 $BaCl_2$ 中 Ba 的含量。

$BaSO_4$ 溶解度很小（$K_{sp}=1.1\times10^{-10}$），100 mL 溶液在 25 ℃时溶解 0.25 mg，当过量沉淀剂存在时，溶解度更小，一般可以忽略不计。用 $BaSO_4$ 重量法测定 Ba^{2+} 时，一般用稀 H_2SO_4 作沉淀剂。为了使 $BaSO_4$ 沉淀完全，H_2SO_4 必须过量。由于 H_2SO_4 在高温下可挥发除去，故沉淀带下的 H_2SO_4 不致引起误差，因此沉淀剂可过量 50%～100%。如果用 $BaSO_4$ 重量法测定 SO_4^{2-} 时，沉淀剂 $BaCl_2$ 过量只允许 20%～30%，因为 $BaCl_2$ 灼烧时不易挥发除去。

在进行沉淀时，必须注意创造和控制有利于形成较大颗粒晶体的条件，如在搅拌条件下将沉淀剂的稀溶液加入试样溶液、采用陈化步骤等。

$PbSO_4$、$SrSO_4$ 的溶解度均较小，Pb^{2+}、Sr^{2+} 对钡的测定有干扰。NO_3^-、ClO_3^-、Cl^- 等阴离子和 K^+、Na^+、Ca^{2+}、Fe^{3+} 等阳离子，均可以引起共沉淀现象，故应严格掌握沉淀条件，减少共沉淀现象，以获得纯净的 $BaSO_4$ 晶形沉淀。

实验仪器、试剂及材料

瓷坩埚（25 mL，2～3 个）；定量滤纸（慢速或中速）；沉淀帚（1 把）；玻璃漏斗（2 个）。

H_2SO_4（1 mol·L^{-1}，0.1 mol·L^{-1}）；HCl（2 mol·L^{-1}）；HNO_3（2 mol·L^{-1}）；$AgNO_3$（0.1 mol·L^{-1}）。

$BaCl_2\cdot2H_2O$（分析纯）。

实验步骤

1. 称样及沉淀的制备

准确称取 2 份 0.4～0.6 g$BaCl_2\cdot2H_2O$ 试样，分别置于 250 mL 烧杯中，加入约 100 mL 水、3 mL2 mol·L^{-1} HCl，搅拌溶解，加热至近沸。

另取 4 mL1 mol·L^{-1} H_2SO_4 2 份于 2 个 100 mL 烧杯中，加水 30 mL，加热至近沸，趁热将 2 份 H_2SO_4 溶液分别用小滴管逐滴地加入到 2 份热的钡盐溶液中，并用玻璃棒不断搅拌，直至 2 份 H_2SO_4 溶液加完为止。待 $BaSO_4$ 沉淀下沉后，于上层清液中加入 1～2 滴 0.1 mol·L^{-1} H_2SO_4 溶液，仔细观察沉淀是否完全。沉淀完全后，盖上表面皿（切勿将玻璃棒拿出杯外），放置过夜陈化。也可将沉淀放在水浴或沙浴上，保温 40 min，陈化。

2. 沉淀的过滤和洗涤

按前述操作，用慢速或中速滤纸以倾注法过滤。用稀 H_2SO_4（用 1 mL 1 mol·L^{-1} H_2SO_4 加 100 mL 水配成）洗涤沉淀 3～4 次，每次约 10 mL。然后，将沉淀定量转移到滤纸上，用沉淀帚由上到下擦拭烧杯内壁，并用折叠滤纸时撕下的小片滤纸擦拭杯壁，并将此小片滤纸放于漏斗中，再用稀 H_2SO_4 洗涤 4～6 次，直至洗涤

液中不含 Cl^- 为止(检查方法:用试管收集 2 mL 滤液,加 1 滴 2 mol · L^{-1} HNO_3 酸化,加入 2 滴 $AgNO_3$,若无白色混浊产生,表示 Cl^- 已洗净)。

3. 空坩埚的恒重

将 2 个洁净的瓷坩埚放在(800±20) ℃的马弗炉中灼烧至恒重(恒重是指两次灼烧后称量质量之差不能大于 0.4 mg)。第一次灼烧 40 min,第二次后每次只灼烧 20 min。灼烧也可在煤气灯上进行。

4. 沉淀的灼烧和恒重

将折叠好的沉淀滤纸包置于已恒重的瓷坩埚中,经烘干、炭化、灰化后,在(800±20) ℃马弗炉中灼烧至恒重。计算 $BaCl_2 \cdot 2H_2O$ 中 Ba 的含量。

思考题

(1) 为什么要在稀 HCl 介质中沉淀 $BaSO_4$? HCl 加入太多有何影响?

(2) 为什么要在热溶液中沉淀 $BaSO_4$,而要在冷却后过滤?

(3) 沉淀完毕后,为什么要将沉淀与母液一起保温放置一段时间后才进行过滤?

(4) 用倾注法过滤有什么优点?

(5) 什么叫恒重? 怎样才能把灼烧后的沉淀称准?

实验十九 水泥熟料中 SiO_2、Fe_2O_3、Al_2O_3、CaO 和 MgO 含量的测定

实验目的

(1) 了解重量法测定水泥熟料中 SiO_2 含量的原理和方法。

(2) 进一步掌握配位滴定法的原理,特别是通过控制试液的酸度、温度及选择适当的掩蔽剂和指示剂等,在铁、铝、钙、镁共存时直接分别测定它们的方法。

(3) 掌握配位滴定的几种测定方法——直接滴定法、返滴法和差减法,以及这几种测定法中的计算方法。

(4) 掌握水浴加热、沉淀、过滤、洗涤、灰化、灼烧等操作技术。

实验原理

水泥熟料主要由硅酸盐组成,它是由水泥生料经 1 400 ℃以上的高温煅烧而成的。通过熟料分析,可以检验熟料质量和烧成情况的好坏,根据分析结果,可及时调整原料的配比以控制生产。

普通硅酸盐水泥熟料的主要化学成分及其控制范围,大致如表 3-2-3 所示。

同时,对几种成分限制如下:

$$w_{MgO} < 4.5\%, \quad w_{SO_3} < 3.0\%$$

表 3-2-3 普通硅酸盐水泥熟料的主要化学成分及其控制范围

化学成分	含量范围(质量分数)/(%)	一般控制范围(质量分数)/(%)
SiO_2	18～24	20～24
Fe_2O_3	2.0～5.5	3～5
Al_2O_3	4.0～9.5	5～7
CaO	60～68	63～68

水泥熟料中碱性氧化物占60%以上,因此易为酸所分解。水泥熟料中主要为硅酸三钙($3CaO \cdot SiO_2$[①])、硅酸二钙($2CaO \cdot SiO_2$)、铝酸三钙($3CaO \cdot Al_2O_3$)和铁铝酸四钙($4CaO \cdot Al_2O_3 \cdot Fe_2O_3$)等化合物的混合物,易为酸所分解。当这些化合物与盐酸作用时,生成硅酸和可溶性的氯化物:

$$2CaO \cdot SiO_2 + 4HCl \longrightarrow 2CaCl_2 + H_2SiO_3 + H_2O$$

$$3CaO \cdot SiO_2 + 6HCl \longrightarrow 3CaCl_2 + H_2SiO_3 + 2H_2O$$

$$3CaO \cdot Al_2O_3 + 12HCl \longrightarrow 3CaCl_2 + 2AlCl_3 + 6H_2O$$

$$4CaO \cdot Al_2O_3 \cdot Fe_2O_3 + 20HCl \longrightarrow 4CaCl_2 + 2AlCl_3 + 2FeCl_3 + 10H_2O$$

硅酸是一种很弱的无机酸,在水溶液中绝大部分以溶胶状态存在,其化学式应以 $SiO_2 \cdot nH_2O$ 表示。在用浓酸和加热蒸干等方法处理后,能使绝大部分硅酸水溶胶脱水成水凝胶析出,因此可以利用沉淀分离的方法把硅酸与水泥中的铁、铝、钙、镁等其他组分分开。本实验中以重量法测定 SiO_2 的含量,Fe_2O_3、Al_2O_3、CaO 和 MgO 的含量以 EDTA 配位滴定法测定。

在水泥经酸分解后的溶液中,采用加热蒸发近干和加固体氯化铵两种措施,使水溶性胶状硅酸尽可能全部脱水析出。蒸干脱水是将溶液温度控制在 100～110 ℃下进行的。由于 HCl 的蒸发,硅酸中所含的水分大部分被带走,硅酸水溶胶即成为水凝胶析出。由于溶液中的 Fe^{3+}、Al^{3+} 等离子在温度超过 110 ℃时易水解生成难溶性的碱式盐,而混在硅酸凝胶中,这样将使 SiO_2 的结果偏高,而 Fe_2O_3、Al_2O_3 等的结果偏低,故加热蒸干宜采用水浴以严格控制温度。

加入固体 NH_4Cl 后,由于 NH_4Cl 的水解,夺取了硅酸中的水分,从而加速了脱水过程,促使含水二氧化硅由溶于水的水溶胶变为不溶于水的水凝胶。反应式如下:

$$NH_4Cl + H_2O \rightleftharpoons NH_3 \cdot H_2O + HCl$$

含水硅酸的组成不固定,故沉淀经过滤、洗涤、烘干后,还需经 950～1 000 ℃高温灼烧成固定成分 SiO_2,然后称量,根据沉淀的质量计算 SiO_2 的质量分数。

灼烧时,硅酸凝胶不仅失去吸附水,并进一步失去结合水,脱水过程的变化如下:

$$H_2SiO_3 \cdot nH_2O \xrightarrow{110\ ℃} H_2SiO_3 \xrightarrow{950\sim1\ 000\ ℃} SiO_2$$

灼烧所得的 SiO_2 沉淀是雪白而又疏松的粉末。如所得沉淀呈灰色、黄色或红棕

① 这里的化学式 $3CaO \cdot SiO_2$ 指的是 3 分子 CaO 与 1 分子 SiO_2。其他化学式如 $2CaO \cdot SiO_2$ 含义与之相同。

色,说明沉淀不纯。在要求比较高的测定中,应用氢氟酸-硫酸处理后重新灼烧、称量,扣除混入杂质量。

水泥中的铁、铝、钙、镁等组分以 Fe^{3+}、Al^{3+}、Ca^{2+}、Mg^{2+} 等离子形式存在于过滤 SiO_2 沉淀后的滤液中,它们都与 EDTA 形成稳定的配离子。但这些配离子的稳定性有较显著的差别,因此只要控制适当的酸度,就可用 EDTA 分别滴定它们。

铁的测定:一般以磺基水杨酸或其钠盐为指示剂,在 pH=1.5～2,温度为 60～70 ℃条件下进行。滴定反应式如下:

滴定反应

$$Fe^{3+} + H_2Y^{2-} = FeY^- + 2H^+$$

(亮黄色)

指示剂显色反应

$$Fe^{3+} + HIn^- = FeIn^+ + H^+$$

(无色)　(紫红色)

终点时

$$FeIn^+ + H_2Y^{2-} = FeY^- + HIn^- + H^+$$

(紫红色)　(亮黄色)

终点时由紫红色变为亮黄色。

用 EDTA 滴定铁的关键,在于正确控制溶液 pH 值和掌握适宜的温度。实验表明,溶液的酸度控制得不恰当对测定铁的结果影响很大。在 pH=1.5 时,结果偏低;pH>3 时,Fe^{3+} 开始形成红棕色氢氧化物,往往无滴定终点,共存的 Ti^{4+} 和 Al^{3+} 的影响也显著增加。滴定时溶液的温度以 60～70 ℃为宜,当温度高于 75 ℃,并有 Al^{3+} 存在时,Al^{3+} 亦可能与 EDTA 配合,使 Fe_2O_3 的测定结果偏高,而 Al_2O_3 的结果偏低。当温度低于 50 ℃时,则反应速度缓慢,不易得出准确的终点。

铝的测定:以 PAN 为指示剂的铜盐返滴法是普遍采用的一种测定铝的方法。

因为 Al^{3+} 与 EDTA 的配合作用进行得较慢,不宜采用直接滴定法,所以一般先加入过量的 EDTA 溶液,并加热煮沸,使 Al^{3+} 与 EDTA 充分反应,然后用 $CuSO_4$ 标准溶液返滴过量的 EDTA。

Al-EDTA 配合物是无色的,PAN 指示剂在 pH 值为 4.3 的条件下是黄色的,所以滴定开始前溶液呈黄色。随着 $CuSO_4$ 标准溶液的加入,Cu^{2+} 不断与过量的 EDTA 生成淡蓝色的 Cu-EDTA,溶液逐渐由黄色变为绿色。在过量的 EDTA 与 Cu^{2+} 完全反应后,继续加入 $CuSO_4$,过量的 Cu^{2+} 即与 PAN 配合生成深红色配合物,由于蓝色的 Cu-EDTA 的存在,所以终点呈紫色。滴定过程中的反应如下:

滴定反应

$$Al^{3+} + H_2Y^{2-} = AlY^- + 2H^+$$

用铜盐返滴过量 EDTA

$$H_2Y^{2-} + Cu^{2+} = CuY^{2-} + 2H^+$$

(蓝色)

终点时变色反应

$$Cu^{2+} + PAN \longrightarrow Cu\text{-}PAN$$
（黄色）　（深红色）

这里需要注意的是，溶液中存在三种有色物质，而它们的浓度又在不断变化，溶液的颜色取决于三种有色物质的相对浓度，因此终点颜色的变化比较复杂。

终点是否敏锐，关键是Cu-EDTA配合物浓度的大小。终点时，Cu-EDTA的量等于加入的过量EDTA的量。一般来说，在100 mL溶液中加入的EDTA标准溶液(浓度约为0.015 $mol \cdot L^{-1}$)以过量10 mL为宜。在这种情况下，实际观察到的终点颜色为紫红色。

实验试剂

盐酸(浓，1∶1，3∶97)；硝酸(浓，1∶1)；氨水(1∶1)；NaOH溶液(100 $g \cdot L^{-1}$)；$AgNO_3$溶液(0.5%)；三乙醇胺(1∶1)；EDTA标准溶液(0.015 $mol \cdot L^{-1}$)；$CuSO_4$标准溶液(0.015 $mol \cdot L^{-1}$)；酒石酸钾钠溶液(100 $g \cdot L^{-1}$)；HAc-NaAc缓冲溶液(pH=4.3)；NH_3-NH_4Cl缓冲溶液(pH=10)；溴甲酚绿指示剂(0.05%)；磺基水杨酸指示剂(100 $g \cdot L^{-1}$)；PAN指示剂-乙醇溶液(0.2%)；酸性铬蓝K-萘酚绿B固体混合指示剂(简称K-B指示剂)；固体钙指示剂。

$NH_4Cl(s)$。

实验步骤

1. 0.015 $mol \cdot L^{-1}$EDTA标准溶液的标定

具体操作方法请参考相关实验。

2. SiO_2的测定

准确称取试样0.5 g左右，置于干燥的50 mL烧杯(或100～150 mL瓷蒸发皿)中，加2 g固体氯化铵，用平头玻璃棒混合均匀。盖上表面皿，沿杯口滴加3 mL浓盐酸和1滴浓硝酸①，仔细搅匀，使试样充分分解。

将烧杯置于沸水浴上，杯上放一玻璃三脚架，再盖上表面皿，蒸发至近干(需10～15 min)取下，加10 mL热的稀盐酸(3∶97)，搅拌，使可溶性盐类溶解，以中速定量滤纸过滤，用胶头沉淀帚以热的稀盐酸②(3∶97)擦洗玻璃棒及烧杯，并洗涤沉淀至洗涤液中不含Cl^-为止。

滤液及洗涤液保存在250 mL容量瓶中，并用水稀释至刻度，摇匀，供测定Fe^{3+}、Al^{3+}、Ca^{2+}、Mg^{2+}等离子之用。

将沉淀和滤纸移至已称至恒重的瓷坩埚中，先在电炉上低温烘干，再升高温度使

---

① 加入浓硝酸的目的是使铁全部以三价状态存在。

② 此处以热的稀盐酸溶解残渣是为了防止Fe^{3+}和Al^{3+}水解成氢氧化物沉淀而混在硅酸中，以及防止硅酸胶溶。

滤纸充分灰化[①]。然后在 950～1 000 ℃的高温炉内灼烧 30 min。取出，稍冷，再置于干燥器中，冷却至室温(需 15～40 min)，称量。

如此反复灼烧，直至恒重。

3. Fe^{3+} 的测定

准确吸取分离 SiO_2 后的滤液 50 mL[②]，置于 400 mL 烧杯中，加 2 滴[③] 0.05%溴甲酚绿指示剂(溴甲酚绿指示剂在 pH 值小于 3.8 时呈黄色，大于 5.4 时呈绿色)，此时溶液呈黄色。逐滴滴加氨水(1∶1)，使之呈绿色。然后用 HCl (1∶1)溶液调节溶液酸度至呈黄色后再过量 3 滴，此时溶液酸度约为 pH=2。加热至约 70 ℃[④]取下，加 10 滴 100 g · L^{-1} 磺基水杨酸，以 0.015 mol · L^{-1} EDTA 标准溶液滴定。

滴定开始时溶液呈红紫色，此时滴定速度宜稍快些，当溶液开始呈淡红紫色时，滴定速度放慢，一定要每加 1 滴，摇匀，并观察实验现象，然后再加 1 滴，必要时加热[⑤]，直至滴到溶液变为亮黄色，即为终点。

4. Al^{3+} 的测定

在滴定铁含量后的溶液中，加入约 20 mL[⑥] 0.015 mol · L^{-1} EDTA 标准溶液，记下读数，然后用水稀释至 200 mL，用玻璃棒搅匀。然后再加入 15 mL pH=4.3 的 HAc-NaAc 缓冲溶液[⑦]，以精密 pH 试纸检查。煮沸 1～2 min，取下，冷至 90 ℃左右，加入 4 滴 0.2%PAN 指示剂，以 0.015 mol · L^{-1} $CuSO_4$ 标准溶液滴定。

开始时溶液呈黄色，随着 $CuSO_4$ 标准溶液的加入，颜色逐渐变绿并加深，直至再加入 1 滴突然变为亮紫色，即为终点。在变为亮紫色之前，曾有由蓝绿色变灰绿色的过程。在灰绿色溶液中再加 1 滴 $CuSO_4$ 溶液，即为亮紫色。

5. Ca^{2+} 的测定

准确吸取分离 SiO_2 后的滤液 25 mL 置于 250 mL 锥形瓶中，加水稀释至约 50 mL，加 4 mL 三乙醇胺溶液(1∶1)，摇匀后再加 5 mL 100 g · L^{-1} NaOH 溶液，再摇匀，加入约 0.01 g 固体钙指示剂(用药勺小头取约 1 勺)，此时溶液呈酒红色。然后以 0.015 mol · L^{-1} EDTA 标准溶液滴定至溶液呈蓝色，即为终点。

---

① 也可以放在电炉上干燥后，直接送入高温炉灰化，而将高温炉的温度由低温(例如 100 ℃或 200 ℃)渐渐升高。

② 分离 SiO_2 后的滤液要节约使用(例如清洗移液管时，取用少量此溶液，最好用干燥的移液管)，尽可能多保留一些溶液，以便必要时用以进行重复滴定。

③ 溴甲酚绿不宜多加，如加多了，黄色的底色深，在铁的滴定中，对准确观察终点的颜色变化有影响。

④ 注意防止剧沸，否则 Fe^{3+} 会水解形成氢氧化铁，使实验失败。

⑤ Fe^{3+} 与 EDTA 的配合反应进行较慢，故最好加热以加速反应。滴定慢，溶液温度降得低，不利于反应，但是如果滴得快，来不及反应，又容易滴过终点，较好的办法是开始时滴定稍快(注意也不能很快)，至化学计量点附近时放慢。

⑥ 根据试样中 Al_2O_3 的大致含量进行粗略计算。此处加入 20 mLEDTA 标准溶液，约过量 10 mL。

⑦ Al^{3+} 在 pH 值为 4.3 的溶液中会产生沉淀，因此必须先加 EDTA 标准溶液，再加 HAc-NaAc 缓冲溶液，并加热。这样在溶液的 pH 值达 4.3 之前，大部分 Al^{3+} 已生成 Al-EDTA 配合物，以免水解而形成沉淀。

6. Mg^{2+}的测定

准确吸取分离 SiO_2 后的滤液 25 mL 置于 250 mL 锥形瓶中，加水稀释至约 50 mL，加 1 mL 100 g·L^{-1}酒石酸钾钠溶液，加 4 mL 三乙醇胺溶液(1∶1)，摇匀后，加入 5 mL pH 值为 10 的 NH_3-NH_4Cl 缓冲溶液，再摇匀，然后加入适量酸性铬蓝 K-萘酚绿 B 指示剂，以 0.015 mol·L^{-1}EDTA 标准溶液滴定至溶液呈蓝色，即为终点。根据此结果计算所得的为钙、镁含量之和，由此减去钙量即为镁量。

实验注意事项

根据我国国家标准《水泥化学分析方法》(GB 176—1996)中规定，同一人员或同一实验室对上述测定项目的允许误差范围如下：

测定项目含量低于 2%时，允许误差为 0.1%；

测定项目含量高于 2%时，允许误差为 0.2%。

即同一人员分别进行 2 次测定，所得结果的绝对差值应在此范围内。如不超出此范围，取其平均值作为分析结果；如超出此范围，则应进行第三次测定，所得结果与前 2 次或其中任一次之差值符合此规定的范围时，取符合规定的结果(有几次就取几次)的平均值[①]。否则，应查找原因，并再次进行测定。

除了对每一测定项目的平行实验应考虑是否超出允许误差范围外，还应把这几项的测定结果累加起来，看其总和是多少。一般来说，这 5 项是水泥熟料的主要成分，其总和应是相当高的，但不可能是 100%，因为水泥熟料中还可能有 MnO、TiO、K_2O、Na_2O、SO_3、烧失量和酸不溶物等，如果总和超过 100%，这是不合理的，应查找原因。

思考题

(1) 本实验测定 SiO_2 含量的方法原理是什么？

(2) 试样分解后加热蒸发的目的是什么？操作中应注意些什么？

(3) 洗涤沉淀的操作中应注意些什么？怎样提高洗涤的效果？

(4) 在 Fe^{3+}、Al^{3+}、Ca^{2+}、Mg^{2+} 等离子共存的溶液中，以 EDTA 分别滴定 Fe^{3+}、Al^{3+}、Ca^{2+} 等离子以及 Ca^{2+}、Mg^{2+} 的含量之和时，是怎样消除其他共存离子的干扰的？

(5) 在滴定上述各种时，溶液酸度应分别控制在什么范围？怎样控制？

(6) 滴定 Fe^{3+}、Al^{3+} 时，各应控制什么样的温度范围？为什么？

(7) 在测定 SiO_2、Fe^{3+} 及 Al^{3+} 时，操作中应注意些什么？

(8) 测定 Fe^{3+} 时，如 $pH<1$，对 Fe^{3+} 和 Al^{3+} 的测定有什么影响？若 $pH>4$，又各有什么影响？

---

① 从数理统计观点出发，严格地说，从仅有的 3 个数据中选取 2 个相近的而舍去那个相差远的，是不合适的。

(9) 测定 Al^{3+} 时,如 pH<4,对 Al^{3+} 的测定结果有什么影响?

(10) 测定 Ca^{2+}、Mg^{2+} 含量时,如 pH>10,对测定结果有什么影响?

(11) 在 Al^{3+} 的测定中,为什么要注意 EDTA 的加入量?以加入多少为宜?

(12) 在 Ca^{2+} 的测定中,为什么要先加入三乙醇胺而后加入 NaOH 溶液?

第三节　设计性实验

为了提高学生的学习积极性,培养创新精神,提高理论联系实际的能力和分析问题、解决问题的能力,在实验课的中、后期,应安排若干个设计性实验。在确定实验选题后,要求学生运用已学习过的理论知识和实验技能,通过查阅有关的参考资料,拟订实验方案并进行实验。在拟订实验方案的过程中,应注意以下几点。

(1) 根据测定试样的性质和测试目的,选定简单、经济和实用的实验方案。

(2) 测试样品的组成和大致含量,选定所用试剂并确定相关的浓度和用量。对于滴定时所使用的标准溶液,要求其浓度不要高于:HCl(0.2 $mol\cdot L^{-1}$)、NaOH(0.2 $mol\cdot L^{-1}$)、Cu^{2+}(0.02 $mol\cdot L^{-1}$)、Zn^{2+}(0.02 $mol\cdot L^{-1}$)、EDTA(0.02 $mol\cdot L^{-1}$)、$AgNO_3$(0.02 $mol\cdot L^{-1}$)、$Na_2S_2O_3$(0.15 $mol\cdot L^{-1}$)。

(3) 考虑试样中共存组成对测定的影响,以确定试样是否需要预处理及处理的方法。

综合考虑上述问题后,拟订实验方案,包括以下内容。

(1) 分析方法原理,包括试样预处理和消除干扰的方法原理,以及实验结果的计算公式。

(2) 所需的仪器设备、试剂的规格和浓度。

(3) 实验步骤,包括需要进行的实验条件及方法。

(4) 注意事项。

(5) 参考文献。

拟订好的实验方案应交指导教师评阅后,方可进行实验。

在实验结束后,提交实验报告。实验报告的内容除包括实验方案中的5条外,还需增加以下2条内容:①实验原始数据、实验现象、实验数据处理和实验结果;②对实验现象的讨论和对设计的方案的实验结果的评价。

设计实验完成后,教师应及时地组织学生进行交流和总结,使学生的研究性学习得以升华。

实验二十　酸碱滴定方案设计

实验目的

(1) 培养查阅有关文献的能力。

(2) 运用所学知识和参考资料设计分析实验，对实际试样写出实验方案。

(3) 在教师指导下对各种混合酸碱系统的组成含量进行分析测定，培养分析问题、解决问题的能力。

(4) 提前1周进行待测混合酸碱系统选题，根据题目查阅资料，自拟分析方案，待教师审阅后，进行实验工作，写出实验报告。

提示

在设计混合酸碱组分测定方法时，主要应考虑下面几个问题。

(1) 有几种测定方法？选择最优方案。

(2) 所设计方法的原理：包括准确、分步(分别)滴定的判别；滴定剂选择；计量点pH值计算；指示剂的选择及分析结果的计算公式。

(3) 所需试剂的用量、浓度、配制方法。

(4) 实验步骤：包括标定、测定及其他实验步骤。

(5) 数据记录(最好列成表格形式)。

(6) 讨论：包括注意事项、误差分析、心得体会等。

强酸和弱酸混合物分步滴定原理与混合物(如本章实验四碱液中NaOH及Na_2CO_3含量的测定)的分析类同，可根据滴定曲线上每个化学计量点附近的pH值的突跃范围，选择不同变色范围的指示剂，确定各组分的滴定终点。再由标准溶液的浓度和所消耗的体积求出混合物中各组分的含量。

1) HCl-NH_4Cl

用甲基红为指示剂，以NaOH标准溶液滴定HCl溶液至NaCl。用甲醛法强化NH_4^+，酚酞为指示剂，以NaOH标准溶液滴定。

2) $NaHCO_3$-Na_2CO_3

混合碱中加酚酞指示剂，用HCl标准溶液滴定至无色，设消耗HCl溶液为V_1，再以甲基橙为指示剂，用HCl标准溶液滴定至橙色，设消耗HCl溶液为V_2，根据V_1及V_2的大小，可判别混合碱的组成并计算各组分含量。

3) NaOH-Na_3PO_4

以百里酚酞为指示剂，用HCl标准溶液将NaOH滴定至NaCl，PO_4^{3-}滴定至HPO_4^{2-}。以甲基橙为指示剂，用HCl标准溶液将HPO_4^{2-}滴定至$H_2PO_4^-$。

4) NaH_2PO_4-Na_2HPO_4

以酚酞(或百里酚酞)为指示剂，用NaOH标准溶液滴定$H_2PO_4^-$至HPO_4^{2-}。

以甲基橙或溴酚蓝为指示剂，用HCl标准溶液滴定HPO_4^{2-}至$H_2PO_4^-$，可以分取2份分别滴定，也可以在同一份溶液中连续滴定。

5) HCl-H_3BO_3

与HCl-NH_4Cl系统类同，唯H_3BO_3的强化要用甘油或甘露醇。

6) NH_3-NH_4Cl

以甲基红为指示剂,用 HCl 标准溶液滴定 NH_3 至 NH_4^+。用甲醛法将 NH_4^+ 强化后以 NaOH 标准溶液滴定。

7) H_3BO_3-$Na_2B_4O_7$

以甲基红为指示剂,用 HCl 标准溶液滴定 $Na_2B_4O_7$ 至 H_3BO_3,加入甘油或甘露醇强化 H_3BO_3 后,用 NaOH 滴定总量,差减法求出原试液中 H_3BO_3 的含量。

8) HAc-H_2SO_4

首先测定酸的总量,然后加入 $BaCl_2$ 将 H_2SO_4 沉淀析出,过滤,洗涤后,用配合滴定法测定 SO_4^{2-} 的量。

9) HCl-H_3PO_4

以茜素红为指示剂,用 NaOH 标准溶液滴定 HCl 溶液至 NaCl,H_3PO_4 至 $H_2PO_4^-$,再以百里酚酞为指示剂滴定 $H_2PO_4^-$ 至 HPO_4^{2-}。

10) H_2SO_4-HCl

先滴定酸的总量,然后以沉淀滴定法测定其中 Cl^- 含量,用差减法求出 H_2SO_4 的量。

11) HAc-NaAc

以酚酞为指示剂,用 NaOH 标准溶液滴定 HAc 至 NaAc,在浓盐介质系统中滴定 NaAc 的含量。

12) NH_3-H_3BO_3

它们的混合物会生成 NH_4^+ 与 $H_2BO_3^-$,以甲醛法测定 NH_4^+,用甘露醇法测定 H_3BO_3 的量。

实验二十一　配位滴定方案设计

实验目的

(1) 培养在配位滴定实验中解决实际问题的能力。通过分析方案的设计、实践,加深对理论课程的理解,掌握返滴定、置换滴定等技巧;初步掌握分离、掩蔽等理论和实验知识。

(2) 培养阅读参考资料的能力,提高设计水平和独立完成实验报告的能力。

(3) 在本实验方案设计所列出的内容中,自选 1 个设计项目。在阅读参考资料的基础上,拟订实验方案,经教师批阅后,写出详细的实验报告。

实验报告内容大致如下。

① 题目。

② 测量方法概述。

③ 试剂的品种、数量和配制方法;试剂的浓度和体积。

④ 操作步骤(标定、测定等)。

⑤ 数据及相关公式。

⑥ 结果和讨论。

选题参考

1) Bi^{3+}-Fe^{3+}混合液中Bi^{3+}和Fe^{3+}含量的测定

提示:EDTA与这两种离子所形成的配合物的稳定度相当,不能用控制酸度的方法对它们进行分别测定。用适当的还原剂掩蔽Fe^{3+}后,即可测定Bi^{3+}的含量。

2) 胃舒平药片中Al_2O_3和MgO含量的测定

提示:胃舒平药片中的有效成分是$Al(OH)_3 \cdot 2MgO$。中国药典规定每片药片中Al_2O_3的含量不小于0.116 g,MgO的含量不小于0.020 g。

3) EDTA含量的测定

提示:EDTA作为一种常用的试剂,在生产过程及成品检验中,必须对它的含量进行测定。自行查阅有关文献,并拟订分析测定方案。

4)黄铜中铜和锌含量的测定

提示:可参考关于铜和锌测定的参考文献,并拟订分析测定方案。

实验二十二　氧化-还原滴定方案设计

实验目的

(1) 巩固理论课中学过的重要氧化-还原反应的知识。

(2) 对滴定前的预先氧化-还原处理过程有所了解。

(3) 对较复杂的氧化-还原系统的组分测定能设计出可行的方案。

选题参考

1) HCOOH与HAc混合溶液

提示:以酚酞为指示剂,用NaOH溶液滴定总酸量,在强碱性介质中向试样溶液中加入过量$KMnO_4$标准溶液,此时甲酸被氧化为CO_2,MnO_4^-被还原为MnO_4^{2-},同时MnO_4^{2-}被歧化为MnO_4^-及MnO_2。加酸,加入过量的KI还原过量部分的MnO_4^-及歧化生成的MnO_4^-、MnO_2至Mn^{2+},并析出I_2,再以$Na_2S_2O_3$标准溶液滴定。

2) 葡萄糖注射液中葡萄糖含量的测定

提示:I_2在NaOH溶液中生成次碘酸钠,它可将葡萄糖定量地转化为葡萄糖酸,过量的次碘酸钠被歧化为$NaIO_3$和NaI,酸化后$NaIO_3$与NaI作用析出I_2,以$Na_2S_2O_3$标准溶液滴定I_2,可以计算出葡萄糖的质量分数。

3) 含有Mn和V的混合试样

提示:试样分解后,将Mn和V预处理为Mn^{2+}和VO^{2+},以$KMnO_4$溶液滴定,加入$H_4P_2O_7$,使Mn^{2+}形成稳定的焦磷酸盐配合物,继续用$KMnO_4$溶液滴定生成的

Mn^{2+}及原有的Mn^{2+}至Mn^{3+}。根据$KMnO_4$消耗的体积计算Mn、V的质量分数。

4) H_2SO_4-$H_2C_2O_4$混合液中各组分浓度测定

提示：以NaOH滴定H_2SO_4及$H_2C_2O_4$总酸量，以酚酞为指示剂。用高锰酸钾法测定$H_2C_2O_4$的质量分数，用总酸浓度减去$H_2C_2O_4$的含量后，可以求得H_2SO_4的含量。

5) 含Cr_2O_3和MnO矿石中Cr及Mn的测定

提示：以Na_2O_2为熔融试样，得到MnO_4^{2-}及CrO_4^{2-}，煮沸除去过氧化物，酸化溶液，MnO_4^{2-}歧化为MnO_4^-和MnO_2。过滤除去MnO_2，滤液中加入过量Fe^{2+}标准溶液，还原CrO_4^{2-}及MnO_4^-，过量部分的Fe^{2+}用$KMnO_4$滴定。

6) PbO-PbO_2混合物

提示：加入过量的$H_2C_2O_4$标准溶液使PbO_2还原为Pb^{2+}，用氨水中和溶液，Pb^{2+}定量沉淀为PbC_2O_4，过滤。滤液酸化，以$KMnO_4$标准溶液滴定，沉淀用酸溶解后再以$KMnO_4$滴定。

7) 胱氨酸纯度的测定

提示：$KBrO_3$-KBr在酸性介质中反应产生Br_2，胱氨酸在强酸性介质中被Br_2氧化，剩余的Br_2用KI还原，析出的I_2用$Na_2S_2O_3$标准溶液滴定。

8) Na_2S与Sb_2S_5混合物

提示：试样溶解后，预处理使Sb(Ⅴ)全部还原为SbO_3^{3-}，在$NaHCO_3$介质中以I_2标准溶液滴定至终点。另取1份试样溶于酸，并将H_2S收集于I_2标准溶液中，过量的I_2溶液用$Na_2S_2O_3$返滴定。

9) As_2O_3与As_2O_5混合物

提示：将试样处理为AsO_3^{3-}与AsO_4^{3-}的混合溶液，调节溶液为弱碱性，以淀粉为指示剂，用I_2标准溶液滴定AsO_3^{3-}至溶液变蓝色即为终点。再将该溶液用HCl溶液调节至酸性，并加入过量KI溶液，AsO_4^{3-}将I^-氧化至I_2，用$Na_2S_2O_3$滴定析出的I_2直至终点。

实验二十三　石灰石中钙含量的测定

提示

(1) 石灰石的主要成分是碳酸钙和碳酸镁，其中还含有少量其他形式的碳酸盐、硅酸盐、磷酸盐和硫化铁。如果矿样中硅酸盐含量较高，样品需要高温熔融。

(2) 本设计实验的目的是引导学生开阔思路，利用已学的理论，设计采用不同的分析方法解决同一个问题。Ca^{2+}既不具有氧化-还原性，也不具备酸碱性，最常用的测定方法可采用配位滴定法，但共存的铁、镁等离子会产生干扰。此外，以CaC_2O_4的形式沉淀Ca^{2+}与溶液中的其他离子分离，然后用间接氧化-还原滴定法也可测定Ca^{2+}含量。

实验二十四　漂白精中有效氯和总钙量的测定

提示

漂白精是用氯气与消石灰反应制得的，主要成分为次氯酸钙、氢氧化钙，分子式可写为 $3Ca(ClO)_2 \cdot 2Ca(OH)_2$。其中有效氯和固体总钙量是影响新产品质量的两个关键指标。

漂白精中有效氯是指次氯酸盐酸化时放出的氯：

$$Ca(ClO)_2 + 4HCl = CaCl_2 + 2Cl_2 + 2H_2O$$

漂白精的漂白能力是以有效氯为指标(以有效氯的质量分数表示)。测定漂白精中的有效氯是在酸性溶液中，次氯酸盐转化为次氯酸后与碘化钾反应析出一定量的碘，然后用 $Na_2S_2O_3$ 标准溶液滴定。

漂白精中总钙量的测定可以用钙指示剂以 EDTA 配位滴定法测定。由于漂白精中的次氯酸盐能使钙指示剂褪色，干扰测定，因此应考虑在配位滴定前用一定的还原剂除去次氯酸盐。

实验二十五　黄连素片中盐酸小檗碱的测定(氧化-还原滴定法)

提示

市面的黄连素片的主要成分为盐酸小檗碱($C_{20}H_{18}ClNO_4 \cdot 2H_2O$, $M_r = 407.85$)，它具有还原性，能和 $K_2Cr_2O_7$ 定量反应，反应的计量关系为 $n_{K_2Cr_2O_7}/n_{盐酸小檗碱} = 1/2$。因此可用过量的 $K_2Cr_2O_7$ 标准溶液与之反应，余下的 $K_2Cr_2O_7$ 标准溶液再用间接碘量法滴定。根据盐酸小檗碱溶于热水的特点，取若干黄连素片(糖衣片剥去糖衣，胶囊取其内容物)，研细，准确称取本品粉末(同时另取本品粉末，100 ℃干燥，测定干燥失重)，置于烧杯中，加沸水使之溶解，放冷，定容，过滤，滤液即为氧化-还原滴定的试液。

实验二十六　Fe_2O_3 与 Al_2O_3 混合物的测定

提示

试样用酸溶解后，将 Fe^{3+} 还原为 Fe^{2+}，用 $K_2Cr_2O_7$ 标准溶液滴定。向试液中加入过量 EDTA 标准溶液，在 pH 值为 3～4 时煮沸以配合 Al^{3+}，冷却后加入六次甲基四胺缓冲溶液，以二甲酚橙为指示剂，用 Zn^{2+} 标准溶液滴定过量的 EDTA。也可以在 pH 值为 1 时，用磺基水杨酸为指示剂，以 EDTA 滴定 Fe^{3+}，然后用上述方法测定 Al^{3+}。

实验二十七　铅精矿中铅的测定

提示

试样用氯酸钾饱和的浓硝酸分解，在硫酸介质中铅形成硫酸铅沉淀，通过过滤与共存元素分离。硫酸铅用乙酸-乙酸钠缓冲溶液溶解，以二甲酚橙为指示剂，在pH值为5～6时用EDTA标准溶液滴定，由消耗的EDTA标准溶液体积计算矿样中铅的质量分数。

主要参考文献

[1] 上海师范大学生命与环境科学学院，黄杉生. 分析化学实验[M]. 北京：科学出版社，2008.
[2] 武汉大学. 分析化学实验[M]. 4版. 北京：高等教育出版社，2006.
[3] 蔡炳新，陈贻文. 基础化学实验[M]. 北京：科学出版社，2001.
[4] 湖南大学化学化工学院，张正奇. 分析化学[M]. 2版. 北京：科学出版社，2006.
[5] 四川大学化工学院，浙江大学化学系. 分析化学实验[M]. 3版. 北京：高等教育出版社，2003.
[6] 佘振宝，姜桂兰. 分析化学实验[M]. 北京：化学工业出版社，2006.
[7] 武汉大学. 分析化学[M]. 5版. 北京：高等教育出版社，2006.
[8] Christian G D. Analytical Chemistry[M]. 6th ed. New York：John Wiley & Sons Inc.，2004.
[9] Skoog D A，West D M，Holle F J，et al. Fundamentals of Analytical Chemistry [M]. 8th ed. [S. l.]：Brooks/Cole-Thomson Learning Inc.，2004.

第四章　基本实验（Ⅲ）

第一节　基础性实验

实验一　气相色谱填充柱的制备

实验目的

(1) 学习固定液的涂渍方法。
(2) 学习色谱柱的装填技术。
(3) 掌握色谱柱的老化处理方法。

实验原理

色谱柱是气相色谱仪的关键部件之一。在气相色谱分析中，某多组分混合物能否完全分离，主要取决于色谱柱柱效能的高低和选择性的好坏。对于气-液填充色谱来说，这些性能又直接与固定液选择得是否适当、固定液涂渍得是否均匀和固定相在柱内填充的情况有关，因而柱制备必须得当。

色谱柱的制备包括材料准备、固定液的涂渍、固定相的装填和色谱柱的老化。由于在涂渍过程中溶剂不能完全除去，而残存的溶剂将严重影响柱子的分离作用，因而必须经老化过程彻底除去残存溶剂。

实验仪器及试剂

Agilent 6890D 型气相色谱仪；红外灯；筛子(0.175～0.246 mm，60～80 目)；真空泵或水泵；小漏斗；烧杯；不锈钢色谱柱管(2 m)。

邻苯二甲酸二壬酯(DNP)(色谱纯)；载体(0.175～0.246 mm，60～80 目)；乙醚(分析纯)；氢氧化钠(分析纯)。

实验步骤

1. 载体的预处理

取市售商品载体适量，于 105 ℃烘箱内烘干 4～6 h，以除去吸附的水分。

2. 空色谱柱的预处理

将空色谱柱按以下顺序进行清洗：先在 5% 热 NaOH 溶液中浸泡，水洗至中性，再用 5%HCl 溶液清洗,水洗至中性,而后用有机溶剂(如丙酮)润洗,烘干。

3. 固定液的涂渍

称取载体 10 g,置于 50 mL 量筒内,记下体积。称取固定液邻苯二甲酸二壬酯 1.0 g 于 250 mL 烧杯中,加略多于载体体积的无水乙醚,溶解后,将载体倒入,迅速摇匀,使乙醚淹没全部载体。在通风橱内红外灯下,用手不断拍打烧杯,防止载体结块,直至溶剂全部挥发,然后再烘烤 5～10 min(<80 ℃)。本实验选用的固定液与载体的配比为 10∶100。

4. 固定相的装填

在两层纱布间垫一层脱脂棉,包住柱管一端,与真空泵或水泵相连,另一端接一漏斗。启动真空泵,边抽气边从漏斗上缓缓加入已涂渍好的载体,并用小木棒轻轻敲打色谱柱,使装填紧密均匀,直至载体不再下降。取下色谱柱,切断电源。在色谱柱两端去掉少许固定相,塞上玻璃棉,两端安上螺帽,标明进气方向,填充完毕。

5. 色谱柱的老化处理

(1) 把填充好的色谱柱的进气口与色谱仪上载气口相连接,色谱柱的出气口直接连通大气,不要接检测器,以免检测器受杂质污染。

(2) 开启载气(小流量 15 mL · min^{-1}),调节柱箱温度于 110 ℃(老化温度应在高于使用温度 25 ℃但低于最高使用温度范围内),进行老化处理 4～8 h,然后接上检测器,开启记录仪电源,若记录的基线平直,说明老化处理完毕,即可用于测定。

实验注意事项

(1) 涂渍时不能用玻璃棒搅拌,也不能用烘箱或在高温下烘烤。

(2) 装填过程中不能猛敲猛打,避免载体破碎。

(3) 所选溶剂应能完全溶解固定液,不可出现悬浮或分层现象,同时溶剂用量应能完全浸润载体。

(4) 使用乙醚或其他有毒溶剂时,应在通风橱内操作。

思考题

(1) 涂渍固定液应注意哪些问题?

(2) 通过本实验,你认为要装填好一个均匀、紧密的色谱柱,在操作上应注意哪些问题?

(3) 如果固定液未溶解完全就加入载体,将有什么影响?

(4) 色谱柱为什么需进行老化处理? 如何进行?

实验二　苯系混合物的定性分析

实验目的

(1) 了解气相色谱仪的基本结构,掌握气相色谱分离的基本原理。

(2) 学习利用保留值进行色谱对照的定性方法。

(3) 学习气相色谱仪和色谱工作站的基本操作。

实验原理

气相色谱分离原理是基于试样中各组分在气相和固定相间有不同的分配系数。在一定的固定相与操作条件下，各种物质都有各自确定的保留值，因此，可以根据保留值进行定性。

纯物质对照法定性是将试样中各个色谱峰的保留时间与各相应的标准品在同一条件下所得的保留时间进行对照比较，确定各色谱峰所代表的物质。该法是气相色谱分析中最常用的一种定性方法，简便快捷，但保留时间受色谱操作条件的影响较大。

实验仪器及试剂

气相色谱仪(FID)；色谱工作站；氮气钢瓶；氢气钢瓶；空气钢瓶(或气体发生器)；色谱柱；微量进样器(10 μL)。

苯(分析纯)；甲苯(分析纯)；乙苯(分析纯)；乙醇(分析纯)。

实验条件

色谱柱：HP-1 弹性石英毛细管色谱柱(25 m×0.32 mm，0.25 μm)；柱温：110 ℃；检测温度：150 ℃；汽化温度：150 ℃；载气：氮气，流量 1.1 $mL \cdot min^{-1}$；空气：300 $mL \cdot min^{-1}$；氢气：30 $mL \cdot min^{-1}$；进样量：1 μL；分流比：50∶1。

实验步骤

(1) 标准溶液配制。在 3 只 10 mL 具塞锥形瓶中，按 1∶50(体积比)比例分别配制苯、甲苯、乙苯的乙醇溶液，摇匀备用。

(2) 试样溶液配制。按 1∶50(体积比)比例配制未知试样的乙醇溶液，摇匀备用。

(3) 开启氮气钢瓶、氢气钢瓶、空气钢瓶(或气体发生器)，打开气相色谱仪主机电源，启动计算机，待仪器自检完毕打开色谱工作站软件，联机。根据上述实验条件进行设置，待仪器升温到预定温度并点火完毕，此时仪器指示灯由红变绿，即可进样。

(4) 分别吸取以上各种标准溶液 1 μL，依次进样，打印谱图并标明相应的标准品名称。

(5) 吸取 1 μL 未知试样溶液进样，打印色谱图并做相应标注。

数据记录及处理

(1) 记录实验条件。

(2) 请将纯物质对照定性的相关实验数据及结果记入表 4-1-1 中。

表 4-1-1 纯物质对照定性

未知试样中各峰 t_R/min	峰 1	峰 2	峰 3
纯物质 t_R/min	苯	甲苯	乙苯
定性结论	峰 1	峰 2	峰 3
组分名称			

思考题

(1) 为什么可以利用色谱峰的保留值进行色谱定性分析?

(2) 本实验是否需要准确进样?

实验三 对羟基苯甲酸酯类混合物的反相高效液相色谱分析

实验目的

(1) 学习高效液相色谱保留值定性方法和归一化法定量。

(2) 进一步了解高效液相色谱仪基本结构和工作原理。

(3) 掌握高效液相色谱分析操作,熟悉工作站软件操作。

实验原理

在对羟基苯甲酸酯类混合物中含有对羟基苯甲酸甲酯、对羟基苯甲酸乙酯、对羟基苯甲酸丙酯和对羟基苯甲酸丁酯,它们都是强极性化合物,可采用反相液相色谱进行分析,选用非极性的 C-18 烷基键合相作固定相,甲醇的水溶液作流动相。

由于在一定的实验条件下,酯类各组分的保留值保持恒定,因此在同样条件下,将测得的未知物的各组分保留时间与已知纯酯类各组分的保留时间进行对照,即可确定未知物中各组分存在与否。这种利用纯物质对照进行定性的方法,适用于来源已知,且组分简单的混合物。

本实验采用归一化法定量,计算公式:

$$w_i = \frac{f_i A_i}{\sum_{i=1}^{n} f_i A_i} \times 100\%$$

由于对羟基苯甲酸酯类混合物属同系物,具有相同的生色团和助色团,因此它们在紫外光度检测器上具有相同的校正因子,故上式可简化为

$$w_i = \frac{A_i}{\sum_{i=1}^{n} A_i} \times 100\%$$

实验仪器及试剂

高效液相色谱仪(紫外检测器);微量进样器(100 μL);超声波发生器;溶剂过滤器及过滤膜;六通阀(20 μL 定量环)。

对羟基苯甲酸甲酯(分析纯);对羟基苯甲酸乙酯(分析纯);对羟基苯甲酸丙酯(分析纯);对羟基苯甲酸丁酯(分析纯);甲醇(分析纯);甲醇(光谱纯);纯水(或二次水)。

标准溶液:分别配制浓度均为 1 $mg \cdot mL^{-1}$的 4 种酯类化合物的甲醇溶液,摇匀备用。

实验条件

色谱柱:Eclipse XD13-C8 柱(4.6 m×150 mm,5 μm);流动相:甲醇+水(体积比 70∶30),流量 1 $mL \cdot min^{-1}$;测定波长:254 nm;进样量:20 μL。

实验步骤

(1) 将实验所用的流动相用 0.45 μm 滤膜减压过滤并超声脱气 5 min。

(2) 按仪器操作规程开机,使仪器处于工作状态,此时,工作站上的色谱流出曲线应为一条平直的基线,即可进样。

(3) 依次分别吸取 60 μL4 种标准溶液及未知试液进样,记录各色谱图。

(4) 实验完成后,用 0.5 $mL \cdot min^{-1}$纯甲醇冲洗色谱柱 30 min。按操作规程关机。

数据记录及处理

1. 记录实验条件

请记录色谱柱与固定相的规格、流动相及其流量、检测器及其灵敏度以及进样量。

2. 定性分析结果

请将定性分析的相关数据记入表 4-1-2 中。

表 4-1-2　定性分析结果

未知试样中各峰 t_R/min	峰 1	峰 2	峰 3	峰 4
纯物质 t_R/min	对羟基苯甲酸甲酯	对羟基苯甲酸乙酯	对羟基苯甲酸丙酯	对羟基苯甲酸丁酯
定性结论组分名称	峰 1	峰 2	峰 3	峰 4

3. 面积归一化法定量分析结果

请将面积归一化法定量分析的相关数据记入表4-1-3中。

表4-1-3 面积归一化法定量分析结果

组　分	对羟基苯甲酸甲酯	对羟基苯甲酸乙酯	对羟基苯甲酸丙酯	对羟基苯甲酸丁酯
峰面积 A_i				
质量分数/(%)				

思考题

(1) 高效液相色谱分析采用归一化法定量有何优缺点？本实验为什么可以不用相对质量校正因子？

(2) 在高效液相色谱中，为什么可利用保留值定性？这种定性方法你认为可靠吗？

(3) 本实验为什么采用反相液相色谱？

(4) 高效液相色谱分析中流动相为何要脱气？不脱气对实验有何影响？

实验四　用薄膜法制样测定聚乙烯和聚苯乙烯膜的红外吸收光谱图

实验目的

(1) 了解AVATAR-360型傅里叶红外光谱仪的基本结构和工作原理。

(2) 学习红外光谱仪及其工作站的使用方法。

(3) 学习解析红外吸收光谱图。

实验原理

物质分子中的各种不同基团，在有选择地吸收不同频率的红外辐射后，发生振动能级之间的跃迁，形成各自独特的红外吸收光谱。由于基团的振动频率和吸收强度与组成基团的相对原子质量、化学键类型及分子的几何构型等有关。因此，根据红外吸收光谱的峰位、峰强、峰形和峰的数目，可以判断物质中可能存在的某些官能团，进而推断未知物的结构。

红外吸光光谱定性分析，一般采用两种方法：一种是用已知标准物对照；另一种是标准谱图查对法。常用标准图谱集为萨特勒红外标准图谱集（Sadtler，Catalog of Infrared Standard Spectra）。

一般图谱的解析大致步骤如下。

(1) 先从特征频率区入手，找出化合物所含主要官能团。

(2) 在指纹区分析，进一步找出官能团存在的依据。对指纹区谱带位置、强度和形状仔细分析，确定化合物可能的结构。

(3) 对照标准图谱，配合其他鉴定手段，进一步验证。

本实验采用薄膜法制样，用 AVATAR-360 型傅里叶红外光谱仪分别扫描聚乙烯和聚苯乙烯的红外吸收光谱图，比较光谱图并确定特征吸收峰的归属。

实验仪器及材料

AVATAR-360 型傅里叶红外光谱仪。

聚乙烯膜(1 张)和聚苯乙烯膜(1 张)。

实验步骤

(1) 按 AVATAR-360 型傅里叶红外光谱仪操作规程，开机，使仪器预热。

(2) 待仪器准备好后，以空气为背景，在 600～4 000 cm^{-1}波数范围，分别扫描聚乙烯膜和聚苯乙烯膜试样卡片，得到聚乙烯膜和聚苯乙烯膜的红外吸收光谱图。

数据记录及处理

(1) 记录实验条件。

(2) 在聚乙烯和聚苯乙烯红外吸收光谱图上，根据吸收带的位置、强度和形状，确定各特征吸收峰的归属，并指出各特征吸收峰属于何种基团的什么形式的振动。

思考题

(1) 化合物的红外吸收光谱是怎样产生的?

(2) 化合物的红外吸收光谱能提供哪些信息?

(3) 如何对红外吸收光谱图进行解析?

(4) 仅凭红外吸收光谱，能否判断未知物是何种物质? 为什么?

实验五　用溴化钾压片法制样测定苯甲酸红外吸收光谱图

实验目的

(1) 进一步了解 AVATAR-360 型傅里叶红外光谱仪的结构、工作原理及其使用方法。

(2) 熟悉有机物官能团的特征频率，初步掌握红外吸收光谱定性分析的方法。

(3) 掌握用压片法制作固体试样晶片的方法。

实验原理

当一定频率的红外光照射分子时，如果分子中某个基团的振动频率和它一样，两者就会产生共振，此时光的能量通过分子偶极矩的变化而传递给分子，这个基团就吸收一定频率的红外光，产生振动跃迁；如果红外光的振动频率和分子中各基团的振动频率不符合，该部分红外光就不会被吸收。若用连续改变频率的红外光照射某试样，由于该试样对不同频率的红外光吸收程度不同，可得到该试样的红外吸收光谱图。根据各种原子基团基频峰的频率及其位移规律，推断有机物的结构。

实验仪器及试剂

AVATAR-360 型傅里叶红外光谱仪；压片机；玛瑙研钵；红外灯。

苯甲酸(优级纯)；溴化钾(优级纯)。

实验步骤

(1) 按 AVATAR-360 型傅里叶红外光谱仪操作规程，开机，使仪器预热。

(2) 苯甲酸及纯溴化钾晶片的制作。

取约 1 mg 苯甲酸与 150 mg 干燥的溴化钾置于洁净的玛瑙研钵中，充分研磨后，在压片机上压成透明薄片。用同样的方法制作纯溴化钾片。

(3) 晶片扫描。

以溴化钾晶片为背景，在 600～4 000 cm^{-1} 波数范围，扫描苯甲酸晶片，得到苯甲酸红外吸收光谱图。

实验注意事项

(1) 样品浓度和厚度要适当。

(2) 在样品的研磨、制作晶片以及放置的过程中要特别注意干燥。

(3) 制得的晶片必须无裂痕，局部无发白现象，如同玻璃般完全透明，否则应重新制作。

数据记录及处理

(1) 记录实验条件。

(2) 谱图分析。

在苯甲酸红外吸收光谱图上，根据吸收带的位置、强度和形状，确定各特征吸收峰的归属，并指出各特征吸收峰属于何种基团的什么形式的振动。

思考题

(1) 进行红外吸收光谱分析时，对固体试样的制片有何要求？

(2) 如何着手进行红外吸收光谱的定性分析？

(3) 进行红外吸收光谱分析时，在实验室中，为什么对温度和相对湿度要维持一定的指标？

实验六　红外吸收光谱鉴定邻苯二甲酸氢钾和正丁醇

实验目的

(1) 进一步了解 AVATAR-360 型傅里叶红外光谱仪的结构、工作原理及其使用方法。

(2) 熟悉有机物特征官能团的红外吸收频率，掌握常规样品的制样方法。

实验原理

当一束连续变化的红外光照射样品时，其中一部分被吸收，吸收的这部分光能转变为分子的振动能量和转动能量，另一部分光透过样品。若将透过的光用单色器色散，可以得到一带暗条的谱带。若以波长或波数为横坐标，以透过率 T(%)为纵坐标，把这一谱带记录下来，就得到该样品的红外吸收光谱图。通过红外吸收光谱可以判定各种有机物的官能团，结合标准红外吸收光谱图还可用于鉴定有机物的结构。

实验仪器及试剂

AVATAR-360 型傅里叶红外光谱仪；油压机；压片模具；玛瑙研钵；溴化钾窗片；样品架；液体池。

KBr(分析纯)；无水乙醇；丙酮；四氯化碳；脱脂棉；邻苯二甲酸氢钾；正丁醇。

实验步骤

1. 正丁醇的红外吸收光谱图

取 1～2 滴正丁醇样品滴到 2 个溴化钾窗片之间，形成一层薄的液膜，注意不要有气泡，用夹具轻轻夹住后，在 600～4 000 cm^{-1} 波数范围，测定红外吸收光谱图。如果样品吸收很强，需用四氯化碳配成浓度较低的溶液再滴入液体池中测定。

2. 邻苯二甲酸氢钾的红外吸收光谱图

取约 1 mg 的邻苯二甲酸氢钾与 150 mg 干燥的溴化钾在玛瑙研钵中充分研磨后混匀压片。采用纯溴化钾片为本底，扫描邻苯二甲酸氢钾晶片，得到邻苯二甲酸氢钾的红外吸收光谱图。

数据记录及处理

(1) 记录实验条件。

(2) 谱图对照。

在萨特勒红外标准图谱集中查得邻苯二甲酸氢钾和正丁醇的标准红外吸收光谱图，并将实验结果与标准图谱进行对照。

(3) 谱图解析。

在正丁醇和邻苯二甲酸氢钾的红外吸收光谱图上,根据吸收带的位置、强度和形状,确定各特征吸收峰的归属,并指出各特征吸收峰属于何种基团的什么形式的振动。

思考题

(1) 如何用红外吸收光谱鉴定化合物中存在的基团及其在分子中的相对位置?

(2) 特征吸收峰的数目、位置、形状和强度取决于哪些因素?

(3) 用压片法制样时有哪些注意事项?

第二节 综合性实验

实验七 用归一化法定量分析苯系混合物中各组分的含量

实验目的

(1) 熟悉气相色谱仪的基本结构,初步掌握气相色谱操作技术。

(2) 掌握气相色谱的基本原理和归一化法定量方法。

(3) 学习归一化法定量的实验原理及测定方法。

实验原理

色谱法是一种分离技术,一个混合样品经汽化后被载气带入色谱柱,样品中各组分由于各自的性质不同,在柱内与固定相的作用力大小不同,导致在柱内的运行速度不同,使混合物中的各组分先、后离开色谱柱而得到分离。利用色谱图中各峰的峰面积可以进行定量分析。运用归一化法定量,要求试样中的各个组分都能出峰。

归一化法定量的优点是计算简便,定量结果与进样量无关,且操作条件不需严格控制,是常用的一种色谱定量方法。

实验仪器及试剂

气相色谱仪(FID);色谱工作站;氮气钢瓶;氢气钢瓶;空气钢瓶(或气体发生器);色谱柱;微量进样器(10 μL)。

苯(分析纯);甲苯(分析纯);乙苯(分析纯);乙醇(分析纯)。

实验条件

色谱柱:HP-1 弹性石英毛细管色谱柱(25 m×0.32 mm,0.25 μm);柱温:110 ℃;检测温度:150 ℃;汽化温度:150 ℃;载气:氮气,流量 1.1 mL · min^{-1};空气:

300 mL · min^{-1}；氢气：30 mL · min^{-1}；进样量：1 μL；分流比：50∶1。

实验步骤

1. 标准溶液配制

称取苯 0.2 g(称准至小数点后第 3 位，下同)、甲苯 0.2～0.3 g、乙苯 0.3 g 于 10 mL具塞锥形瓶中，加 5 mL 乙醇，摇匀备用。

2. 进样

开启氮气钢瓶、氢气钢瓶、空气钢瓶(或气体发生器)，打开气相色谱仪主机电源，启动计算机，待仪器自检完毕打开色谱工作站软件，联机。根据上述实验条件进行设置，待仪器升温到预定温度并点火完毕，此时仪器指示灯由红变绿，即可进样。

3. 相对校正因子测定

吸取 1 μL 标准溶液进样，得到各组分的色谱图，各组分出峰顺序为乙醇、苯、甲苯、乙苯。

4. 样品测定

吸取样品溶液 1 μL 进样，得到色谱图，记下各组分峰面积。

数据记录及处理

(1) 记录实验条件。

(2) 以苯为参比物质，计算其他各组分与苯的质量比，填入表 4-2-1 中。

(3) 以苯为参比物质，计算其他各组分与苯的峰面积比，填入表 4-2-1 中。

(4) 计算各组分相对校正因子。

(5) 用面积归一化法计算苯系物中苯、甲苯、乙苯的质量分数。

表 4-2-1　以苯为参比物质的相关数据

	苯	甲苯	乙苯
m/g			
A_i			
m_i/m_s			
A_i/A_s			
f_i	1.000		
w_i			

思考题

(1) 色谱归一化法定量有何特点？使用该方法应具备什么条件？

(2) 你认为要做好本实验应注意哪些问题？

实验八　苯系混合物中各组分含量的气相色谱分析——内标法定量

实验目的

(1) 掌握气相色谱分析的原理。

(2) 进一步熟悉气相色谱分析的操作技术。

(3) 学会运用内标法进行定量分析的方法和计算。

实验原理

在色谱分析中,当要求准确测定试样中某个或某几个组分时,可用内标法定量分析。所谓内标法,就是将一定量的纯物质作为内标物,加入到准确称取的试样中,根据被测物和内标物的质量及其峰面积比,求出某组分的质量分数。所加内标物应符合下列条件。

(1) 应是试样中不存在的纯物质。

(2) 内标物的色谱峰应位于被测组分色谱峰的附近、完全分离且峰形相似。

(3) 加入的量应与被测组分含量接近。

设试样质量为 m_{sam},内标物质量为 m_{s},待测组分质量为 m_i ,待测组分及内标物色谱峰面积分别为 A_i 、A_{s},则内标法计算式:

$$w_i = \frac{m_i}{m_{\mathrm{sam}}} \times 100\%$$

$$w_i = \frac{m_{\mathrm{s}}}{m_{\mathrm{sam}}} \frac{f_i A_i}{f_{\mathrm{s}} A_{\mathrm{s}}} \times 100\%$$

若以内标物作标准,则可设 $f_{\mathrm{s}}=1$,可按下式计算被测组分的含量:

$$w_i = \frac{m_{\mathrm{s}}}{m_{\mathrm{sam}}} \frac{f_i A_i}{A_{\mathrm{s}}} \times 100\%$$

内标法定量结果准确,对于进样量及操作条件不需严格控制。本实验选用甲苯作内标物,测定混合样中苯及乙苯的含量。

实验仪器及试剂

气相色谱仪(FID);色谱工作站;氮气钢瓶;氢气钢瓶;空气钢瓶(或气体发生器);色谱柱;微量进样器(10 μL)。

苯(分析纯);甲苯(分析纯);乙苯(分析纯);乙醇(分析纯)。

实验条件

色谱柱:HP-1 弹性石英毛细管色谱柱(25 m×0.32 mm,0.25 μm);柱温:110 ℃;检测温度:150 ℃;汽化温度:150 ℃;载气:氮气,流量 1.1 mL · min^{-1};空气:

300 mL · min^{-1}；氢气：30 mL · min^{-1}；进样量：1 μL；分流比：50∶1。

实验步骤

1. 选取适当的内标物

通过比较同一条件下待选内标与样品中各组分的保留时间以及峰形，选择合适的内标物。

2. 相对质量校正因子的测定

(1) 内标物溶液的配制。

取 1 只干净具塞锥形瓶，准确称出其质量，然后依次注入 1 mL 待测组分（苯及乙苯）的标准物，称出其准确质量，2 次质量之差即为被测组分的质量 m_i。用同样的方法，再注入内标物（甲苯）1 mL，称出其准确质量，与上次称重之差即为内标物的质量 m_s。

(2) 校正因子的测定。

将上述配好的内标物溶液混合均匀，然后取 1 μL 进样，并测定各峰峰面积（A_i 及 A_s），计算出 f_i。

3. 样品的测定

(1) 样品溶液的制备。

用上述方法准确称取 1 mL 含苯及乙苯的混合物样品，记录其质量 m_{sam}，然后注入 1 mL 甲苯作内标物，并称出其质量 m_s。

(2) 样品的测定。

将上述配好的样品溶液混合均匀后，取 1 μL 进样，并测定苯、乙苯及内标物甲苯的峰面积（A_i 及 A_s）。

数据记录及处理

(1) 记录实验条件。

(2) 根据上述实验所得的数据，自行设计表格计算样品中苯及乙苯的质量分数，并与理论值比较，计算相对误差。

思考题

(1) 内标法定量有何优点？它对内标物有何要求？

(2) 实验中是否要严格控制进样量？实验条件若有所变化是否会影响测定结果？为什么？

(3) 用内标法计算为什么要用校正因子？它的物理意义是什么？

实验九　气相色谱法测定白酒中乙酸乙酯

实验目的

(1) 了解气相色谱法在国家标准方法中的应用。

(2) 了解食品分析的基本步骤。

实验原理

不同组分在气、液两相中具有不同的分配系数,经多次分配达到完全分离,在氢火焰中电离进行检测,采用内标法进行定量分析。

实验仪器及试剂

气相色谱仪(FID);色谱工作站;氮气钢瓶;氢气钢瓶;空气钢瓶(或气体发生器);色谱柱;微量进样器(10 μL)。

乙酸乙酯(色谱纯):作标样用,2%溶液 (用 60%乙醇配制)。

乙酸正丁酯(色谱纯):在邻苯二甲酸二壬酯-吐温混合柱上分析时,作内标用,2%溶液(用 60%乙醇配制)。

乙酸正戊酯(色谱纯):在聚乙二醇柱上分析时,作内标用,2%溶液(用 60%乙醇配制)。

载体:ChromosorbW(AW)或白色载体 102(酸洗,硅烷化,80～100 目)。

固定液:20%DNP(邻苯二甲酸二壬酯)+7%吐温-80;10%PEG(聚乙二醇)1 500或 PEG20M。

实验步骤

1. 色谱柱与色谱条件

采用邻苯二甲酸二壬酯-吐温混合柱或聚乙二醇(PEG)柱,柱长不应短于2 m,载气、氢气、空气的流速及柱温等色谱条件随仪器而异,应通过实验选择最佳操作条件,以使乙酸乙酯及内标峰与酒样中其他组分峰获得完全分离。

2. 标样值的测定

吸取 1.00 mL 2%的乙酸乙酯溶液,移入 50 mL 容量瓶中,然后加入 1.00 mL 2%的内标液,用 60%乙醇稀释至刻度。上述溶液中乙酸乙酯及内标物的浓度均为 0.04%(体积分数)。待色谱仪基线稳定后,用微量进样器进样,进样量随仪器的灵敏度而定。记录乙酸乙酯峰的保留时间及其峰面积。用其峰面积与内标峰面积之比,计算出乙酸乙酯的相对质量校正因子 f 值。

3. 样品的测定

吸取 10.0 mL 酒样，移入 0.20 mL 2%的内标液，混匀后，在与标样测定相同的条件下进样，根据保留时间确定乙酸乙酯峰的位置，并测定乙酸乙酯峰面积与内标峰面积，求出峰面积之比，计算出酒样中乙酸乙酯的含量。

数据记录及处理

(1) 记录实验条件。

(2) 根据上述实验所得的数据，计算出酒样中乙酸乙酯的相对质量校正因子 f 值以及含量。

思考题

(1) 影响气相色谱分离效果的因素有哪些？

(2) 涂渍固定液时，如果溶剂量太小或太大，对色谱柱性能有何影响？

(3) 涂渍固定液时，为使载体和固定液混合均匀，可否采用强烈搅拌？为什么？

实验十　稠环芳烃的高效液相色谱法分析及柱效能评价

实验目的

(1) 学习高效液相色谱柱效能的测定方法。

(2) 了解高效液相色谱仪基本结构和工作原理，以及初步掌握其操作技能。

(3) 学会用外标法定量分析。

实验原理

稠环芳烃可采用反相液相色谱进行分析，选用非极性的 C-8 或 C-18 烷基键合相作固定相、甲醇的水溶液作流动相进行分离，以紫外检测器进行检测，得到色谱图，利用保留值进行定性分析，利用峰面积或峰高进行定量分析。

本实验采用纯物质对照法定性，外标法定量。外标法是根据试样和标样中组分的色谱峰面积(或峰高)A_i 和 A_s 及标样中的含量 X_s，直接计算出试样中组分的含量 X_i。由于是在相同实验条件下对同一组分进行检测，故不需要考虑校正因子，即

$$X_i = \frac{X_s A_i}{A_s} \times 100\%$$

色谱柱效能的高低直接影响到色谱分离的好坏。评价柱效能的参数有理论塔板数 n、理论塔板高度 H，分离度 R 为总分离效能指标。

理论塔板数 n：

$$n = 16\left(\frac{t_R}{Y}\right)^2 = 5.54\left(\frac{t_R}{Y_{\frac{1}{2}}}\right)^2$$

理论塔板高度 H：

$$H = \frac{L}{n}$$

分离度 R：

$$R = \frac{t_{R_1} - t_{R_2}}{\frac{1}{2}(Y_1 + Y_2)}$$

式中：t_R——保留时间；

Y_1——峰底宽；

$Y_{\frac{1}{2}}$——半峰宽；

L——柱长。

通常认为，理论塔板数越大或理论塔板高度越小，柱效能越高。分离度 R 越大，分离效果越好，但 R 值过大将大大增加分析时间。根据计算，当 $R=1$ 时，等面积峰的分离可达 90%左右，$R=1.5$ 时两峰分离达 99.7%，可视为完全分离。因而，色谱界将 $R \geq 1.5$ 作为分离完全的标准。

实验仪器及试剂

高效液相色谱仪(紫外检测器)；微量进样器(100 μL)；超声波发生器；溶剂过滤器及过滤膜；六通阀(20 μL 定量环)。

苯(分析纯)；萘(分析纯)；联苯(分析纯)；甲醇(光谱纯)；纯水(或二次水)。

标准使用液：配制含苯、萘、联苯各约 1 $mg \cdot mL^{-1}$ 混合标准溶液，混匀备用。

标准流动相溶液：分别配制苯、萘、联苯单组分浓度约 1 $mg \cdot mL^{-1}$ 的流动相溶液。

实验条件

色谱柱：Eclipse XD13-C8 柱(4.6 m×150 mm，5 μm)；流动相：甲醇＋水(体积比 85∶15)，流量 1 $mL \cdot min^{-1}$；测定波长：254 nm；进样量：20 μL。

实验步骤

(1) 将实验所用的流动相用 0.45 μm 滤膜减压过滤并超声脱气 5 min。

(2) 按仪器操作规程开机，使仪器处于工作状态，此时，工作站上的色谱流出曲线应为一平直的基线，即可进样。

(3) 分别吸取苯、萘、联苯单组分标准溶液 60 μL，用六通阀进样，记录色谱峰的保留时间。

(4) 吸取苯、萘、联苯标准使用液 60 μL，用六通阀进样，记录色谱峰的峰面积。

(5) 取未知试样 60 μL，用六通阀进样，由色谱峰的保留时间进行定性分析，以色谱峰的面积进行外标法定量。

(6) 实验完成后，用 0.5 mL · min^{-1}纯甲醇冲洗色谱柱 30 min。按操作规程关机。

数据记录及处理

1. 记录实验条件

请记录色谱柱与固定相的规格、流动相及其流量、检测器及其灵敏度以及进样量。

2. 定性分析结果

请将定性分析的相关数据记入表 4-2-2 中。

表 4-2-2　定性分析结果

未知试样中各峰	峰 1	峰 2	峰 3
t_R/min			
纯物质	苯	萘	联苯
t_R/min			
定性结论	峰 1	峰 2	峰 3
组分名称			

3. 柱效能测定结果

请将柱效能测定的相关数据记入表 4-2-3 中。

表 4-2-3　柱效能测定结果

组分名称	t_R/min	峰面积	半峰宽	n	H	R
苯						
萘						
联苯						

4. 外标法分析结果

请将外标法分析的相关数据记入表 4-2-4 中。

表 4-2-4　外标法分析结果

组分名称	m/mg		峰面积		质量分数
	标准品	未知样	标准品	未知样	
苯					
萘					
联苯					

本实验也可利用步骤(3)的结果,以苯为基准物,求出其他二组分的相对质量校正因子,进而以校正归一化法进行定量分析。

思考题

(1) 由本实验计算所得的各组分理论塔板数说明什么?

(2) 外标法为什么可以不测校正因子?

(3) 紫外光度检测器是否适用于检测所有的有机物?为什么?

实验十一　奶制品中防腐剂山梨酸和苯甲酸的测定

实验目的

(1) 进一步熟悉高效液相色谱仪的基本结构及色谱分离原理。

(2) 了解高效液相色谱在食品分析中的应用。

实验原理

食品防腐剂可以抑制食品中微生物的繁殖或杀灭食品中的微生物,苯甲酸及其钠盐、山梨酸及其钾盐是常用的食品防腐剂,但如果添加过量,会破坏食品营养成分,甚至对人体造成伤害。本实验用高效液相色谱外标曲线法测定奶制品中的山梨酸和苯甲酸含量。

奶制品中山梨酸、苯甲酸的提取可通过如下方式进行:向奶制品中加入氢氧化钠碱化后,进行超声、加热,实现苯甲酸和山梨酸的分解,再用沉淀剂亚铁氰化钾溶液和乙酸锌使奶制品中蛋白质沉淀,目标物溶解在上层清液中。样品中加入亚铁氰化钾溶液和乙酸锌溶液,既净化样品,又能提取目标物。

实验仪器及试剂

高效液相色谱仪(紫外检测器);微量进样器(100 μL);超声波发生器;溶剂过滤器及过滤膜;六通阀(20 μL 定量环);容量瓶 (10 mL,10 个)。

液态奶饮料;奶粉;甲醇(色谱纯);稀氨水(1∶1);氢氧化钠溶液(0.1 mol · L^{-1})。

亚铁氰化钾溶液(0.2 mol · L^{-1}):称取 106.0 g 亚铁氰化钾,加水溶解并定容到 1 000 mL 制成。

乙酸锌溶液:称取 219.0 g 二水合乙酸锌,加水溶解后,再加入 32 mL 冰乙酸,用水定容到 1 000 mL 制成。

磷酸盐缓冲溶液:称取 2.5 g 磷酸二氢钾和 2.5 g 三水合磷酸氢二钾,加 600～700 mL 水溶解,用磷酸调至 pH=6.5,并加水定容至 1 000 mL 制成。

标准贮备液:分别称取苯甲酸、山梨酸各 0.1 g,用甲醇溶解,定容至 100 mL,此溶液浓度为 1 mg · mL^{-1}。

混合标准工作液:量取苯甲酸和山梨酸标准贮备液 10 mL,加入到 50 mL 容量瓶中,用水定容至刻度,所得溶液质量浓度为 0.2 mg·mL^{-1}。

实验条件

色谱柱:Eclipse XD13-C8 柱(4.6 m×150 mm,5 μm);流动相:磷酸盐缓冲溶液+甲醇(体积比 90∶10),流量 0.3 mL·min^{-1};测定波长:227 nm;进样量:20 μL。

实验步骤

1. 山梨酸、苯甲酸的提取

称取 20.0 g 液态奶饮料(或 5.0 g 固态奶制品)样品于 100 mL 容量瓶中,加入约 20 mL 水,摇匀使其溶解后,超声 10 min。然后加 25 mL0.1 mol·L^{-1}氢氧化钠溶液于上述试液中,混匀,超声 20 min,取出再放到(70±5) ℃水浴中加热 10 min,冷却至室温后加入 10 mL 亚铁氰化钾溶液和 10 mL 乙酸锌溶液,用力摇匀,静置 30 min,使其沉淀。加入 10 mL 甲醇混匀,并用水定容至 100 mL,混匀后放置 1 h,用0.45 μm 滤膜过滤上清液,待用。

2. 混合标准溶液系列的配制

分别准确移取苯甲酸、山梨酸混合标准工作液 0.00 mL、1.00 mL、2.00 mL、3.00 mL、4.00 mL、5.00 mL 于 6 个 10.00 mL 的容量瓶中,用水稀释至刻度,摇匀,所得标准溶液质量浓度分别为 0 mg·mL^{-1}、0.02 mg·mL^{-1}、0.04 mg·mL^{-1}、0.06 mg·mL^{-1}、0.08 mg·mL^{-1}、0.1 mg·mL^{-1}。

3. 流动相处理

将实验使用的流动相用 0.45 μm 水相滤膜进行减压过滤和超声脱气处理。

4. 开机

按仪器操作规程开机,使仪器处于工作状态,此时,工作站上的色谱流出曲线应为一平直的基线,即可进样。

5. 定性分析

分别进苯甲酸和山梨酸标准溶液各 10 μL,以确定各个峰的保留时间。

6. 标准曲线测定

分别吸取 60 μL 苯甲酸和山梨酸混合标准溶液系列进样,用此结果建立定量分析表。

7. 样品分析

取样品 60 μL 进样,记录保留时间及峰面积。

8. 关机

实验完成后,分别用纯水及 0.5 mL·min^{-1}纯甲醇冲洗色谱柱各 30 min。按操作规程关机。

数据记录及处理

(1) 记录实验条件。

(2) 定性分析。

(3) 外标曲线法定量。

自行绘制表格,并记录试液量(mL 或 g),定容体积(mL),在曲线上查得的山梨酸的含量、苯甲酸的含量,牛奶制品中山梨酸的含量,苯甲酸的含量。

思考题

(1) 为什么在样品的处理过程中要加入亚铁氰化钾、乙酸锌溶液?

(2) 如何提取奶制品中的苯甲酸和山梨酸?

(3) 流动相使用前为什么要脱气?脱气有哪些方法?

实验十二　离子色谱法测定火电厂用水中 SO_4^{2-} 和 NO_3^- 的含量

实验目的

(1) 学习离子色谱分析的实验原理及操作方法。

(2) 掌握离子色谱的定性和定量分析方法。

实验原理

本法利用离子交换的原理,连续对多种阴离子进行定性和定量分析。水样注入碳酸盐-碳酸氢盐溶液,并流经系列的离子交换树脂,基于待测阴离子对低容量强碱性阴离子树脂(分离柱)的相对亲和力不同而彼此分开。被分离的阴离子在流经强酸性阳离子树脂(抑制柱)时,被转换为高电导的酸型。碳酸盐-碳酸氢盐则转变成弱电导的碳酸(清除背景电导)。用电导检测器测量被转变为相应酸型的阴离子,与标准进行比较,根据保留时间定性,根据峰高或峰面积定量。

由于离子色谱法具有高效、高速、高灵敏度和选择性好等特点,因此,广泛应用于环境监测、化工、生化、食品、能源等领域中的无机阴、阳离子和有机物的分析。本实验用离子色谱法测定火电厂用水中 SO_4^{2-} 和 NO_3^- 的含量。

实验仪器及试剂

离子色谱仪(具分离柱和抑制柱);溶剂过滤器及过滤膜;进样器;微量进样器(100 μL)。

K_2SO_4(优级纯);KNO_3(优级纯);Na_2CO_3(优级纯);$NaHCO_3$(优级纯);H_3BO_3(优级纯);浓 H_2SO_4(优级纯)。

纯水:经 0.45 μm 微孔滤膜过滤的去离子水,其电导率小于 5 $\mu S \cdot m^{-1}$。

NO_3^- 标准贮备液：称 1.370 3 g 硝酸钠(干燥器中干燥 24 h)溶于水，移入 1 000 mL 容量瓶中，加入 10.00 mL 洗脱贮备液，用水稀释到标线，贮于聚乙烯瓶中，再置于冰箱内，此溶液每毫升含 1.00 mg 硝酸根。

SO_4^{2-} 标准贮备液：称 1.814 2 g 硫酸钾(105 ℃烘 2 h)溶于水，移入 1 000 mL 容量瓶中，加入 10.00 mL 洗脱贮备液，用水稀释到标线，贮于聚乙烯瓶中，再置于冰箱内，此溶液每毫升含 1.00 mg 硫酸根。

混合标准使用液：可根据被测样品的浓度范围配制混合标准使用液，取 30.00 mL NO_3^- 标准贮备液、50.00 mL SO_4^{2-} 标准贮备液于 1 000 mL 容量瓶中，加入 10.00 mL 洗脱贮备液，用水稀释到标线。NO_3^-、SO_4^{2-} 浓度分别为 30 mg · L^{-1}、50 mg · L^{-1}。

洗脱贮备液 ($NaHCO_3$-Na_2CO_3)：分别称取在 105 ℃下烘干 2 h 并保存在干燥器内的 $NaHCO_3$ 26.04 g 和 Na_2CO_3 25.44 g，用水溶解，并转移至 1 000 mL 容量瓶中，用水稀释至刻度，摇匀。该洗脱贮备液中 $NaHCO_3$ 的浓度为 0.31 mol · L^{-1}，Na_2CO_3 的浓度为 0.24 mol · L^{-1}。

洗脱工作液(洗脱液)：吸取上述洗脱贮备液 10.00 mL 于 1 000 mL 容量瓶中，用水稀释至刻度，摇匀，用 0.45 μm 的微孔滤膜过滤，即得 0.003 1 mol · L^{-1} $NaHCO_3$-0.002 4 mol · L^{-1} Na_2CO_3 洗脱液，备用。

抑制液(0.1 mol · L^{-1} H_2SO_4 和 0.1 mol · L^{-1} H_3BO_3 混合液)：称取 6.2 g H_3BO_3 于 1 000 mL 烧杯中，加入约 800 mL 纯水溶解，缓慢加入 5.6 mL 浓 H_2SO_4，并转移到 1 000 mL 容量瓶中，用纯水稀释至刻度，摇匀。

实验条件

洗脱液 ($NaHCO_3$-Na_2CO_3)：流量为 2.5 mL · min^{-1}；柱保护液(3%)：15 g H_3BO_3 溶解于 500 mL 纯水中制成；电导检测器；进样量：100 μL。

实验步骤

1. 标准溶液系列配制

分别取 2.00 mL、5.00 mL、10.00 mL、25.00 mL、50.00 mL 混合标准使用液于 100 mL 容量瓶中，再分别加 1.00 mL 洗脱贮备液，用水稀释到标线，摇匀。

2. 水样制备

样品采集后均经 0.45 μm 微孔滤膜过滤，保存于聚乙烯瓶中，置于冰箱内，使用前将样品和洗脱贮备液按 99：1 体积混合，以除去负峰干扰。

3. 标准工作液制备

吸取 SO_4^{2-} 和 NO_3^- 标准贮备液各 0.50 mL 于 2 个 50 mL 容量瓶中，各加入 0.50 mL洗脱贮备液，加水稀释至刻度，摇匀，即得各阴离子标准工作液。

4. 进样

根据实验条件，按照仪器说明书操作步骤将仪器调节至可进样状态，待仪器液路和电路系统达到平衡，当基线呈一直线时，即可进样。

5. 定性分析

分别吸取 100 μL 各阴离子标准工作液进样，记录色谱图。

6. 定量分析

分别吸取 100 μL 上述标准溶液系列依次进样，制作标准曲线；按同样实验条件，吸取制作好的水样 100 μL 进样，计算待测离子含量。

数据记录及处理

(1) 记录实验条件。

(2) 请将定性分析的相关数据记入表 4-2-5 中。

表 4-2-5　定性分析结果

未知试样中各峰	峰 1	峰 2
t_R/min		
纯物质	NO_3^-	SO_4^{2-}
t_R/min		
定性结论	峰 1	峰 2
组分名称		

(3) 请将定量分析的相关数据记入表 4-2-6 中。

表 4-2-6　定量分析结果

浓度/($mg \cdot mL^{-1}$)						样品
峰面积						

由测得的各组分 $\overline{A}$ 作 $\overline{A}$-c 的校正曲线。利用该曲线计算样品中各组分含量。

实验注意事项

(1) 用洗脱液配制标准溶液和稀释样品可除去水的负峰干扰，使定量更加准确。

(2) 样品经由 ϕ25 mm×0.45 μm 滤膜过滤，用以除去样品中颗粒物以防沾污柱子。

(3) 整个系统不要进气泡，否则会影响分离效果。

思考题

(1) 简述离子色谱法的分离机理。

(2) 电导检测器为什么可用作离子色谱分析的检测器？

(3) 为什么在每个试液中都要加入 1%的洗脱液成分？

(4) 为什么离子色谱分离柱不需要再生？而抑制柱则需要再生？

实验十三　高效液相色谱法测定水样中苯酚类化合物

实验目的

(1) 掌握高效液相色谱仪的基本原理和使用方法。

(2) 了解反相液相色谱法分离非极性及弱极性化合物的基本原理。

(3) 掌握反相液相色谱法分离苯酚类化合物的实验条件。

(4) 对水中苯酚类化合物进行定性和定量分析。

实验原理

高效液相色谱法具有分离效率高、分析速度快、检测灵敏度高和应用范围广的特点,特别适合分离与分析高沸点、热不稳定、相对分子质量比较大的物质,可应用于医药、环境、食品、生命科学、石油以及化学工业等方面的分析。

本实验采用反相高效液相色谱外标法测定水样中苯酚类化合物的含量。

实验仪器及试剂

高效液相色谱仪(Agilent 1100 型);四元梯度泵(带真空脱气装置);柱温箱;检测器(二极管阵列检测器 DAD,波长范围为 190～950 nm);手动进样阀(配 20 μL 进样环);微量进样器(100 μL)。

邻苯二酚(分析纯);对苯二酚(分析纯);间苯二酚(分析纯);去离子水(或二次蒸馏水);甲醇(色谱纯)。

定性标准溶液:邻苯二酚、对苯二酚、间苯二酚含量均为 100 $\mu g \cdot mL^{-1}$的单标水溶液。

定量标准溶液:准确称取邻苯二酚、对苯二酚、间苯二酚各适量,置于 50 mL 容量瓶中,用二次蒸馏水定容,得到质量浓度分别约为 100 $\mu g \cdot mL^{-1}$的混合标准溶液。

实验条件

色谱柱:Eclipse XD13-C8 柱(4.6 m×150 mm,5 μm);流动相:甲醇水溶液(甲醇与水的体积比为 20∶80),流量 0.6～1.0 $mL \cdot min^{-1}$;检测波长:270 nm;进样量:20 μL。

实验步骤

(1) 将实验所用的流动相用 0.45 μm 滤膜减压过滤并超声脱气 5 min。

(2) 按仪器操作规程开机,使仪器处于工作状态,此时,工作站上的色谱流出曲线应为一平直的基线,即可进样。

(3) 依次分别吸取 60 μL3 种定性标准溶液进样,记录保留时间。

(4) 吸取 60 μL 混合标准溶液及未知试液进样,记录保留时间及峰面积。

(5) 实验完成后,用 0.5 mL · min^{-1}纯甲醇冲洗色谱柱 30 min。按操作规程关机。

数据记录及处理

(1) 记录实验条件。

(2) 根据上述实验所得的数据,自行设计表格确定水样中各组分的归属及质量分数。

思考题

(1) 说明反相液相色谱法的特点、应用范围。

(2) 说明以“外标法”进行色谱定量分析的优点和缺点。

(3) 如何保护液相色谱柱?

(4) 说明苯酚类化合物的洗脱顺序。

实验十四　离子选择性电极法测定水中微量的 F^-

实验目的

(1) 学习电位分析法的基本原理。

(2) 学会用离子选择性电极法测定微量 F^- 的方法。

实验原理

氟离子选择性电极是以氟化镧单晶膜为敏感膜的电位指示电极,对 F^- 有良好的选择性,以氟电极作指示电极,饱和甘汞电极为参比电极,浸入试液组成工作电池,工作电池的电动势为

$$E = K' - 0.059\lg a_{F^-} \quad (25\ ℃)$$

此时测定的是溶液中的离子活度,但通常要求测定的是浓度,而不是活度,故必须控制试液的离子强度(加入总离子强度调节缓冲溶液),保持被测试液的离子强度一定,使工作电池电动势与 F^- 浓度的对数呈线性关系:

$$E = k - 0.059\lg c_{F^-}$$

本实验采用标准曲线法测定 F^- 浓度,即配制成不同浓度的 F^- 标准溶液,测定工作电池的电动势,并在同样条件下测得试液的 E_x,由 E-$\lg c_{F^-}$ 曲线查得未知试液中的 F^- 浓度。

用氟离子选择性电极测量 F^- 时,最适宜的 pH 值范围为 5～6;电极的检测下限在 10^{-7} mol · L^{-1}左右。

实验仪器及试剂

pHSJ-3F 型酸度计；氟离子选择性电极；饱和甘汞电极；电磁搅拌器；容量瓶(1 000 mL，100 mL)；吸量管。

F^- 标准溶液(0.100 mol · L^{-1})。

总离子强度调节缓冲溶液(TISAB)：于 1 000 mL 烧杯中加入 500 mL 水和 57 mL冰乙酸、58 gNaCl、12 g 柠檬酸钠($Na_3C_6H_5O_7 \cdot 2H_2O$)，搅拌至溶解。将烧杯置于冷水中，在酸度计的监测下，缓慢滴加 6 mol · L^{-1} NaOH 溶液，至溶液的 pH＝5.0～5.5，冷却至室温，转入 1 000 mL 容量瓶中，用水稀释至刻度，摇匀。转入洁净、干燥的试剂瓶中。

F^- 试液：浓度为 10^{-2}～10^{-1} mol · L^{-1}。

实验步骤

1. 标准溶液系列的配制

准确吸取 5.00 mL 0.100 mol · L^{-1} F^- 标准溶液置于 50 mL 容量瓶中，加入 5.0 mLTISAB，用水稀释至刻度，摇匀，得 pF＝2.00 的溶液。用逐级稀释法配成 pF 为 3、4、5、6 的标准溶液系列。

2. 启动仪器

将氟离子选择性电极和饱和甘汞电极、酸度计相连，开启仪器，预热。

3. 清洗电极

用去离子水清洗电极，至读数小于－370 mV。

4. 标准曲线绘制

将配制的标准溶液系列转入塑料小烧杯中，放入搅拌子以及洗净的电极，开动搅拌，至读数稳定，读取电位值。按浓度由低到高的顺序依次测量，无须清洗。

5. 测电位值

吸取 10.00 mL F^- 试液，置于 50 mL 容量瓶中，加入 5.0 mLTISAB，用水稀释至刻度，摇匀。按标准溶液的测定步骤，测定其电位值 E_x 。

数据记录及处理

(1) 记录实验条件。

(2) 请将标准曲线法测定的相关数据记入表 4-2-7 中。

表 4-2-7　标准曲线法测定结果

pF	6.00	5.00	4.00	3.00	2.00	水样
E/mV						

(3) 以电位 E 值为纵坐标，pF 值为横坐标，绘制 pF-E 标准曲线。

(4) 在标准曲线上找出与 E_x 值相应的 pF 值，求得原始试液中 F^- 的含量，以 $g \cdot L^{-1}$表示。

思考题

(1) 本实验测定的是 F^- 的活度，还是浓度？为什么？
(2) 测定 F^- 时，加入的 TISAB 由哪些成分组成？各起什么作用？
(3) 测定 F^- 时，为什么要控制酸度？pH 值过高或过低有何影响？
(4) 测定标准溶液系列时，为什么按从稀到浓的顺序进行？

实验十五　自来水中钙、镁含量的测定

实验目的

(1) 了解原子吸收光谱仪的基本结构及使用方法。
(2) 掌握原子吸收分光光度法的实验原理。
(3) 学习应用标准曲线法测定自来水中钙、镁的含量。

实验原理

原子吸收光谱法是基于物质所产生的原子蒸气对待测元素的特征谱线的吸收作用进行定量分析的一种方法。在一定的实验条件下，吸光度与组分浓度成正比：

$$A=Kc$$

上式是原子吸收光谱法的定量基础。标准曲线法和标准加入法是两种常用的定量方法。标准曲线法常用于未知试液中共存的基体成分较为简单的情况。如果溶液中共存基体成分比较复杂，则应在标准溶液中加入相同类型和浓度的基体成分，以消除或减少基体效应带来的干扰，即标准加入法测量。

标准曲线法的标准曲线有时会发生向上或向下弯曲的现象，比如，在待测元素浓度较高时，标准曲线向浓度坐标轴弯曲。另外，火焰中各种干扰效应等也可能导致曲线弯曲。总之，要获得线性好的标准曲线，必须选择适当的实验条件，并严格实行。

实验仪器及试剂

原子吸收分光光度计；钙、镁空心阴极灯；无油空气压缩机；乙炔钢瓶；通风设备。

钙标准贮备液(1 000 $\mu g \cdot mL^{-1}$)；钙标准使用液(40 $\mu g \cdot mL^{-1}$)；镁标准贮备液(1 000 $\mu g \cdot mL^{-1}$)；镁标准使用液(4 $\mu g \cdot mL^{-1}$)。

实验条件

本实验供参考的实验条件列于表 4-2-8 中。

表 4-2-8　实验条件

	钙	镁
吸收线波长 λ/nm	422.7	285.2
空心阴极灯电流 I/mA	8	8
狭缝宽度 d/mm	自控	自控
燃烧器高度 h/mm	自控	自控
乙炔流量 $Q/(L \cdot min^{-1})$	自控	自控
空气流量 $Q/(L \cdot min^{-1})$	自控	自控

实验步骤

1. 配制标准溶液系列

(1) 钙标准溶液系列。

准确吸取 1.00 mL、2.00 mL、3.00 mL、4.00 mL、5.00 mL 上述钙标准使用液，分别置于 5 个 50 mL 容量瓶中，用水稀释至刻度，摇匀备用。该标准溶液系列钙的浓度分别为 0.80 $\mu g \cdot mL^{-1}$、1.60 $\mu g \cdot mL^{-1}$、2.40 $\mu g \cdot mL^{-1}$、3.20 $\mu g \cdot mL^{-1}$、4.00 $\mu g \cdot mL^{-1}$。

(2) 镁标准溶液系列。

准确吸取 1.00 mL、2.00 mL、3.00 mL、4.00 mL、5.00 mL 上述镁标准使用液，分别置于 5 个 50 mL 容量瓶中，用水稀释至刻度，摇匀备用。该标准溶液系列镁的浓度分别为 0.08 $\mu g \cdot mL^{-1}$、0.16 $\mu g \cdot mL^{-1}$、0.24 $\mu g \cdot mL^{-1}$、0.32 $\mu g \cdot mL^{-1}$、0.40 $\mu g \cdot mL^{-1}$。

2. 自来水样制备

准确吸取 10 mL 自来水置于 50 mL 容量瓶中，用水稀释至刻度，摇匀。

3. 钙、镁测定

(1) 根据实验条件，按原子吸收光谱仪操作规程开机并设置实验条件，待基线平直，即可进样。测定各标准溶液系列的吸光度。

(2) 在相同的实验条件下，分别测定自来水样的吸光度。

数据记录及处理

(1) 记录实验条件。

请记录仪器型号、吸收线波长(nm)、空心阴极灯电流(mA)、狭缝宽度(mm)、燃烧器高度(mm)、乙炔流量($L \cdot min^{-1}$)、空气流量($L \cdot min^{-1}$)以及燃助比。

(2) 打印测量钙、镁标准溶液系列的吸光度和标准曲线。

(3) 根据自来水样溶液的吸光度，计算原始自来水中钙、镁含量。

思考题

(1) 标准曲线的特点及适用范围是什么?
(2) 原子吸收光谱分析对光源有何要求? 为什么?
(3) 如何选择最佳的实验条件?

实验十六 火焰原子吸收法测定钙片中钙含量

实验目的

(1) 了解原子吸收分光光度计的主要结构及工作原理。
(2) 掌握原子吸收分光光度计的操作方法及原子吸收分析方法。
(3) 学会标准曲线法和标准加入法。

实验原理

溶液中的钙离子在火焰温度下转变为基态钙原子蒸气,当钙空心阴极灯发射出波长为422.7 nm的钙特征谱线通过基态钙原子蒸气时,被基态钙原子吸收,在恒定的测试条件下,其吸光度与溶液中钙浓度成正比。

实验仪器及试剂

原子吸收分光光度计(附钙空心阴极灯);乙炔、空气供气系统;容量瓶(50 mL、100 mL);移液管;烧杯(50 mL)。

硝酸(1∶1)。

钙标准贮备液(1 000 $\mu g \cdot mL^{-1}$):准确称取光谱纯氧化钙(其量按所需浓度和体积计算)于烧杯中,加入20 mL硝酸,低温加热溶解完全,转入1 000 mL容量瓶,用去离子水稀释至刻度,摇匀。

钙标准溶液(50 $\mu g \cdot mL^{-1}$):将钙标准贮备液用去离子水稀释20倍制得。

干扰抑制剂锶溶液(5 $mg \cdot mL^{-1}$):称取六水合氯化锶15.2 g溶于1 000 mL去离子水中。

样品溶液的制备:取钙片1片放入50 mL烧杯中,加少许去离子水润湿,用玻璃棒小心捣碎,加入10 mL硝酸(1∶1),低温加热溶解,加少量去离子水稀释,冷却至室温,过滤,滤液收集于500 mL容量瓶中,分别用去离子水洗烧杯、滤纸各3~4次,洗涤液并入滤液,用去离子水稀释至刻度,摇匀。同时将10 mL硝酸(1∶1)加入500 mL容量瓶中,用去离子水稀释至刻度,配制样品空白溶液。

实验步骤

1. 仪器工作条件的选择

移取4.0 mL 50 $\mu g \cdot mL^{-1}$的钙标准溶液于100 mL容量瓶中,加入4 mL 5

$mg \cdot mL^{-1}$锶溶液，用去离子水稀释至刻度，摇匀，用此含 Ca 2 $\mu g \cdot mL^{-1}$的溶液选择仪器的工作条件。

(1) 燃气和助燃气流量比例的选择。

固定空气流量为 6.5 $L \cdot min^{-1}$，改变乙炔流量分别为 1.2 $L \cdot min^{-1}$、1.4 $L \cdot min^{-1}$、1.6 $L \cdot min^{-1}$、1.8 $L \cdot min^{-1}$、2.0 $L \cdot min^{-1}$、2.2 $L \cdot min^{-1}$，以去离子水为参比调零，测定钙溶液的吸光度。从实验结果中选择出稳定性好且吸光度较大时的乙炔流量，作为测定的乙炔流量。

(2) 燃烧器高度的选择。

在选定的空气和乙炔流量条件下，改变燃烧器高度，以去离子水为参比，测定钙溶液的吸光度。从实验结果中选择出稳定性好且吸光度较大时的燃烧器高度，作为测定的燃烧器高度。

2. 线性范围的确定

在 6 个 50 mL 的容量瓶中，分别加入 0.0 mL、1.0 mL、2.0 mL、6.0 mL、8.0 mL、10.0 mL 50 $\mu g \cdot mL^{-1}$的钙标准溶液，加入选定量的 1.0 mL 锶溶液和 2.5 mL 硝酸(1∶1)，在仪器工作条件下，以空白溶液(选定量的锶溶液和 2.5 mL 硝酸(1∶1)，以去离子水稀释至 50 mL)为参比调零，分别测其吸光度，在计算机上作出吸光度-钙浓度标准曲线，计算回归方程，并确定在选定条件下钙测定的线性范围。

3. 样品的测定

于 5 个 50 mL 容量瓶中，各加入 1.0 mL 样品溶液(视钙含量高低，加入样品溶液量可在 1.0～5.0 mL 范围内适当调整)、2.5 mL 硝酸(1∶1)和选定量的锶溶液，再分别加入 0.0 mL、1.0 mL、2.0 mL、6.0 mL、8.0 mL 50 $\mu g \cdot mL^{-1}$的钙标准溶液，用去离子水稀释至刻度，摇匀；在另一个 50 mL 容量瓶中，加入样品空白 1.0 mL、2.5 mL硝酸(1∶1)和选定量的 1.0 mL 锶溶液，用去离子水稀释至刻度，摇匀，作为测定空白溶液。在选定的实验条件下，以测定空白溶液为参比，测定各溶液的吸光度。

数据记录及处理

(1) 请将标准曲线测定结果记入表 4-2-9 中。

表 4-2-9　标准曲线测定结果

所加试液	编号					
	1	2	3	4	5	6
钙标准溶液(50 $\mu g \cdot mL^{-1}$)	0.0 mL	1.0 mL	2.0 mL	6.0 mL	8.0 mL	10.0 mL
锶溶液(5 $mg \cdot mL^{-1}$)	1.0 mL	1.0 mL	1.0 mL	1.0 mL	1.0 mL	1.0 mL
硝酸(1∶1)	2.5 mL	2.5 mL	2.5 mL	2.5 mL	2.5 mL	2.5 mL
数据记录						

(2) 请将样品测定结果记入表 4-2-10 中。

表 4-2-10　样品测定结果

所加试液	编号				
	1	2	3	4	5
钙样品溶液	1.0 mL	1.0 mL	1.0 mL	1.0 mL	1.0 mL
钙标准溶液(50 $\mu g \cdot mL^{-1}$)	0.0 mL	1.0 mL	2.0 mL	6.0 mL	8.0 mL
锶溶液(5 $mg \cdot mL^{-1}$)	1.0 mL	1.0 mL	1.0 mL	1.0 mL	1.0 mL
硝酸(1∶1)	2.5 mL	2.5 mL	2.5 mL	2.5 mL	2.5 mL
数据记录					

(3) 用标准曲线法计算样品溶液中的钙含量(μg),再根据样品溶液取样量及测定溶液体积,计算出每片钙片中的钙含量(mg)。

(4) 以吸光度为纵坐标、加入标准溶液量为横坐标,用标准加入法计算样品溶液中的钙含量(μg),再根据样品溶液取样量及测定溶液体积,计算出每片钙片中的钙含量(mg)。

(5) 比较标准加入法和标准曲线法的实验结果并分析它们的特点。

思考题

(1) 根据钙元素性质,解释燃气及助燃气流量选择实验的结果。

(2) 本实验中锶溶液的作用是什么?

(3) 何谓空白溶液?为什么在制作标准曲线时空白溶液和测定样品时的空白溶液不完全一样?

(4) 采用标准加入法时应注意什么?

(5) 使用原子吸收分光光度计进行火焰原子吸收分析时,应优化哪些参数?

实验十七　电解二氧化锰中铜和铅的含量测定

实验目的

(1) 学习使用标准加入法进行定量分析。

(2) 掌握电解二氧化锰的消化方法。

(3) 熟悉原子吸收分光光度计的基本操作。

实验原理

标准加入法是原子吸收光谱分析中较常用的另一种定量方法,常用于试样中共存基体成分比较复杂的情况。由于基体成分不能准确知道,不能使用标准曲线法。标准加入法测定过程和原理如下。

取等体积的试液 2 份，分别置于相同容积的 2 个容量瓶中，其中 1 个加入一定量待测元素的标准溶液，分别用水稀释至刻度，摇匀，分别测定其吸光度，则两溶液吸光度：

$$A_x = Kc_x$$
$$A_0 = K(c_0 + c_x)$$

式中：c_x——待测元素的浓度；

c_0——加入标准溶液后溶液浓度的增量；

A_x、A_0——两次测量的吸光度。

将以上两式整理得

$$c_x = \frac{A_x}{A_0 - A_x} c_0$$

根据测得的数据，可以绘制如图 4-2-1 所示的标准加入法工作曲线。

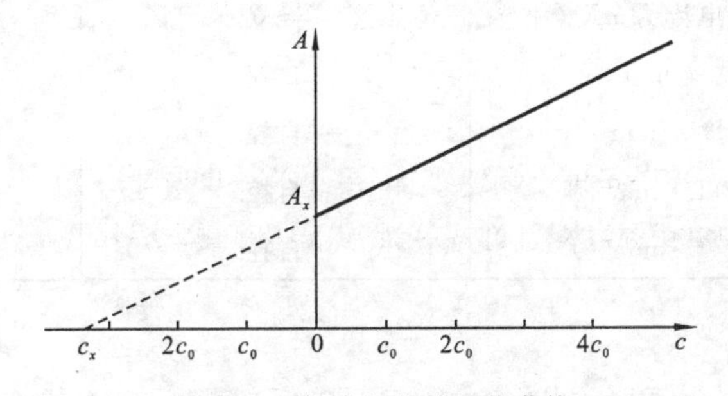

图 4-2-1　标准加入法工作曲线

在实际测定中，采取作图法所得结果更为准确。一般吸取 4 份等体积试液置于 4 个等容积的容量瓶中，从第二个容量瓶开始，分别按比例递增加入待测元素的标准溶液，然后用溶剂稀释至刻度，摇匀，分别测定溶液 c_x、$c_x + c_0$、$c_x + 2c_0$、$c_x + 3c_0$ 的吸光度为 A_x、A_1、A_2、A_3，然后以吸光度 A 对待测元素标准溶液的加入量作图，其纵轴上截距为 A_x，为只含试样 c_x 的吸光度，延长直线与横坐标轴相交于 c_x，即为所要测定的试样中该元素的浓度，如图 4-2-1 所示。在使用标准加入法时应注意以下几点。

(1) 为了得到较为准确的外推结果，至少要配制 4 种不同比例加入量的待测元素标准溶液，以提高测量准确度。

(2) 绘制的工作曲线斜率不能太小，否则外延后将引入较大误差，为此应使一次加入量 c_0 与未知量 c_x 尽量接近。

(3) 本法能消除基体效应带来的干扰，但不能消除背景吸收带来的干扰。

(4) 待测元素的浓度与对应的吸光度应呈线性关系，即绘制的工作曲线应呈直线，而且当 c_x 不存在时，工作曲线应该通过零点。

本实验测定电解二氧化锰中铜和锌的含量，试样先经消化，再用标准加入法进行测量。

实验仪器及试剂

原子吸收分光光度计;铜、铅空心阴极灯;无油空气压缩机;乙炔钢瓶;通风设备。

金属铜(优级纯);金属铅(优级纯);浓盐酸(分析纯);浓硝酸(分析纯);过氧化氢(分析纯)。

实验条件

本实验供参考的实验条件列于表 4-2-11 中。

表 4-2-11　实验条件

	铜	铅
吸收线波长 λ/nm	324.8	283.3
空心阴极灯电流 I/mA	6.0	10.0
狭缝宽度 d/mm	自控	自控
燃烧器高度 h/mm	自控	自控
乙炔流量 $Q/(\mathrm{L \cdot min^{-1}})$	自控	自控
空气流量 $Q/(\mathrm{L \cdot min^{-1}})$	自控	自控

实验步骤

(1) 试样的消化(自行设计)。

(2) 标准溶液系列配制(自行设计)。

(3) 根据实验条件,按原子吸收光谱仪操作规程开机并设置实验条件,待基线平直,即可进样,测定铜、铅标准溶液系列的吸光度。

数据记录及处理

(1) 记录实验条件。

(2) 打印测量的铜、铅标准系列溶液的吸光度及工作曲线。

(3) 根据试液被稀释情况,计算电解二氧化锰中铜、铅的含量。

思考题

(1) 采用标准加入法定量应注意哪些问题?

(2) 以标准加入法进行定量分析有什么优点?

(3) 为什么标准加入法中工作曲线外推与浓度轴的相交点,就是试液中待测元素的浓度?

实验十八　紫外吸收光谱测定蒽醌粗品中蒽醌的含量

实验目的

(1) 了解 TU-1900 型紫外可见光分光光度计的基本结构及使用方法。

(2) 学习应用紫外吸收光谱进行定量分析的方法及 ε 值的测定方法。

(3) 掌握测定粗蒽醌试样时测定波长的选择方法。

实验原理

紫外吸收光谱分析是基于物质对紫外光的选择性吸收,根据朗伯-比耳定律可进行定量分析。而选择合适的测定波长是紫外吸收光谱定量分析的重要环节。在本实验中,蒽醌粗品中含有邻苯二甲酸酐,为避免邻苯二甲酸酐干扰蒽醌含量的测定,要分别测定它们的吸收光谱图来确定合适的测定波长。

摩尔吸光系数 ε 是吸收光度分析中的一个重要参数,是衡量吸光度定量分析方法灵敏程度的重要指标,通常可利用求取标准曲线斜率的方法求得。

实验仪器及试剂

TU-1900 型紫外可见光分光光度计;容量瓶;移液管;洗耳球;石英比色皿。

邻苯二甲酸酐的甲醇溶液(0.1 $mg \cdot mL^{-1}$)。

蒽醌标准贮备液(4.000 $mg \cdot mL^{-1}$):准确称取 0.400 0 g 蒽醌置于 100 mL 烧杯中,用甲醇溶解后,转移到 100 mL 容量瓶中,并用甲醇稀释至刻度,摇匀备用。

蒽醌标准使用液(0.200 0 $mg \cdot mL^{-1}$):吸取 5.00 mL 上述蒽醌标准贮备液于 100 mL 容量瓶中,并用甲醇稀释至刻度,摇匀备用。

实验步骤

1. 配制蒽醌标准溶液系列

用吸量管分别吸取 0.00 mL、2.00 mL、4.00 mL、6.00 mL、8.00 mL、10.00 mL 上述蒽醌标准使用液于 6 个 50 mL 容量瓶中,然后分别用甲醇稀释至刻度,摇匀备用。

2. 配制样品溶液

称取 0.050 0 g 蒽醌粗品于 50 mL 烧杯中,用甲醇溶解,然后转移到 25 mL 容量瓶中,并用甲醇稀释至刻度,摇匀备用。

3. 测量吸收光谱

根据实验条件,按 TU-1900 型分光光度计操作规程开机、调试、预热。以甲醇溶液作参比,取蒽醌标准溶液系列中 1 份溶液,测量蒽醌的紫外吸收光谱;以甲醇溶液作参比,取 0.1 $mg \cdot mL^{-1}$ 邻苯二甲酸酐的甲醇溶液,测量邻苯二甲酸酐的紫外吸收光谱。绘制它们的吸收光谱图,确定合适的测定波长。

4. 参比实验

以甲醇作参比溶液,在选定波长下测定蒽醌标准溶液系列和蒽醌粗品试液的吸光度。

数据记录及处理

(1) 记录实验条件。

(2) 绘制蒽醌、邻苯二甲酸酐的紫外吸收光谱图,选择合适的测定波长,并说明选择测定波长的理由。

(3) 绘制标准曲线,以标准曲线法计算蒽醌粗品中蒽醌的含量,并计算蒽醌的 ε 值。

思考题

(1) 在光度分析中参比溶液的作用是什么?

(2) 本实验为什么要用甲醇作参比溶液?可否用其他溶剂(如水)来代替,为什么?

(3) 在光度分析中测绘物质的吸收光谱有何意义?

实验十九　苯甲酸、苯胺、苯酚的鉴定及废水中苯酚含量的测定

实验目的

(1) 掌握 TU-1900 型紫外可见光分光光度计的基本结构及使用方法。

(2) 学习用紫外光谱法进行物质定性、定量分析的基本定理。

实验原理

含有苯环和共轭双键的有机物在紫外区有特征吸收。含有不同官能团的物质的紫外吸收光谱不同。但应注意,紫外吸收光谱相同,两种化合物不一定相同,故在定性分析时,除了要比较最大吸收波长 λ_{max},还要比较摩尔吸光系数 ε_{max},如果待测物质和标准物质 λ_{max} 和 ε_{max} 都相同,则可认为是同一物质。本实验通过比较 λ_{max} 和 ε_{max} 来鉴定化合物。相关文献中苯甲酸、苯胺、苯酚 3 种物质的紫外吸收光谱数据如表 4-2-12所示。

表 4-2-12　苯甲酸、苯胺、苯酚的紫外吸收光谱数据

物质	λ_{max}/nm	ε_{max}/(L · mol^{-1} · cm^{-1})	$\varepsilon_{max_1}/\varepsilon_{max_2}$	溶剂
苯甲酸	230	10 000	12.5	水
	270	800		

续表

物质	λ_{max}/nm	ε_{max}/(L · mol^{-1} · cm^{-1})	$\varepsilon_{max_1}/\varepsilon_{max_2}$	溶剂
苯胺	230	8 600	6.0	水
	280	1 430		
苯酚	210	6 200	4.3	水
	270	1 450		

有紫外吸收的物质可依据朗伯-比耳定律用紫外分光光度法进行定量分析：

$$A=\varepsilon bc$$

式中：ε——摩尔吸光系数；

b——比色皿液层厚度；

c——溶液浓度。

实验仪器及试剂

TU-1900 型紫外可见光分光光度计；容量瓶；吸量管；洗耳球(2 个)；石英比色皿。

未知样品 1：约 1×10^{-4} mol · L^{-1}苯酚水溶液。

未知样品 2：约 1×10^{-4} mol · L^{-1}苯甲酸水溶液，制备时若不溶可稍加热。

未知样品 3：约 1×10^{-4} mol · L^{-1}苯胺水溶液。

苯酚标准贮备液(1 g · L^{-1})：称取 1.000 g 苯酚，用去离子水溶解，转入 1 000 mL 容量瓶中，用水稀释到刻度，摇匀。

苯酚标准使用液(100 mg · L^{-1})：吸取上述 1 g · L^{-1}苯酚标准贮备液 10.00 mL 于 100 mL 容量瓶中，用水稀释至刻度，摇匀。

实验步骤

1. 定性分析

在 TU-1900 型紫外可见光分光光度计上，用 1 cm 石英比色皿，以蒸馏水作参比溶液，在 200～330 nm 波长范围扫描。绘制苯甲酸、苯胺及苯酚的吸收曲线。从曲线上找出 λ_{max_1}、λ_{max_2}，测得其所对应的吸光度，计算相应的 ε_{max}，并比较 $\varepsilon_{max_1}/\varepsilon_{max_2}$。鉴定未知样品 1、未知样品 2 以及未知样品 3 各为何种物质。

2. 定量分析

(1) 标准曲线的制作。

取 5 个 50 mL 的容量瓶，分别加入 2.00 mL、4.00 mL、6.00 mL、8.00 mL、10.00 mL 100 mg · L^{-1}苯酚标准使用液，用去离子水稀释到刻度，摇匀。用 1 cm 石英比色皿，以去离子水作参比，在选定的最大波长下，分别测定各溶液的吸光度，以吸光度对浓度作图，作出标准曲线。

(2) 废水中苯酚含量测定。

准确移取未知液 25.00 mL 于 50 mL 容量瓶中,用去离子水稀释到刻度,摇匀。在同样条件下测定其吸光度,在标准曲线上查出苯酚的浓度,计算出废水中苯酚的含量。

数据记录及处理

(1) 记录实验条件。

(2) 请将苯甲酸、苯胺、苯酚的定性分析数据记入表 4-2-13 中。

表 4-2-13 苯甲酸、苯胺、苯酚的定性分析结果

物质	λ_{max_1} /nm	λ_{max_2} /nm	ε_{max_1}	ε_{max_2}	$\varepsilon_{max_1}/\varepsilon_{max_2}$	鉴定结果
未知样品 1						
未知样品 2						
未知样品 3						

(3) 请将苯酚标准溶液和待测样品吸光度测定的相关数据记入表 4-2-14 中。

表 4-2-14 苯酚标准溶液和待测样品吸光度的测定结果

苯酚的量						
吸光度						

绘制标准曲线,并计算废水中苯酚的含量。

思考题

(1) 如何应用紫外吸收光谱进行定性分析?

(2) 苯酚的紫外吸收光谱中 210 nm、271 nm 的吸收峰是由哪些价电子跃迁产生的?

实验二十 紫外分光光度法测定自来水中硝酸盐氮

实验目的

(1) 进一步熟悉 TU-1900 型紫外可见光分光光度计的基本结构及使用。

(2) 学习用紫外分光光度法测定水中硝酸盐氮的方法。

实验原理

硝酸盐氮(NO_3^--N)是评价水质的重要指标,可用紫外分光光度法测定其含量。本实验采用的是不经显色反应,利用 NO_3^- 在 220 nm 波长的特征吸收直接测定的方法。运用该法测定一般饮用水和其他较洁净的地表水中的 NO_3^- 含量，具有简单、快速、准确的优点。测定时要注意消除有关干扰：用 $Al(OH)_3$ 絮凝共沉淀消除天然水中悬浮物以及 Fe^{3+}、Cr^{3+} 的干扰；SO_4^{2-}、Cl^- 不干扰测定，Br^- 对测定有干扰，一般淡水中不常见；HCO_3^-、CO_3^{2-} 在 220 nm 处有微弱吸收，加入一定量的盐酸消除 HCO_3^-、CO_3^{2-} 以及絮凝中带来的细微胶体等的影响；在其中加入氨基磺酸以消除亚硝酸盐的干扰，亚硝酸氮低于 0.1 mg · L^{-1}时可以不加氨基磺酸。

对于饮用水和较清洁水可以不进行上述预处理。

水中有机物在 220 nm 产生吸收干扰，可利用有机物在 275 nm 有吸收、而 NO_3^- 在 275 nm 无吸收这一特征，对水样在 220 nm 和 275 nm 处分别测定吸光度，用 A_{220} 减去 A_{275} 扣除有机物的干扰，这种经验性的校正方法对有机物含量不太高或者稀释后的水样可以得到相当准确的结果。本法中硝酸盐氮的最低检出浓度为 0.08 mg · L^{-1}，测定上限为 4 mg · L^{-1}。

实验仪器及试剂

TU-1900 型紫外可见光分光光度计；容量瓶；吸量管；洗耳球；石英比色皿。

氢氧化铝悬浮液：溶解 125 g$KAl(SO_4)_2 \cdot 12H_2O$(化学纯)或 $NH_4Al(SO_4)_2 \cdot 12H_2O$(化学纯)于水中，加热至 60 ℃，然后在搅拌下慢慢加入 55 mL 浓氨水，放置1 h后转入大烧杯内，倾去上部清液，用蒸馏水反复洗涤沉淀至上部清液中不含氨、氯化物及硝酸盐和亚硝酸盐为止。澄清后，把上层清液尽量倾出，只留浓的悬浮液，最后加 100 mL 水，使用前应振荡均匀。

硝酸盐氮标准贮备液：称取 0.721 8 g 无水 KNO_3 溶于去离子水中，移至 1 000 mL 容量瓶中，用去离子水稀释至刻度，此标准溶液含氮 100 μg · mL^{-1}。

硝酸盐氮标准溶液：准确移取 100 mL 硝酸盐氮标准贮备液于 1 000 mL 容量瓶中，用去离子水稀释至刻度，此标准溶液含氮 10 μg · mL^{-1}。

氨基磺酸溶液(1.0%)：避光保存于冰箱中。

HCl 溶液(1 mol · L^{-1})。

实验步骤

1. 水样预处理

如果水样中有悬浮物以及 Fe^{3+}、Cr^{3+}，可采用适量 $Al(OH)_3$ 絮凝共沉淀后过滤排除。如果含有大量 HCO_3^-、CO_3^{2-}，加入一定量的盐酸以消除 HCO_3^-、CO_3^{2-}。如是清洁水样则不需要进行上述处理，可直接取样。

2. 待测水样的配制

取上述澄清水样 50 mL 于 50 mL 容量瓶中，加入 1 mL 1 mol · L^{-1} HCl 溶液、0.1 mL 1.0% 氨基磺酸溶液，摇匀。

3. 硝酸盐氮标准溶液系列配制

准确移取硝酸盐氮标准溶液 0 mL、0.5 mL、1.0 mL、3.0 mL、5.0 mL、10.0 mL 于 50 mL 容量瓶中，用去离子水稀释到刻度，加入 1 mL 1 mol · L^{-1} HCl 溶液、0.1 mL 1.0%氨基磺酸溶液，摇匀。

4. 测定标准溶液系列及样品的吸光度

在紫外分光光度计上，用 1 cm 石英比色皿，在 220 nm 和 275 nm 处测定标准溶液系列的吸光度，将两者的吸光度差对硝酸盐氮标准溶液的含量作工作曲线；同样条件测定水样在 220 nm 和 275 nm 处的吸光度，计算其吸光度差，在标准溶液的工作曲线上找出其对应的硝酸盐氮标准溶液的含量。

数据记录及处理

(1) 记录实验条件。

(2) 请将硝酸盐氮标准溶液和水样吸光度测定的相关数据记入表 4-2-15 中。

表 4-2-15　硝酸盐氮标准溶液和水样吸光度的测定结果

NO_3^--N 浓度						水样
A_{220}						
A_{275}						
$A=A_{220}-A_{275}$						

(3) 绘制标准曲线，并按下式计算原待测水样中硝酸盐氮的含量。

$$\text{硝酸盐氮的含量}(\text{mg} \cdot \text{L}^{-1}) = \frac{\text{硝酸盐氮总量}(\mu\text{g})}{\text{水样体积}(\text{mL})}$$

思考题

(1) 此实验中，能否用普通光学玻璃比色皿进行测定？为什么？

(2) 加入氨基磺酸的作用是什么？

实验二十一　红外吸收光谱法测定车用汽油中的苯含量

实验目的

(1) 学习红外吸收光谱定量分析技术。

(2) 熟悉红外吸收光谱法定量的过程。

(3) 了解车用汽油中苯含量测定的红外吸收光谱标准方法。

实验原理

红外吸收光谱定量分析是通过对特征吸收谱带强度的测量来求出组分含量的。

其理论依据是朗伯-比耳定律。由于红外吸收光谱的谱带较多，选择的余地大，所以能方便地对单一组分和多组分进行定量分析。此外，该法不受样品状态的限制，能定量测定气体、液体和固体样品，因此在环境、医药等诸多领域应用广泛。但红外吸收光谱法定量灵敏度较低，尚不适用于微量组分的测定。

苯是一种有毒化合物，测定汽油中苯的含量有助于评价汽油使用过程中对人体的伤害。本实验用红外吸收光谱法测定车用汽油中苯的含量。由于汽油中有甲苯干扰测定，需要对结果进行校正。

实验仪器及试剂

红外光谱仪；溴化钾窗片；样品架；液体池。

苯(分析纯)；甲苯(分析纯)；异辛烷(分析纯)或正庚烷(分析纯)；车用汽油样品。

实验步骤

1. 标准溶液的配制

苯标准溶液：移取一定量的苯于 100 mL 容量瓶中，用不含苯的汽油稀释至刻度，摇匀备用。标准溶液的浓度(体积分数)为 1%、2%、3%、4%、5%。

甲苯标准溶液：准确取 2.00 mL 甲苯于 10 mL 容量瓶中，用正庚烷或异辛烷稀释至刻度备用。

2. 工作曲线的绘制

测定甲苯的校正系数：用微量进样器准确取 100 μL 甲苯标准溶液，扫描 400～690 cm^{-1}范围内的红外吸收光谱图，分别用 460 cm^{-1}(甲苯特征吸收峰)和 673 cm^{-1}(苯特征吸收峰)分析峰的峰面积减去基线 500 cm^{-1}的峰面积，得到相应波数的净峰面积。甲苯的校正系数等于 673 cm^{-1}和 460 cm^{-1}的净峰面积之比。测量温度为 25 ℃，相对湿度为 50%。

用微量进样器准确取 10 μL 苯标准溶液，扫描 400～690 cm^{-1}波数范围内的红外吸收光谱图，并测定如下波数的峰面积：673 cm^{-1}、460 cm^{-1}以及 500 cm^{-1}。计算校正后的苯的峰面积。

标准曲线的绘制：用苯标准溶液浓度对校正后的苯峰面积作图，得到标准曲线。

3. 样品测定

测定未知样品的谱图，并计算待测样品中苯的浓度。

数据记录及处理

请将本实验的相关数据记入表 4-2-16 中。

表 4-2-16　实验数据

<table>
<tr><td rowspan="2">测定内容</td><td colspan="3">峰面积</td><td colspan="2" rowspan="2">校正系数(A_{673}/A_{460})</td></tr>
<tr><td>673 cm^{-1}</td><td>460 cm^{-1}</td><td>500 cm^{-1}</td></tr>
<tr><td>甲苯校正系数</td><td></td><td></td><td></td><td colspan="2"></td></tr>
<tr><td rowspan="7">苯标准溶液</td><td rowspan="2">浓度/(%)</td><td colspan="4">峰面积</td></tr>
<tr><td>673 cm^{-1}</td><td>460 cm^{-1}</td><td>500 cm^{-1}</td><td>苯校正峰面积</td></tr>
<tr><td>1</td><td></td><td></td><td></td><td></td></tr>
<tr><td>2</td><td></td><td></td><td></td><td></td></tr>
<tr><td>3</td><td></td><td></td><td></td><td></td></tr>
<tr><td>4</td><td></td><td></td><td></td><td></td></tr>
<tr><td>5</td><td></td><td></td><td></td><td></td></tr>
<tr><td>待测样品</td><td></td><td></td><td></td><td></td><td></td></tr>
</table>

实验注意事项

(1) 样品池需用异辛烷或类似溶剂进行洗涤,并真空干燥。

(2) 所有测试在室温条件下进行,装样时要避免形成气泡。

(3) 由于湿气对实验有影响,所以测定过程中要避免样品吸湿。

思考题

(1) 峰面积校正的原理是什么?

(2) 如何选取红外定量分析中的分析峰?

第三节　设计性实验

实验二十二　甲酚同分异构体的气相色谱分析

提示

邻甲酚是一种重要的精细化工中间体,它是由苯酚和甲醇在高温和催化剂作用下合成的。在苯酚甲基化的过程,除了生成主要产物邻甲酚外,还生成少量副产物——同分异构体对甲酚和间甲酚,反应液中除了这 3 种物质外,还有未反应完的苯酚、过量的甲醇以及生成的水。

试用气相色谱分析法对此反应液中的苯酚、邻甲酚、对甲酚、间甲酚进行测定。

实验二十三　白酒中甲醇的气相色谱分析

提示

甲醇是有毒的化工产品，对人体有剧烈毒性，只要食用 10 g 甲醇即可使人致命。同时它对于视神经危害尤为严重，能引起视力模糊、眼疼、视力减退甚至失明。国家标准规定：凡是以各种谷类为原料制成的白酒，甲醇的含量不得超过 $0.4\ g \cdot L^{-1}$，以薯类为原料制成的白酒，则不得超过 $1.2\ g \cdot L^{-1}$。

试用气相色谱分析法检测白酒中甲醇的含量。

实验二十四　复方阿司匹林的高效液相色谱分析

提示

复方阿司匹林（APC）是应用广泛的解热镇痛药，其有效成分为乙酰水杨酸（阿司匹林）、非那西汀和咖啡因。乙酰水杨酸易水解，在生产及储藏期间容易水解成水杨酸。采用 HPLC 将上述各组分分离时，HPLC 中流动相的组成和 pH 值对组分的滞留和分离影响较大。

试用高效液相色谱法测定复方阿司匹林中的乙酰水杨酸、非那西汀、咖啡因和水杨酸的含量。

实验二十五　饮料中防腐剂的紫外光谱测定

提示

为了防止食品在储存、运输过程中发生变质，常在食品中添加少量防腐剂。防腐剂使用的品种和用量在食品卫生标准中都有严格的规定。苯甲酸和山梨酸的结构如图 4-3-1 所示，苯甲酸和山梨酸以及它们的钠盐、钾盐是食品卫生标准允许使用的两种主要防腐剂。苯甲酸具有芳烃结构，在波长 228 nm 和 272 nm 处有 K 吸收带和 B 吸收带；山梨酸具有 α、β 不饱和羰基结构，在波长 255 nm 处有 $\pi \rightarrow \pi^*$ 跃迁的 K 吸收带。因此，根据它们的紫外吸收光谱特征可以进行定性鉴定和定量测定。

O OH
苯甲酸
(benzoic acid)

O OH
山梨酸
(sorbic acid)

图 4-3-1　苯甲酸与山梨酸的分子结构图

试用紫外光度法测定饮料中苯甲酸和山梨酸的含量。

由于食品中防腐剂用量很少，一般在 0.1%左右(质量分数)，同时食品中其他成分也可能产生干扰,因此需要预先将防腐剂与其他成分分离,并经提纯浓缩后进行测定。

主要参考文献

[1] 张济新,孙海霖,朱明华.仪器分析实验[M].北京:高等教育出版社,1994.
[2] 华南师范大学化学实验教学中心,俞英.仪器分析实验[M].北京:化学工业出版社,2008.
[3] 陈培榕,李景虹,邓勃.现代仪器分析实验与技术[M].北京:清华大学出版社,2006.
[4] 蔡炳新,陈贻文.基础化学实验[M].北京:科学出版社,2001.
[5] 四川大学化工学院,浙江大学化学系.分析化学实验[M].3版.北京:高等教育出版社,2003.

附　录

附录A　常用指示剂

表A-1　酸碱指示剂(18～25 ℃)

指示剂名称	pH值变色范围	颜色变化	溶液配制方法
甲基紫(第一变色范围)	0.13～0.5	黄色～绿色	1 g·L^{-1}或0.5 g·L^{-1}的水溶液
甲酚红(第一变色范围)	0.2～1.8	红色～黄色	0.04 g指示剂溶于100 mL50%乙醇
甲基紫(第二变色范围)	1.0～1.5	绿色～蓝色	1 g·L^{-1}水溶液
百里酚蓝(麝香草酚蓝)(第一变色范围)	1.2～2.8	红色～黄色	0.1 g指示剂溶于100 mL20%乙醇
甲基紫(第三变色范围)	2.0～3.0	蓝色～紫色	1 g·L^{-1}水溶液
甲基橙	3.1～4.4	红色～黄色	1 g·L^{-1}水溶液
溴酚蓝	3.0～4.6	黄色～蓝色	0.1 g指示剂溶于100 mL20%乙醇
刚果红	3.0～5.2	蓝紫色～红色	1 g·L^{-1}水溶液
溴甲酚绿	3.8～5.4	黄色～蓝色	0.1 g指示剂溶于100 mL20%乙醇
甲基红	4.4～6.2	红色～黄色	0.1 g或0.2 g指示剂溶于100 mL60%乙醇
溴酚红	5.0～6.8	黄色～红色	0.1 g或0.04 g指示剂溶于100 mL20%乙醇
溴百里酚蓝	6.0～7.6	黄色～蓝色	0.05 g指示剂溶于100 mL20%乙醇
中性红	6.8～8.0	红色～亮黄色	0.1 g指示剂溶于100 mL60%乙醇
酚红	6.8～8.0	黄色～红色	0.1 g指示剂溶于100 mL20%乙醇
甲酚红	7.2～8.8	亮黄色～紫红色	0.1 g指示剂溶于100 mL50%乙醇

续表

指示剂名称	pH值变色范围	颜色变化	溶液配制方法
百里酚蓝(麝香草酚蓝)(第二变色范围)	8.0～9.6	黄色～蓝色	0.1 g指示剂溶于100 mL20%乙醇
酚酞	8.2～10.0	无色～紫红色	0.1 g指示剂溶于100 mL60%乙醇
百里酚酞	9.3～10.5	无色～蓝色	0.1 g指示剂溶于100 mL90%乙醇

表 A-2　酸碱混合指示剂

指示剂溶液的组成	变色点pH值	颜色		备　注
		酸色	碱色	
3份1 g·L^{-1}溴甲酚绿乙醇溶液 1份1 g·L^{-1}甲基红乙醇溶液	5.1	酒红色	绿色	
1份2 g·L^{-1}甲基红乙醇溶液 1份1 g·L^{-1}次甲基蓝乙醇溶液	5.4	红紫色	绿色	pH＝5.2红紫色 pH＝5.4暗蓝色 pH＝5.6绿色
1份1 g·L^{-1}溴甲酚绿钠盐水溶液 1份1 g·L^{-1}氯酚红钠盐水溶液	6.1	黄绿色	蓝紫色	pH＝5.4蓝绿色 pH＝5.8蓝色 pH＝6.2蓝紫色
1份1 g·L^{-1}中性红乙醇溶液 1份1 g·L^{-1}次甲基蓝乙醇溶液	7.0	蓝紫色	绿色	pH＝7.0蓝紫色
1份1 g·L^{-1}溴百里酚蓝钠盐水溶液 1份1 g·L^{-1}酚红盐水溶液	7.5	黄色	绿色	pH＝7.2暗绿色 pH＝7.4淡紫色 pH＝7.6深紫色
1份1 g·L^{-1}甲酚红钠盐水溶液 3份1 g·L^{-1}百里酚蓝钠盐水溶液	8.3	黄色	紫色	pH＝8.2玫瑰色 pH＝8.4紫色

表 A-3　金属离子指示剂

指示剂名称	解离平衡和颜色变化	溶液配制方法
铬黑T(EBT)	$H_2In^- \xrightleftharpoons{pK_{a_2}=6.3} HIn^{2-} \xrightleftharpoons{pK_{a_3}=11.55} In^{3-}$ (紫红色)　(蓝色)　(橙色)	5 g·L^{-1}水溶液
二甲酚橙(XO)	$H_3In^{4-} \xrightleftharpoons{pK_a=6.3} H_2In^{5-}$ (黄色)　(红色)	2 g·L^{-1}水溶液

续表

指示剂名称	解离平衡和颜色变化	溶液配制方法
K-B 指示剂	$H_2In \xrightleftharpoons{pK_{a_1}=8} HIn^- \xrightleftharpoons{pK_{a_2}=13} In^{2-}$ （红色）　（蓝色）　（紫红色） （酸性铬蓝 K）	0.2 g 酸性铬蓝 K 与 0.4 g 萘酚绿 B 溶于 100 mL 水中
钙指示剂	$H_2In^- \xrightleftharpoons{pK_{a_2}=7.4} HIn^{2-} \xrightleftharpoons{pK_{a_3}=13} In^{3-}$ （酒红色）　（蓝色）　（酒红色）	5 g · L^{-1}的乙醇溶液
吡啶偶氮萘酚（PAN）	$H_2In^+ \xrightleftharpoons{pK_{a_1}=1.9} HIn \xrightleftharpoons{pK_{a_2}=12.2} In^-$ （黄绿色）　（黄色）　（淡红色）	1 g · L^{-1}的乙醇溶液
Cu-PAN（CuY-PAN 溶液）	$CuY + PAN + M^{n+} = MY + Cu\text{-}PAN$ （浅绿色）　（无色）　（红色）	向 10 mL 0.05 mol · L^{-1} Cu^{2+} 溶液中加 5 mL pH＝5～6 的 HAc-NaAc 缓冲溶液、1 滴 PAN 指示剂，加热至 60 ℃左右，用 EDTA 滴至绿色，得到约 0.025 mol · L^{-1} 的 CuY 溶液。使用时取 2～3 mL 于试液中，再加数滴 PAN 溶液
磺基水杨酸	$H_2In \xrightleftharpoons{pK_{a_1}=2.7} HIn^- \xrightleftharpoons{pK_{a_2}=13.1} In^{2-}$ （无色）	10 g · L^{-1}水溶液
钙镁试剂（Calmagite）	$H_2In^- \xrightleftharpoons{pK_{a_2}=8.1} HIn^{2-} \xrightleftharpoons{pK_{a_3}=12.4} In^{3-}$ （红色）　（蓝色）　（红橙色）	5 g · L^{-1}水溶液

注：EBT、钙指示剂、K-B 指示剂等在水溶液中稳定性较差，可以配成指示剂与 NaCl 之比为 1∶100 或 1∶200的固体粉末。

表 A-4　氧化-还原指示剂

指示剂名称	$E^{\ominus}$/V $[H^+]=1$ mol · L^{-1}	颜色变化		溶液配制方法
		氧化态	还原态	
二苯胺	0.76	紫色	无色	10 g · L^{-1}的浓 H_2SO_4溶液
二苯胺磺酸钠	0.85	紫红色	无色	5 g · L^{-1}的水溶液

续表

指示剂名称	$E^{\ominus}$/V [H^+]=1 mol·L^{-1}	颜色变化		溶液配制方法
		氧化态	还原态	
N-邻苯氨基苯甲酸	1.08	紫红色	无色	0.1 g 指示剂加 20 mL50 g·L^{-1}的 Na_2CO_3溶液,用水稀释至 100 mL
邻二氮菲-Fe(Ⅱ)	1.06	浅蓝色	红色	1.485 g 邻二氮菲加 0.965 g$FeSO_4$溶解,稀释至 100 mL(0.025 mol·L^{-1}水溶液)
5-硝基邻二氮菲-Fe(Ⅱ)	1.25	浅蓝色	紫红色	1.685 g 5-硝基邻二氮菲加 0.695 g $FeSO_4$溶解,稀释至 100 mL(0.025 mol·L^{-1}水溶液)

表 A-5　吸附指示剂

名　称	配　制	用于测定		
		可测元素(括号内为滴定剂)	颜色变化	测定条件
荧光黄	1%钠盐水溶液	Cl^-、Br^-、I^-、SCN^-(Ag^+)	黄绿色～粉红色	中性或弱碱性
二氯荧光黄	1%钠盐水溶液	Cl^-、Br^-、I^-(Ag^+)	黄绿色～粉红色	pH=4.4～7.2
四溴荧光黄	1%钠盐水溶液	Br^-、I^-(Ag^+)	橙红色～红紫色	pH=1～2

附录B　常用缓冲溶液的配制

表 B-1　常用缓冲溶液的配制

缓冲溶液组成	pK_a	缓冲溶液 pH 值	缓冲溶液配制方法
氨基乙酸-HCl	2.35(pK_{a_1})	2.3	取 150 g 氨基乙酸于 500 mL 水中后，加 80 mL浓 HCl 溶液，稀释至 1 L
H_3PO_4-柠檬酸盐	—	2.5	取 113 g $Na_2HPO_4 \cdot 12H_2O$ 溶于 200 mL 水中后，加 387 g 柠檬酸，溶解，过滤，稀释至 1 L
一氯乙酸-NaOH	2.86	2.8	取 200 g 一氯乙酸溶于 200 mL 水中，加 40 g NaOH，溶解后，稀释至 1 L
邻苯二甲酸氢钾-HCl	2.95(pK_{a_1})	2.9	取 500 g 邻苯二甲酸氢钾溶于 500 mL 水中，加 80 mL 浓 HCl 溶液，稀释至 1 L
甲酸-NaOH	3.76	3.7	取 95 g 甲酸和 40 g NaOH 于 500 mL 水中，溶解，稀释至 1 L
NaAc-HAc	4.74	4.7	取 83 g 无水 NaAc 溶于水中，加 60 mL 冰乙酸，稀释至 1 L
六次甲基四胺-HCl	5.15	5.4	取 40 g 六次甲基四胺溶于 200 mL 水中，加 10 mL 浓 HCl，稀释至 1 L
Tris(三羟甲基氨甲烷 $CNH_2(HOCH_3)_3$)-HCl	8.21	8.2	取 25 gTris 试剂溶于水中，加 8 mL 浓 HCl 溶液，稀释至 1 L
NH_3-NH_4Cl	9.26	9.2	取 54 g NH_4Cl 溶于水中，加 63 mL 浓氨水，稀释至 1 L

注：① 缓冲溶液配制后可用 pH 试纸检查，如 pH 值不对，可用共轭酸或碱调节，pH 值欲调节精确时，可用 pH 计调节。

② 若需增加或减少缓冲溶液的缓冲容量时，可相应增加或减少共轭酸碱对物质的量，再调节之。

附录C　常用浓酸、浓碱的密度和浓度

表 C-1　常用浓酸、浓碱的密度和浓度

试剂名称	密度/(g·mL^{-1})	w/(%)	c/(mol·L^{-1})
盐酸	1.18～1.19	36～38	11.6～12.4
硝酸	1.39～1.40	65.0～68.0	14.4～15.2
硫酸	1.83～1.84	95～98	17.8～18.4
磷酸	1.69	85	14.6
高氯酸	1.68	70.0～72.0	11.7～12.0
冰乙酸	1.05	99.8(优级纯)、99.0(分析纯、化学纯)	17.4
氢氟酸	1.13	40	22.5
氢溴酸	1.49	47.0	8.6
氨水	0.88～0.90	25.0～28.0	13.3～14.8

附录 D　常用基准物质及其干燥条件与应用

表 D-1　常用基准物质及其干燥条件与应用

基准物质		干燥后组成	干燥条件 t/℃	标定对象
名称	分子式			
碳酸氢钠	$NaHCO_3$	Na_2CO_3	270～300	酸
碳酸钠	$Na_2CO_3 \cdot 10H_2O$	Na_2CO_3	270～300	酸
硼砂	$Na_2B_4O_7 \cdot 10H_2O$	$Na_2B_4O_7 \cdot 10H_2O$	放在含 NaCl 和蔗糖饱和溶液的干燥器中	酸
碳酸氢钾	$KHCO_3$	K_2CO_3	270～370	酸
草酸	$H_2C_2O_4 \cdot 2H_2O$	$H_2C_2O_4 \cdot 2H_2O$	室温空气干燥	碱或 $KMnO_4$
邻苯二甲酸氢钾	$KHC_8H_4O_4$	$KHC_8H_4O_4$	110～120	碱
重铬酸钾	$K_2Cr_2O_7$	$K_2Cr_2O_7$	140～150	还原剂
溴酸钾	$KBrO_3$	$KBrO_3$	130	还原剂
碘酸钾	KIO_3	KIO_3	130	还原剂
铜	Cu	Cu	室温干燥器中保存	还原剂
三氧化二砷	As_2O_3	As_2O_3	室温干燥器中保存	氧化剂
草酸钠	$Na_2C_2O_4$	$Na_2C_2O_4$	130	氧化剂
碳酸钙	$CaCO_3$	$CaCO_3$	110	EDTA
锌	Zn	Zn	室温干燥器中保存	EDTA
氧化锌	ZnO	ZnO	900～1 000	EDTA
氯化钠	NaCl	NaCl	500～600	$AgNO_3$
氯化钾	KCl	KCl	500～600	$AgNO_3$
硝酸银	$AgNO_3$	$AgNO_3$	280～290	氯化物
氨基磺酸	$HOSO_2NH_2$	$HOSO_2NH_2$	在真空 H_2SO_4 干燥器中保存 48 h	碱
氟化钠	NaF	NaF	铂坩埚中 500～550 ℃下保存 40～50 min 后，H_2SO_4 干燥器中冷却	—

附录 E　相对原子质量表

表 E-1　相对原子质量表(IUPAC1997 年公布)

元素		相对原子质量	元素		相对原子质量	元素		相对原子质量	元素		相对原子质量
符号	名称		符号	名称		符号	名称		符号	名称	
Ac	锕	[227]	Er	铒	167.26	Mn	锰	54.938 05	Ru	钌	101.07
Ag	银	107.868 2	Es	锿	[254]	Mo	钼	95.94	S	硫	32.066
Al	铝	26.981 54	Eu	铕	151.964	N	氮	14.006 74	Sb	锑	121.760
Am	镅	[243]	F	氟	18.998 40	Na	钠	22.989 77	Sc	钪	44.955 91
Ar	氩	39.948	Fe	铁	55.845	Nb	铌	92.906 38	Se	硒	78.96
As	砷	74.921 60	Fm	镄	[257]	Nd	钕	144.24	Si	硅	28.085 5
At	砹	[210]	Fr	钫	[223]	Ne	氖	20.179 7	Sm	钐	150.36
Au	金	196.966 55	Ga	镓	69.723	Ni	镍	58.693 4	Sn	锡	118.710
B	硼	10.811	Gd	钆	157.25	No	锘	[254]	Sr	锶	87.62
Ba	钡	137.327	Ge	锗	72.61	Np	镎	237.048 2	Ta	钽	180.947 9
Be	铍	9.012 18	H	氢	1.007 94	O	氧	15.999 4	Tb	铽	158.925 34
Bi	铋	208.980 38	He	氦	4.002 60	Os	锇	190.23	Tc	锝	98.906 2
Bk	锫	[247]	Hf	铪	178.49	P	磷	30.973 76	Te	碲	127.60
Br	溴	79.904	Hg	汞	200.59	Pa	镤	231.035 88	Th	钍	232.038 1
C	碳	12.010 7	Ho	钬	164.930 32	Pb	铅	207.2	Ti	钛	47.867
Ca	钙	40.078	I	碘	126.904 47	Pd	钯	106.42	Tl	铊	204.383 3
Cd	镉	112.411	In	铟	114.818	Pm	钷	[145]	Tm	铥	168.934 21
Ce	铈	140.116	Ir	铱	192.217	Po	钋	[～210]	U	铀	238.028 9
Cf	锎	[251]	K	钾	39.098 3	Pr	镨	140.907 65	V	钒	50.941 5
Cl	氯	35.452 7	Kr	氪	83.80	Pt	铂	195.075	W	钨	183.84
Cm	锔	[247]	La	镧	138.905 5	Pu	钚	[244]	Xe	氙	131.29
Co	钴	58.933 20	Li	锂	6.941	Ra	镭	226.025 4	Y	钇	88.905 85
Cr	铬	51.996 1	Lr	铹	[257]	Rb	铷	85.467 8	Yb	镱	173.04
Cs	铯	132.905 45	Lu	镥	174.967	Re	铼	186.207	Zn	锌	65.39
Cu	铜	63.546	Md	钔	[256]	Rh	铑	102.905 50	Zr	锆	91.224
Dy	镝	162.50	Mg	镁	24.305 0	Rn	氡	[222]			

附录F　常用化合物的相对分子质量表

表 F-1　常用化合物的相对分子质量表

化　合　物	相对分子质量	化　合　物	相对分子质量	化　合　物	相对分子质量
Ag_3AsO_4	462.52	CaC_2O_4	128.10	$CuSO_4$	159.60
$AgBr$	187.77	$CaCl_2$	110.99	$CuSO_4 \cdot 5H_2O$	249.68
$AgCl$	143.32	$CaCl_2 \cdot 6H_2O$	219.08		
$AgCN$	133.89	$Ca(NO_3)_2 \cdot 4H_2O$	236.15	$FeCl_2$	126.75
$AgSCN$	165.95	$Ca(OH)_2$	74.09	$FeCl_2 \cdot 4H_2O$	198.81
Ag_2CrO_4	331.73	$Ca_3(PO_4)_2$	310.18	$FeCl_3$	162.21
AgI	234.77	$CaSO_4$	136.14	$FeCl_3 \cdot 6H_2O$	270.30
$AgNO_3$	169.87	$CdCO_3$	172.42	$FeNH_4(SO_4)_2 \cdot 12H_2O$	482.18
$AlCl_3$	133.34	$CdCl_2$	183.32		
$AlCl_3 \cdot 6H_2O$	241.43	CdS	144.47	$Fe(NO_3)_3$	241.86
$Al(NO_3)_3$	213.00	$Ce(SO_4)_2$	332.24	$Fe(NO_3)_3 \cdot 9H_2O$	404.00
$Al(NO_3)_3 \cdot 9H_2O$	375.13	$Ce(SO_4)_2 \cdot 4H_2O$	404.30	FeO	71.846
Al_2O_3	101.96	$CoCl_2$	129.84	Fe_2O_3	159.69
$Al(OH)_3$	78.00	$CoCl_2 \cdot 6H_2O$	237.93	Fe_3O_4	231.54
$Al_2(SO_4)_3$	342.14	$Co(NO_3)_2$	132.94	$Fe(OH)_3$	106.87
$Al_2(SO_4)_3 \cdot 18H_2O$	666.41	$Co(NO_3)_2 \cdot 6H_2O$	291.03	FeS	87.91
As_2O_3	197.84	CoS	90.99	Fe_2S_3	207.87
As_2O_5	229.84	$CoSO_4$	154.99	$FeSO_4$	151.90
As_2S_3	246.02	$CoSO_4 \cdot 7H_2O$	281.10	$FeSO_4 \cdot 7H_2O$	278.01
		$Co(NH_2)_2$	60.06	$FeSO_4 \cdot (NH_4)_2SO_4 \cdot 6H_2O$	392.13
$BaCO_3$	197.34	$CrCl_3$	158.35		
BaC_2O_4	225.35	$CrCl_3 \cdot 6H_2O$	266.45		
$BaCl_2$	208.24	$Cr(NO_3)_3$	238.01	H_3AsO_3	125.94
$BaCl_2 \cdot 2H_2O$	244.27	Cr_2O_3	151.99	H_3AsO_4	141.94
$BaCrO_4$	253.32	$CuCl$	98.999	H_3BO_3	61.83
BaO	153.33	$CuCl_2$	134.45	HBr	80.912
$Ba(OH)_2$	171.34	$CuCl_2 \cdot 2H_2O$	170.48	HCN	27.026
$BaSO_4$	233.39	$CuSCN$	121.62	$HCOOH$	46.026
$BiCl_3$	315.34	CuI	190.45	CH_3COOH	60.052
$BiOCl$	260.43	$Cu(NO_3)_2$	187.56	H_2CO_3	62.025
		$Cu(NO_3)_2 \cdot 3H_2O$	241.60	$H_2C_2O_4$	90.035
CO_2	44.01	CuO	79.545	$H_2C_2O_4 \cdot 2H_2O$	126.07
CaO	56.08	Cu_2O	143.09	HCl	36.461
$CaCO_3$	100.09	CuS	95.61	HF	20.006

续表

化 合 物	相对分子质量	化 合 物	相对分子质量	化 合 物	相对分子质量
HI	127.91	$KHC_2O_4 \cdot H_2C_2O_4 \cdot 2H_2O$	254.19	CH_3COONH_4	77.083
HIO_3	175.91			NH_4Cl	53.491
HNO_3	63.013	$KHC_4H_4O_6$	188.18	$(NH_4)_2CO_3$	96.086
HNO_2	47.013	$KHSO_4$	136.16	$(NH_4)_2C_2O_4$	124.10
H_2O	18.015	KI	166.00	$(NH_4)_2C_2O_4 \cdot H_2O$	142.11
H_2O_2	34.015	KIO_3	214.00	NH_4SCN	76.12
H_3PO_4	97.995	$KIO_3 \cdot HIO$	389.91	NH_4HCO_3	79.055
H_2S	34.08	$KMnO_4$	158.03	$(NH_4)_2MoO_4$	196.01
H_2SO_3	82.07	$KNaC_4H_4O_6 \cdot 4H_2O$	282.22	NH_4NO_3	80.043
H_2SO_4	98.07	KNO_3	101.10	$(NH_4)_2HPO_4$	132.06
$Hg(CN)_2$	252.63	KNO_2	85.104	$(NH_4)_2S$	68.14
$HgCl_2$	271.50	K_2O	94.196	$(NH_4)_2SO_4$	132.13
Hg_2Cl_2	472.09	KOH	56.106	NH_4VO_3	116.98
HgI_2	454.40	K_2SO_4	174.25	Na_3AsO_3	191.89
$Hg_2(NO_3)_2$	525.19			$Na_2B_4O_7$	201.22
$Hg_2(NO_3)_2 \cdot 2H_2O$	561.22	$MgCO_3$	84.314	$Na_2B_4O_7 \cdot 10H_2O$	381.37
$Hg(NO_3)_2$	324.60	$MgCl_2$	95.211	$NaBiO_3$	279.97
HgO	216.59	$MgCl_2 \cdot 6H_2O$	203.30	$NaCN$	49.007
HgS	232.65	MgC_2O_4	112.33	$NaSCN$	81.07
$HgSO_4$	296.65	$Mg(NO_3)_2 \cdot 6H_2O$	256.41	Na_2CO_3	105.99
Hg_2SO_4	497.24	$MgNH_4PO_4$	137.32	$Na_2CO_3 \cdot 10H_2O$	286.14
		MgO	40.304	$Na_2C_2O_4$	134.00
$KAl(SO_4)_2 \cdot 12H_2O$	474.38	$Mg(OH)_2$	58.32	CH_3COONa	82.034
KBr	119.00	$Mg_2P_2O_7$	222.55	$CH_3COONa \cdot 3H_2O$	136.08
$KBrO_3$	167.00	$MgSO_4 \cdot 7H_2O$	246.47	$NaCl$	58.443
KCl	74.551	$MnCO_3$	114.95	$NaClO$	74.442
$KClO_3$	122.55	$MnCl_2 \cdot 4H_2O$	197.91	$NaHCO_3$	84.007
$KClO_4$	138.55	$Mn(NO_3)_2 \cdot 6H_2O$	287.04	$Na_2HPO_4 \cdot 12H_2O$	358.14
KCN	65.116	MnO	70.937	$Na_2H_2Y \cdot 2H_2O$	372.24
$KSCN$	97.18	MnO_2	86.937	$NaNO_2$	68.995
K_2CO_3	138.21	MnS	87.00	$NaNO_3$	84.995
K_2CrO_4	194.19	$MnSO_4$	151.00	Na_2O	61.979
$K_2Cr_2O_7$	294.18	$MnSO_4 \cdot 4H_2O$	233.06	Na_2O_2	77.978
$K_3Fe(CN)_6$	329.25			$NaOH$	39.997
$K_4Fe(CN)_6$	368.25	NO	30.006	Na_3PO_4	163.94
$KFe(SO_4)_2 \cdot 12H_2O$	503.24	NO_2	46.006	Na_2S	78.04
$KHC_2O_4 \cdot H_2O$	146.14	NH_3	17.03	$Na_2S \cdot 9H_2O$	240.18

续表

化合物	相对分子质量	化合物	相对分子质量	化合物	相对分子质量
Na_2SO_3	126.04	PbO_2	239.20	SrC_2O_4	175.64
Na_2SO_4	142.04	$Pb_3(PO_4)_2$	811.54	$SrCrO_4$	203.61
$Na_2S_2O_3$	158.10	PbS	239.30	$Sr(NO_3)_2$	211.63
$Na_2S_2O_3 \cdot 5H_2O$	248.17	$PbSO_4$	303.30	$Sr(NO_3)_2 \cdot 4H_2O$	283.69
$NiCl \cdot 6H_2O$	237.69			$SrSO_4$	183.68
NiO	74.69	SO_3	80.06		
$Ni(NO_3)_2 \cdot 6H_2O$	290.79	SO_2	64.06	$UO_2(CH_3COO)_2 \cdot 2H_2O$	424.15
NiS	90.75	$SbCl_3$	228.11		
$NiSO_4 \cdot 7H_2O$	280.85	$SbCl_5$	299.02		
		Sb_2O_3	291.50	$ZnCO_3$	125.39
P_2O_5	141.94	Sb_2S_3	339.68	ZnC_2O_4	153.40
$PbCO_3$	267.20	SiF_4	104.08	$ZnCl_2$	136.29
PbC_2O_4	295.22	SiO_2	60.084	$Zn(CH_3COO)_2$	183.47
$PbCl_2$	278.10	$SnCl_2$	189.62	$Zn(CH_3COO)_2 \cdot 2H_2O$	219.50
$PbCrO_4$	323.20	$SnCl_2 \cdot 2H_2O$	225.65	$Zn(NO_3)_2$	189.39
$Pb(CH_3COO)_2$	325.30	$SnCl_4$	260.52	$Zn(NO_3)_2 \cdot 6H_2O$	297.48
$Pb(CH_3COO)_2 \cdot 3H_2O$	379.30	$SnCl_4 \cdot 5H_2O$	350.596	ZnO	81.38
PbI_2	461.00	SnO_2	150.71	ZnS	97.44
$Pb(NO_3)_2$	331.20	SnS	150.776	$ZnSO_4$	161.44
PbO	223.20	$SrCO_3$	147.63	$ZnSO_4 \cdot 7H_2O$	287.54

附录G　仪器分析常用仪器介绍

一、Agilent 6890N 型气相色谱仪

1. 典型气相色谱仪简介

1) 气相色谱分析的流程

如图 G-1-1 所示,它包括载气系统、进样系统、色谱柱分离系统、检测系统、数据处理及记录系统等 5 部分。载气由高压钢瓶 1 输出,经减压阀 2、净化干燥管 3、针形阀 4、转子流量计 5、压力表 6、进样汽化器 7,然后进入色谱柱 8。当进样后,载气携带汽化组分进入色谱柱进行分离,并依次进入检测器 9 被检测。检测的信号由记录仪 10 记录,若仪器带有色谱微处理机或色谱工作站,即可进行数据处理。

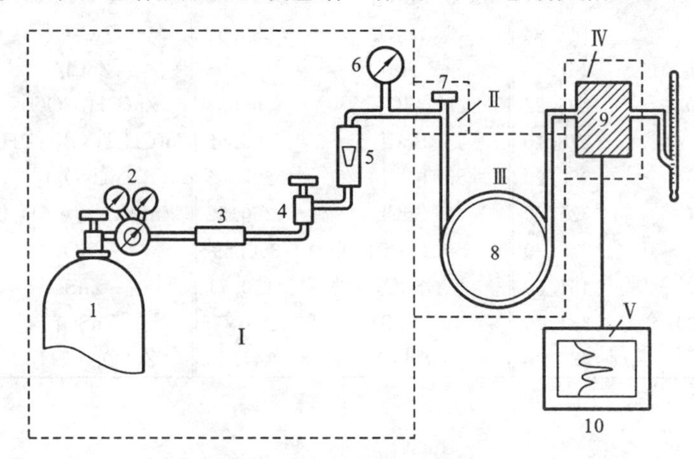

图 G-1-1　气相色谱流程图

1—高压钢瓶;2—减压阀;3—净化干燥管;4—针形阀;5—转子流量计;
6—压力表;7—进样汽化器;8—色谱柱;9—检测器;10—记录仪;
Ⅰ—载气系统;Ⅱ—进样系统;Ⅲ—色谱柱分离系统;
Ⅳ—检测系统;Ⅴ—数据处理及记录系统

2. 主要部件

(1) 气源。

气源为色谱分离提供洁净、稳定的连续气流。气相色谱仪的气路系统,一般由载气、氢气和空气 3 种气路组成,由高压钢瓶供给。常用的载气有氢气和氮气,其压力为 10 000～15 000 kPa,在教学实验中,为了安全,通常使用氮气作载气。对充灌不同气体的钢瓶,涂有不同颜色的色带作为标记,以防意外事故的发生。

(2) 色谱柱。

色谱柱是色谱仪的重要部件之一。色谱柱的效能涉及固定液和担体的选择、固定液与担体的配比、固定液的涂渍状况、固定相的填充状况等许多因素,应根据具体

分析要求，选择合适的固定相装填于色谱柱中。色谱柱的材质有不锈钢、玻璃、紫铜、聚四氟乙烯等。

(3) 检测器。

检测器也是气相色谱仪中重要部件之一，应用最为广泛的是热导池检测器(TCD)和氢火焰离子化检测器(FID)。

① 热导池检测器。各种物质具有不同的热传导性质，利用它们在热敏元件上传热过程的差异，而产生电信号。在一定的组分浓度范围内，电信号的大小与组分的浓度呈线性关系，因此热导池检测器是浓度型检测器。该检测器有两臂和四臂两种，池体多数采用不锈钢材料，在池体上钻有孔径相同的呈平行对称的两孔道或四孔道。将阻值相等的钨丝或其他金属丝热敏元件，装入孔道，分别作参比臂和测量臂，构成两臂或四臂的热导池检测器，后者比前者的灵敏度要提高 1 倍。热导池检测器电路以惠斯登电桥方式连接。

其注意事项如下。

(a) 使用热导池检测器时，开机前，应先通载气，并保持一定流量后，再接通电源，否则将导致钨丝或其他热敏元件烧毁。

(b) 热导池检测器的灵敏度 S 与桥电流 I 的三次方成正比，但桥电流也不可过高，否则将使噪声增大，基线不稳，严重时将烧毁热敏元件。为此，当使用氮气作载气时，桥电流应控制在 100～150 mA，使用氢气时，则取 150～200 mA。

(c) 仪器要注意防震，以免钨丝受震造成钨丝折断或脱落，触及池体发生短路。

② 氢火焰离子化检测器。氢火焰离子化检测器由绝缘瓷环、收集筒、极化电压环、喷嘴、离子室底座、加热块等组成，并与微电流放大器电路相连接。氢焰点燃前应先将其加热至 110 ℃左右，以防氢气和氧气燃烧后生成的水凝结在不锈钢圆罩上，造成绝缘性能下降，影响实验正常进行。喷嘴由铂管制成，其内径为 0.10～0.15 mm。喷嘴内径较粗时，检测灵敏度将下降，但受流量波动的影响小，可使测量线性范围变宽。发射极是一个由较粗铂丝制成的圆环，固定在喷嘴附近，兼用作氢焰点火。收集极是用铂片或铂丝网加工制成的小圆筒。两个电极间距约 10 mm，施加 100～300 V 极化电压。圆罩起电屏蔽作用和防止外界气流对氢火焰的扰动以及防止灰尘侵入。离子室内两个电极的结构、几何形状、极间距离以及它们相对于火焰的位置，都直接影响检测器的灵敏度，实验时必须引起重视。

经色谱柱分离后的有机物组分，由载气带入氢火焰中燃烧并被离子化，经一系列反应，形成带正、负电荷的离子对，在直流电场的作用下，分别移向发射极(负极)和收集极(正极)，形成 10^{-14}～10^{-6} A 的微电流，经微电流放大器放大后，在记录仪上绘出相应有机物组分的色谱峰。氢火焰离子化检测器产生的电信号与单位时间内进入火焰的有机物组分质量成正比，因此它是质量型检测器，其检测极限为 10^{-12} g · s^{-1}。它具有结构简单、死体积小、响应快、灵敏度高、稳定性好以及线性范围宽等优点。它的灵敏度比热导池检测器高 3 个数量级。

3. Agilent 6890N 型气相色谱仪使用方法

(1) 打开气源(按相应的检测器选择所需气体)。

(2) 打开计算机,进入 Windows 界面。

(3) 打开 Agilent 6890N 型气相色谱仪电源开关。

(4) 待仪器自检完毕,双击 Instrument 1 Online 图标,化学工作站自动与 Agilent 6890N 型气相色谱仪通信,进入工作站。

(5) 设置色谱参数(进样器、色谱柱、阀、载气、柱温、检测器等)。

(6) 待仪器稳定后,用进样器手动进样,须等前一个试样中各组分都出峰后再进第二个试样。

(7) 根据标样和未知样中相应组分的保留时间进行定性分析,根据各峰的峰面积或峰高按选定的定量方法进行定量分析,打印结果。

(8) 完成实验后,按开机的逆顺序关机。

4. 进样操作要点

(1) 图 G-1-2 为微量进样器进样姿势,进样时要求进样器垂直于进样口,左手扶着针头以防弯曲,右手拿进样器,右手食指卡在进样器芯子和进样器管的交界处,这样可避免当进针到气路中时由于载气压力较高把芯子顶出,影响正确进样。

(2) 进样器取样时,应先用被测试液洗涤 5~6 次,然后缓慢抽取一定量试液,若仍有空气带入进样器内,可将针头朝上,待空气排除后,再排去多余试液便可进样。

(3) 进样时要求操作稳当、连贯、迅速,进针位置及速度、针尖停留和拔出速度都会影响进样重现性,一般进样相对误差为 2%~5%。

(4) 要经常注意更换进样器上硅橡胶密封垫片,该垫片经 10~20 次穿刺进样后,气密性降低,容易漏气。

5. 注意事项

(1) 使用气相色谱仪必须做到开机时“先通气,后通电”,关机时“先断电,后断气”。

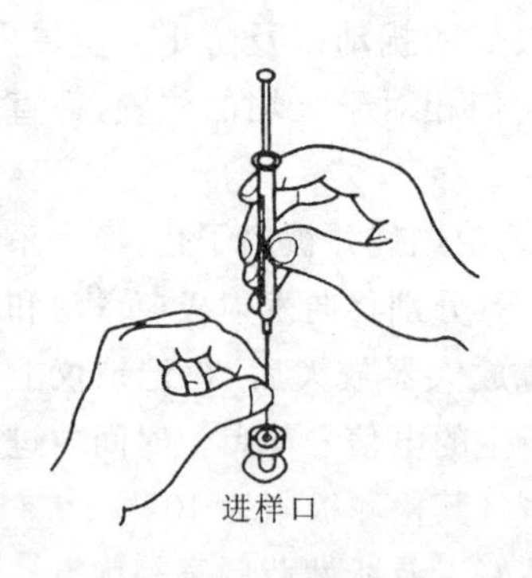

图 G-1-2 微量进样器的进样操作

(2) 进样器是易碎器械,使用时要多加小心,进样完毕随手放回盒内,不要随便来回空抽,以免磨损,影响气密性,降低准确度。

(3) 微量进样器在使用前后都必须用丙酮等洗净。当高沸点物质沾污进样器时一般可用下述溶液依次清洗:5%氢氧化钠水溶液、蒸馏水、丙酮、氯仿。最后抽干。

(4) 对 10~100 μL(有寄存容量)的进样器,如遇针尖堵塞,宜用直径为 0.1 mm 的细钢丝耐心穿通。

(5) 若不慎将 0.5～5 μL(无寄存容量)的进样器的芯子拉出，应马上交指导教师处理。

二、Agilent 1100 型高效液相色谱仪

1. 典型高效液相色谱仪简介

高效液相色谱仪器有多种型号，其基本流程如图 G-2-1 所示。在贮液器内贮存有载液(流动相)，它由高压泵输送，流经进样器、色谱柱、检测器，最后至废液槽。当试样由进样器注入后，被载液携带到色谱柱进行分离，分离后各组分依次经检测器检测，产生的电信号在记录仪上以色谱图形式被记录，或由微处理机进行数据处理给出各组分含量。

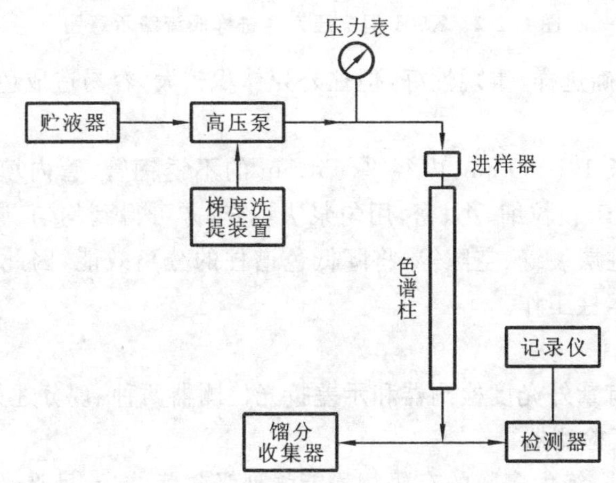

图 G-2-1　高效液相色谱仪典型结构示意图

2. 主要部件

高效液相色谱仪有整机式和组合式两类，其主要部件有高压泵、梯度洗提装置、进样器、色谱柱、检测器和记录仪或色谱微处理机等。现将主要部件分别简介如下。

1) 高压泵

由于固定相颗粒为 5～10 μm，因此柱前压力可高达 $9.8\times10^{3}\sim2.0\times10^{4}$ kPa，甚至更高，因此需用高压泵输送流动相。高压泵应耐压、耐腐蚀，且输液量可连续调节、稳定、压力平稳、无脉冲或紊流等现象，常用的高压泵有恒流泵和恒压泵两种。

2) 进样器

进样器以高压六通进样阀为主。图 G-2-2 为 K501 型高压六通进样阀的流路图。其操作过程分两步，第一步把切换手柄切向"Load"处为充样状态(图 G-2-2(a))，试液在常压下注入样品定量管，多余试液由排液口 6 排出，而流动相由输液泵直接输入色谱柱；第二步把切换手柄切向"Inject"处为进样状态(图 G-2-2(b))，流动相流经样品定量管，把试液推入色谱柱进样，完成一次进样操作。样品定量管有 5 μL、10 μL、20 μL 等不同规格，也可根据实验需要注入小于样品定量管的试液量。该阀操作简

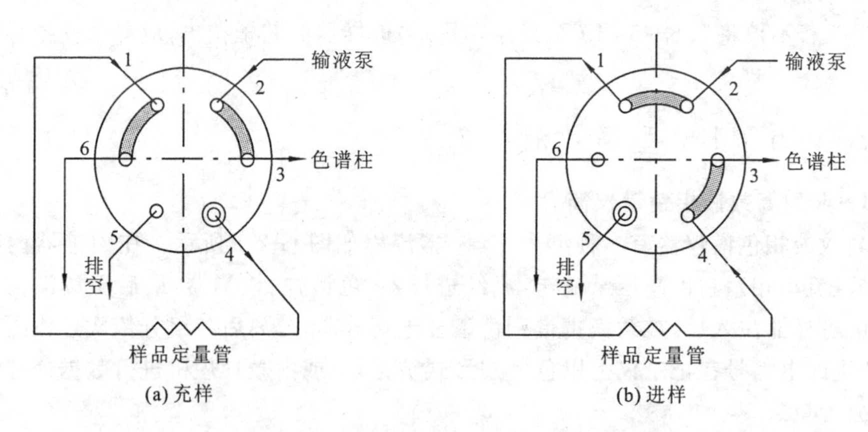

图 G-2-2 K501 型高压六通进样阀流路示意图

便,可在高压下准确进样,重现性好,但柱外死体积较大,容易造成色谱峰的展宽。

3) 色谱柱

色谱柱采用长 10～30 cm、内径 3～5 mm 的不锈钢管,管内填充粒径为 5～10 μm 的固定相。由于颗粒细、小、密,用匀浆法填充,方可得到均匀、紧密的色谱柱,若填充不均匀或有柱层裂缝、空隙等,将降低色谱柱的分离效能,因此填充高效液相色谱柱是一项高技术性工作。

4) 检测器

常用检测器有紫外光度检测器和示差折光检测器两种,现分述如下。

(1) 紫外光度检测器。

除饱和烷烃外,绝大多数的有机物均能强烈吸收紫外光,且吸光度与其浓度成正比。这种检测器灵敏度高,检测极限为 3×10^{-9} g · mL^{-1},对流动相的流量和温度等不敏感,可用于梯度洗提检测。紫外光度检测器又可分为单波长和全波段分光光度两种。

(2) 示差折光检测器。

示差折光检测器是基于不同溶液对光具有不同的折射率,通过连续测量溶液中折射率的变化,便可测量各组分的含量变化。溶液的折射率等于纯溶剂(流动相)和溶质(试样组分)的折射率乘各自浓度之和。图 G-2-3 是 RI-3H 型偏转式示差折光检测器的光学系统示意图。由光源 8 射出的光经光栏 6、准直透镜 4 得平行光束,再经测量池和参比池 3 后,照射到平面反射镜 2 上,光被全反射,再经参比池和测量池 3、准直透镜 4 后,经平面镜 5 和棱镜 7 的棱口后,分解为两束光强相等的光束,分别照射到两支光电管 9 上,产生相等的光电流,此时无电信号输出,在记录仪上得到一条平直基线。进样后,含有试样某组分的流动相流过测量池时,光束发生折射而偏离棱口,使照射到两个光电管上的光强不相等,产生的光电流也不等,其差值转变为电信号输出。信号经放大器放大后,由记录仪记录该组分的色谱峰。这种检测器对任一试液组分均可检测,检测极限为 10^{-7} g · mL^{-1},但因折射率随流动相组成改变而

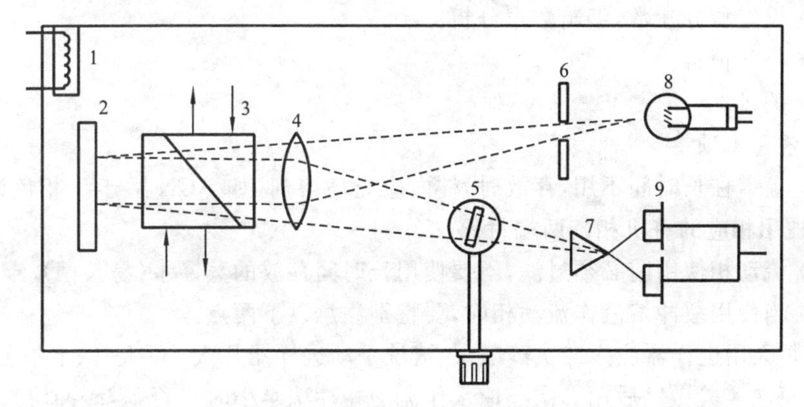

图 G-2-3　RI-3H 型偏转式示差折光检测器的光学系统示意图

1—温度控制装置；2—平面反射镜；3—测量池与参比池；4—准直透镜；
5—平面镜；6—光栏；7—棱镜；8—光源；9—光电管

改变，故不能用于梯度洗提，同时折射率对温度变化极为敏感，因此对检测器温度必须严格控制。

3. Agilent 1100 型高效液相色谱仪操作步骤

图 G-2-4 为 Agilent 1100 型高效液相色谱仪的示意图。

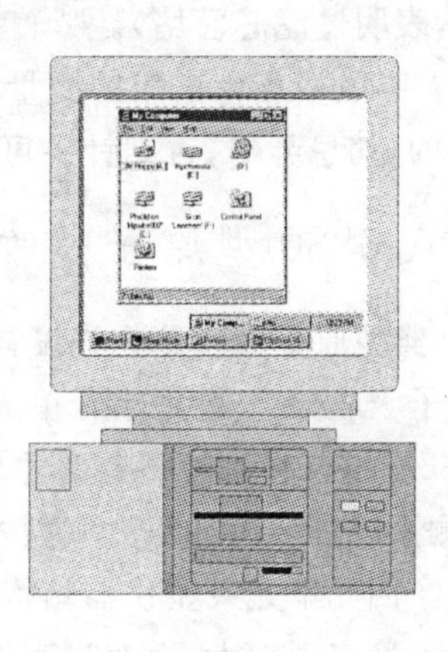

图 G-2-4　Agilent 1100 型高效液相色谱仪示意图

(1) 开机。

① 打开计算机，进入 Windows 界面，并运行 Bootp Server 程序。

② 打开 Agilent 1100 型高效液相色谱仪各模块电源。

③ 待各模块自检完成后，双击 Instrument 1 Online 图标，化学工作站自动与 Agilent 1100 型高效液相色谱仪通信，进入工作站画面。

④ 装入流动相。

(2) 设置参数，包括泵参数、柱温箱参数、检测器参数等，编辑采集方法。

(3) 设置积分参数,编辑数据分析方法。

(4) 打印报告。

(5) 关机。

4. 注意事项

(1) 色谱柱长时间不用,存放时,柱内应充满溶剂(如 ACN 适于反相色谱柱,正相色谱柱用相应的有机相),两端封死。

(2) 流动相使用前必须过滤,不要使用长时间存放的蒸馏水(易长菌)。

(3) 当使用缓冲溶液作流动相时,要特别注意以下两点。

① 每天用进样器注入二次蒸馏水,清洗手动进样器几次(可上午、下午各 2 次)。

② 每次实验做完后用二次蒸馏水作流动相冲洗半小时。否则,缓冲溶液易在管路系统中结晶、堵塞,甚至出现漏液。若出现结晶,可取下泵的进、出口螺帽,用镊子卷上镜头纸擦洗里面,外螺帽内壁也要用水擦洗。左、右两个内螺帽也要用二次蒸馏水超声波清洗半小时(左、右两个不要弄混)。

(4) 极性流动相换成非极性流动相时,中间用水清洗一下。

(5) 关机前,用 100%的水冲洗系统 20 min,然后用有机溶剂(如甲醇适于反相色谱柱,正相色谱柱用适当的溶剂冲洗)冲洗系统 10 min,然后关泵。

(6) 及时更换 Purge Valve 内的过滤芯(当打开 Purge Valve 时,压力高于 1 MPa,表明过滤芯已堵)。

(7) 高效液相色谱用的微量进样器与气相色谱的有所不同,它的针头不是尖的而是平的,切忌弄错,否则针尖可能刺坏六通阀密封垫。

三、AA-6880 型原子吸收分光光度计

1. 典型原子吸收分光光度计简介

原子吸收分光光度计有单光束和双光束两种类型,其基本结构如图 G-3-1 和图 G-3-2所示。它们的主要部件基本相同,有光源、外光路系统、原子化系统、分光系统、检测系统等。但在双光束型外光路系统中增加了斩光器、平面反射镜和半透半反射镜等。因此单光束型仪器结构简单,光源发射的锐线光在外光路系统中损失少,但受光源不稳定影响大,而双光束型仪器恰能克服这个不足。目前普遍使用双光束型仪器,其工作原理是:由光源发射出的锐线光束被斩光器分解为强度相等的两束光,一束为参比光束 I_R,另一束为试样光束 I_S,斩光器以一定频率旋转,通过半透半反射镜,两束光经单色器色散后,先后在检测器上进行检测,获得 I_S/I_R 比值的交变信号。如果未进样,则 $I_S=I_R$,记录仪上将获得一条平直基线。在进样后,试样光束通过火焰时,部分光被待测元素基态原子蒸气所吸收,此时 $I_S \neq I_R$,记录仪上获得 1 个吸收峰,吸收峰的大小与试液中待测元素的含量呈线性关系。由于双光束系统测定交变的信号,而火焰热辐射在检测时只产生直流信号,因而被交流放大器所截止,因此提高了测量结果的准确度。

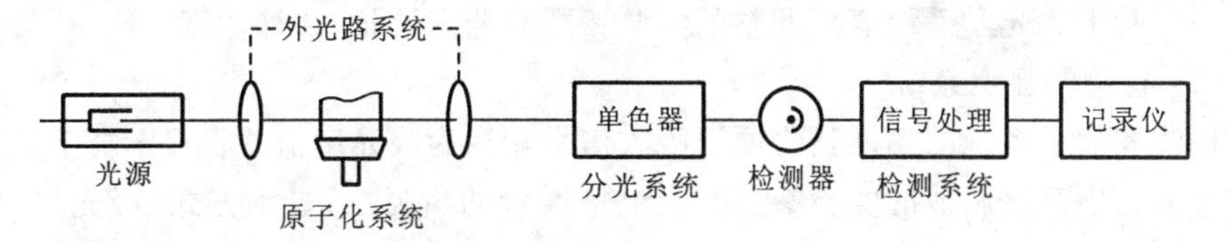

图 G-3-1 单光束型原子吸收分光光度计基本结构示意图

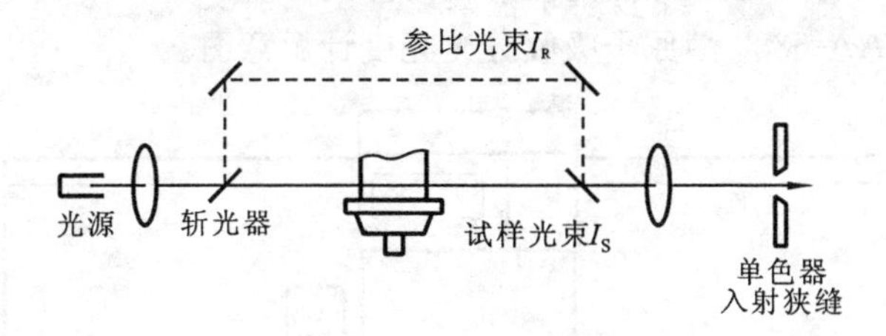

图 G-3-2 双光束型原子吸收分光光度计光学系统示意图

2. 主要部件

(1) 光源。

光源的作用是提供待测元素的共振线供原子蒸气吸收。共振线应是中心波长和待测元素吸收线中心波长重合但宽度比吸收线窄得多的锐线。在原子吸收分光光度计中最常用的光源是空心阴极灯。空心阴极灯采用脉冲供电维持发光,点亮后要预热 20～30 min 发光强度才能稳定。空心阴极灯需要调节的实验条件有灯电流的大小和灯的位置(使灯所发出的光与光度计的光轴对准)。

(2) 原子化系统。

原子化系统由原子化器和辅助设备所组成。它的作用是使试样溶液中的待测元素转变成气态的基态原子蒸气。根据原子化方式的不同,原子化器可分为火焰原子化器、电热石墨炉原子化器和氢化物原子化器。有的原子吸收分光光度计固定装有一种原子化器,而多数原子吸收分光光度计的原子化器是可卸式的,可以根据分析任务,将选用的原子化器装入光路。原子化系统的工作状态对于原子吸收法的灵敏度、精密度和干扰程度有非常大的影响,因此优化原子化系统的实验条件十分重要。火焰原子化器由雾化器、雾室和燃烧头组成,再加上乙炔钢瓶、空气压缩机、气体流量计等外部设备,需优化的实验条件有燃气和助燃气的流量、燃烧器的高度和水平位置等;电热石墨炉原子化器由石墨管和石墨炉体所组成,再加上加热电源、屏蔽气源、冷却水等外部设备,需要优化的条件有石墨炉的升温程序、屏蔽气流量等。

(3) 光学系统。

原子吸收分光光度计的光学系统由外光路聚光系统和分光系统两部分组成,其中外光路的作用是将光源发出的光会聚在原子蒸气浓度最高的位置,并将透过原子蒸气的光聚焦在分光器的狭缝上。分光系统的功能是将共振线与其他波长的光(如来自光源的非共振线和原子化器中的火焰发射)分开,仅允许共振线的透过光投射到光电倍增管上。光学系统需要调整的实验参数有测定波长、狭缝宽度。

(4) 检测和显示系统。

检测和显示系统的功能是将原子吸收信号转换为吸光度值并在显示器上显示出读数。实验中需要调节的实验参数有光电倍增管的负高压、显示方式(吸光度、吸光度积分)等。

3. AA-6880 型原子吸收分光光度计使用方法

图 G-3-3 为 AA-6880 型原子吸收分光光度计示意图。

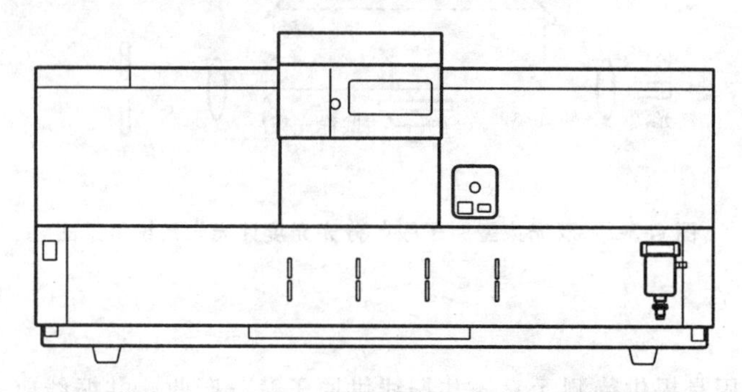

图 G-3-3 AA-6880 **型原子吸收分光光度计示意图**

(1) 开机前准备工作。

① 打开排风扇及各气体开关,确认仪器外部乙炔压力为 0.09 MPa,空气压力为 0.35 MPa 并检漏。

② 确认电压为 220 V、水封注满水、炉头无障碍物。

③ 根据待测元素安装空心阴极灯。

(2) 打开仪器主机开关。

(3) 打开 PC 机电源开关,启动 MSWindows,双击 AA 软件。

(4) 设置参数,操作流程为 Wizard 选择→元素选择→制备参数→样品标识符→样品选择→连接主机并发送参数,此时 AA 主机进行初始化。

(5) 设置光学参数,并进行燃烧器/气体流量设置。

(6) 点火测定。

(7) 测完样品后吸进蒸馏水清洁燃烧头;熄火后先关乙炔气,再关空气压缩机。

4. 注意事项

乙炔为易燃易爆气体,必须严格按照操作步骤进行。在点燃乙炔火焰之前,应先开空气,然后开乙炔气;结束或暂停实验时,应先关乙炔气,后关空气。必须切记,保障安全。

四、紫外可见光分光光度计

1. 典型紫外可见光分光光度计简介

紫外可见光分光光度计有很多型号,分单光束和双光束两大类型,目前应用都很普遍。其主要部件两者大致相同,多以氢灯和钨灯分别作紫外光和可见光的光源,以棱镜或光栅作色散元件,通过狭缝分出测定波长的单色光。由切换镜把一定强度的紫外光或可见光引入光路,经比色皿吸收后,透过的光被光电管检测,转换成电信号。有些仪器采用记录仪记录溶液的吸光度或透光率,同时用数字显示,或者直接从刻有吸光度或透光率的转盘上读取。

2. 主要部件

(1) 光源。

常用的有钨灯和氢灯,提供连续光谱的波长范围分别为 400～760 nm 和 200～400 nm,其中 H 656.28 nm 和 H 486.13 nm 谱线常用作校正光栅或棱镜位置,以提高分光光度计波长读数的准确性。另外,为了获得稳定的具有一定强度的光源,仪器上还配有稳压电源和稳流电源设备。通常光源在使用前需预热 15 min。

(2) 单色器。

单色器是分光光度计重要部件之一,主要由色散元件(光栅或棱镜)、狭缝、准直透镜等组成,其作用是输出测定所需的某一波长的单色光。目前许多分光光度计采用光栅作色散元件。与棱镜相比,光栅无论在长波长方向或短波长方向都具有相同的倒线色散率,因此,在固定狭缝宽度后,所获得的单色光都具有同样宽的谱带,并且受温度影响较小,使波长具有较高的精确度。棱镜则不同,在短波长方向倒线色散率小,而长波长方向大,因而在固定狭缝宽度后,所获得的不同波长的单色光的谱带宽度不同。

狭缝是分光光度计上十分精密的部件,它由边缘锐利的两片金属薄片构成。狭缝宽度连续可调,一般由测微机构测量缝宽数值。狭缝宽度直接影响单色光的纯度。由单色器得到单色光,通常用光谱通带来表示仪器的性能,通带愈窄,单色光愈纯。

(3) 比色皿。

比色皿规格(指光程)有 0.50 cm、1.0 cm、2.0 cm、3.0 cm、5.0 cm 等,其材料有石英和玻璃两种。玻璃比色皿仅适用于可见光和近红外光区,而石英比色皿不仅适用于上述光区,还适用于紫外光区。比色皿应配对使用,其透光率相差应小于0.5%。测量吸光度时,应把比色皿竖立于比色皿槽架内,并用夹具固定位置,以免发生位移,保证两个比色皿透光面平行一致,透光率也一致。比色皿不可用火烘烤干燥,以免破裂。若试样使用易挥发的溶剂配制,测量时为了避免因溶剂挥发而改变试液浓度,应加盖或磨口塞。

(4) 光度检测器。

光度检测器是根据光电效应,把光信号转换为电信号的光电元件,如硒光电池、光电管、光电倍增管等。硒光电池对可见光(380～760 nm)最为敏感。产生的光电流较大,可直接用灵敏检流计测量,但使用时要注意防潮和防止腐蚀性气体的侵蚀,否则将导致灵敏度严重下降,影响使用寿命。硒光电池在长时间光照后,会发生"疲劳现象",这时应把它置于暗处使之复原。光电管有蓝敏光管(用于 200～650 nm 波段的锑铯光电管)和红敏光电管(用于 625～1 000 nm 波段的氧化铯光电管)。它是一支二极真空管,阴极表面涂有光敏材料,加工成半筒形,受光照后便发射出电子,阳极为镍棒,收集阴极射出的电子。光电管适宜的工作电源为直流电,电压在 90 V 左右,若工作电压过高,会导致暗电流增大。

3. TU-1900 型双光束紫外可见光分光光度计的操作步骤

(1) 测量前的准备工作。

① 开机。确认主机样品室中无挡光物,打开主机电源开关;打开 PC 机电源开关,双击 TU-1900 UVWin,此时仪器自检。

② 设置通信端口→基线校正→暗电流校正。

(2) 根据需要选定工作模式,对应"应用"菜单的"光谱测量、光度测量、定量测量、时间扫描"项。

(3) 设定相应的测量参数和计算参数。

(4) 测量仪器将按照所设定的参数进行测量,并将结果保存于内存中。

4. 比色皿使用注意事项

(1) 比色皿要配对使用,因为相同规格的比色皿仍有或多或少的差异,致使光通过比色溶液时,吸收情况有所不同。

(2) 注意保护比色皿的透光面,拿取时,手指应捏住其毛玻璃的两面,以免沾污或磨损透光面。

(3) 在已配对的比色皿上,于毛玻璃面上作好记号,使其中一只专置参比溶液,另一只专置试液。同时,还应注意比色皿放入比色皿槽架时应有固定朝向。

(4) 如果试液是易挥发的有机溶剂,则应加盖后放入比色皿槽架上。

(5) 倒入溶液前,应先用该溶液淋洗内壁 3 次,倒入量不可过多,以比色皿高度的 4/5 为宜。

(6) 每次使用完毕后,应用蒸馏水仔细淋洗,并以吸水性好的软纸吸干外壁水珠,放回比色皿盒内。

(7) 在紫外光区测定时,应使用石英比色皿,其价格昂贵,务必小心使用,以免损坏。

五、傅里叶变换红外光谱仪

1. 仪器简介

傅里叶变换红外光谱仪(AVATAR-360 FTIR Spectrometer)是由计算机自动控制的一种全新智能型红外光谱仪,可进行定性分析、定量分析及化合物的结构分析。

(1) 傅里叶变换红外光谱仪工作原理。

傅里叶变换红外光谱仪的核心部件是迈克尔干涉仪。其工作原理如图 G-5-1 所示。光源发出的红外光直接进入迈克尔干涉仪,它将这束辐射光分成两束,使 50% 的光透过到达动镜,50%光反射到达固定镜,由于动镜的移动,这两束光重新在分束

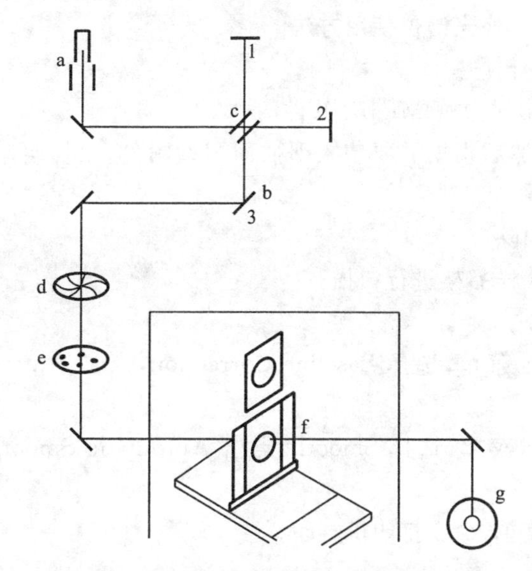

图 G-5-1　傅里叶变换红外光谱仪工作原理图

a—光源；b—由 1、2、3、c 组成干涉仪；c—分束器；
d—光圈；e—滤光轮；f—样品架；g—检测器

器结合后产生光程差。这时相应变化的光程差干涉图被获得，经计算机傅里叶变换后而得到 1 张红外光谱图。

(2) 傅里叶变换红外光谱仪的特点。

从原理上讲，傅里叶变换红外光谱仪中的迈克尔干涉仪较经典的色散型仪器有以下几个优点。

① 多通路。干涉仪可同时测量所有频率的信号，1 张完整的红外吸收光谱图可以在几秒钟内完成。

② 高光通量。因不受狭缝限制，光透过率高。

③ 高测量精度。在红外测量中，波长的计算是以氦氖激光频率作为基准的。干涉仪的频率范围是由氦氖激光在每次扫描时进行自身干涉而产生的，这种激光的频率是非常稳定的。因此，干涉仪的频率刻度要比色散仪器精确得多且具有较长时间的稳定性。

④ 杂散光小(可忽略)。因为该仪器不采用分光系统，所以没有分光不彻底而引起的杂散光。

⑤ 恒定的分辨率。在确定的波谱范围内，所有波长的分辨率都是近似的。但信噪比则随谱图而变化。该仪器比色散型仪器有更高的光通量，不是用狭缝来确定分辨率的，而是以 J-Stop 设定孔的大小来确定的，此孔在采集数据过程中是不变的。在色散型仪器中，光通量是根据选定的扫描时的狭缝宽度而确定的，因而信噪比恒定，但分辨率改变。

⑥ 无间断(连续)。由于没有光栅或滤光器的变化，因而谱图中无间断。

2. 傅里叶变换红外光谱仪使用方法

(1) 开主机,进行预热。

(2) 打开计算机,点击 OMINIC 软件。

(3) 仪器自检,然后根据需要装入即插即用型附件,仪器自动识别,并设置相应的参数。

(4) 进行背景扣除。

(5) 将样品装入样品架进行扫描。

(6) 谱图的处理。

① 点击 Process 菜单,选择 Baseline Correction,点击 Automatic Correction 进行自动基线校正。

② 点击 Process 菜单,选择 Smooth,点击 Automatic Smooth 进行自动平滑处理。

(7) 点击打印菜单,命令打印机打印。

(8) 解析图谱。

3. 使用注意事项

(1) 工作电压要保持 220 V。

(2) 开机时室内的湿度小于 65%。

(3) 样品尽量纯化处理。

图书在版编目(CIP)数据

基础化学实验(上)/曹 忠 张 玲 主编.—武汉:华中科技大学出版社,2009年8月

ISBN 978-7-5609-5419-6

Ⅰ.基… Ⅱ.①曹 ②张… Ⅲ.化学实验-高等学校-教材 Ⅳ.O6-3

中国版本图书馆 CIP 数据核字(2009)第 084051 号

基础化学实验(上) 曹 忠 张 玲 主编

策划编辑:周芬娜

责任编辑:熊 彦 封面设计:潘 群

责任校对:周 娟 责任监印:周治超

出版发行:华中科技大学出版社(中国·武汉)

武昌喻家山 邮编:430074 电话:(027) 81321915

录 排:华中科技大学惠友文印中心

印 刷:武汉华工鑫宏印务有限公司

开本:710mm×1000mm 1/16 印张:14.5 字数:280 000

版次:2009年8月第1版 印次:2018年1月第5次印刷 定价:22.50元

ISBN 978-7-5609-5419-6/O·485